Springer-Lehrbuch

Springer

Berlin
Heidelberg
New York
Hongkong
London
Mailand
Paris
Tokio

B. Rasch M. Friese W. Hofmann E. Naumann

Quantitative Methoden
Band 1

Mit 69 Abbildungen und 11 Tabellen

Springer

Dipl.-Psych. Björn Rasch
Institut für Neuroendokrinologie
Universität zu Lübeck
Ratzeburger Allee 160, Haus 23a
23538 Lübeck

Dipl.-Psych. Malte Friese
Untere Str. 1
69117 Heidelberg

Dipl.-Psych. Wilhelm Hofmann
Abteilung Sozialpsychologie
Fachbereich I – Psychologie
Universität Trier
54286 Trier

Dr. Ewald Naumann
Abteilung Psychophysiologie, Persönlichkeitsforschung
und Methodenlehre
Fachbereich I – Psychologie
Universität Trier
Universitätsring
54286 Trier

ISBN 3-540-20166-1 Springer-Verlag Berlin Heidelberg New York

Bibliografische Information Der Deutschen Bibliothek
Die Deutsche Bibliothek verzeichnet diese Publikation in der Deutschen Nationalbibliografie; detaillierte bibliografische Daten sind im Internet über ⟨http://dnb.ddb.de⟩ abrufbar.

Springer-Verlag ist ein Unternehmen von Springer Science+Business Media

springer.de

Printed in Germany

Planung: Dr. Svenja Wahl, Heidelberg
Desk Editing: Michael Barton, Heidelberg
Umschlaggestaltung: deblik Berlin
Layout: deblik Berlin
Satz: Datenlieferung von den Autoren

Gedruckt auf säurefreiem Papier 26/3160SM – 5 4 3 2 1 0

Vorwort und Einleitung

Liebe Studierende der Sozialwissenschaften!

Herzlich willkommen im Studium der Psychologie, Pädagogik oder Soziologie. Sie haben sich für eine sozialwissenschaftliche Disziplin entschieden, und wahrscheinlich hatten Sie für diese Entscheidung ebenso viele unterschiedliche Beweggründe wie es inhaltliche Facetten Ihres Faches gibt. Einige von Ihnen werden sich für die eher anwendungsorientierten Gebiete interessieren, einige eher für die Grundlagenforschung und das wissenschaftliche Arbeiten. Die Fähigkeit, wissenschaftlich zu denken und zu arbeiten, wird Ihnen hauptsächlich im Grundstudium vermittelt. Zu diesen Fähigkeiten gehört natürlich das Wissen um den aktuellen inhaltlichen Erkenntnisstand Ihrer Disziplin, aber auch das Wissen um die Art und Weise, wie man zu diesen Erkenntnissen gelangt: die Forschungsmethoden.

Warum Forschungsmethoden in den Sozialwissenschaften?

Die Bedeutung von Forschungsmethoden ist in allen wissenschaftlichen Disziplinen mehr als zentral. Inhaltliche Theorien und Hypothesen wären gehaltlos, wenn man nicht zeigen könnte, dass es tatsächlich stichhaltige, beobachtbare Fakten gibt, die für oder gegen diese Theorien und Hypothesen sprechen. In den Sozialwissenschaften ist ein fundiertes Methodenwissen häufig von noch größerer Relevanz als in den klassischen Naturwissenschaften: Während Physiker, Biologen, Chemiker usw. relativ leicht mit Hilfe empirischer (d.h. beobachtbarer) Experimente ihre inhaltlichen Hypothesen testen können, stehen die Sozialwissenschaftler oft genug vor dem Problem, dass sich das, was untersucht werden soll, nicht so einfach untersuchen lässt.

Nehmen Sie einmal an, Sie testen die Intelligenz von einigen Frauen und Männern und stellen fest, dass Frauen im Durchschnitt ein wenig intelligenter sind. Aber können Sie daraus schließen, dass dies für alle Frauen und Männer in Deutschland gilt? Oder müssten Sie dafür erst alle Menschen testen? Dies würde einen unglaublichen Aufwand erfordern. Sie werden in diesem Buch Methoden kennen lernen, mit denen Sie statistisch bewerten können, in wie weit Sie Ihre Ergebnisse verallgemeinern dürfen.

Mit der Methodik des wissenschaftlichen Arbeitens stehen und fallen ganze Theorien. Deshalb ist ein fundiertes Wissen über das methodische Repertoire unentbehrlich und das ist auch der Grund, weshalb der methodischen Ausbildung in Ihrem Studium so viel Platz eingeräumt wird.

Keine Angst vor der Statistik!

Die erste Veranstaltung dieser Art beschäftigt sich in der Regel mit einer Einführung in die Statistik. Grob gesagt geht es um die Frage, wie man mit empirisch gewonnenen Daten umgeht, wie man sie darstellt, wie man sie auswertet, wie man das Ergebnis dieser Auswertung interpretiert. Vielleicht kennen Sie den folgenden Satz von Ihren Kommilitonen oder sogar von sich selbst: „Vor Statistik graut's mir am meisten..., in Mathe war ich noch nie so gut!“. Dazu ein paar aufmunternde Worte: Als Autoren dieses Buches und als Forscher glauben wir, dass es für Sozialwissenschaftler nicht zwingend notwendig ist, die Mathematik hinter jedem wichtigen Verfahren zu beherrschen, um methodisch kompetent zu arbeiten. Es genügt unseres Erachtens, die einzelnen Verfahren zu kennen und zu wissen, für welche Fragestellungen sie geeignet sind, wie sie durchgeführt werden und vor allem, wie man ihre Ergebnisse inhaltlich interpretiert. Daher verzichten wir in diesem Buch auf einen allzu tiefen Einstieg in mathematische Beweise, Formeln und Theorien. Das Ziel ist nicht, dass Sie nach der Lektüre Formeln herleiten oder beweisen können. Die Mathematik ist nur der Handwerkskoffer, den Sie als Forscher mit sich herumtragen, die Methoden nur das Werkzeug. Das, worum es eigentlich geht, sind sozialwissenschaftliche Inhalte.

Ohnehin wird es durch die aktuellen und benutzerfreundlichen Computerprogramme (z.B. SPSS) eher die Ausnahme als die Regel sein, dass Sie eine Datenauswertung überhaupt noch einmal „per Hand“ machen müssen. Meist bedarf es nur eines Mausklicks, und blitzschnell liegt Ihnen die Auswertung von riesigen Datenmengen vor. Die Zeiten, wo man sich als Sozialwissenschaftler selbst einen Nachmittag mit dem Taschenrechner im Büro einschließen musste, sind endgültig vorbei. Infolgedessen kann es auch nicht mehr das Lernziel eines Studierenden der Sozialwissenschaften sein, Formeln auswendig zu lernen. Stattdessen sollte Ihnen die Expertise vermittelt werden, bei welcher inhaltlichen Fragestellung welches Auswertungsverfahren angemessen ist. Das Rechnen überlassen wir dann dem Computer. Die vorhandenen Programme sind präzise und schnell, ersetzen aber in keiner Weise Ihre Expertise.

Bei den „Quantitativen Methoden“ geht es also nur sehr selten um echte Mathematik. Wir wollen mit diesem Lehrbuch die Basis für ein methodisches Expertenwissen legen, welches Ihnen erlauben wird, inhaltliche Fragestellungen mit Hilfe einer geeigneten Methode zu bearbeiten. Gleichzeitig sollen Sie lernen, bei der Lektüre sozialwissenschaftlicher Literatur zu hinterfragen, ob andere Wissenschaftler diese Schritte auf eine angemessene Weise realisiert haben und deren Aussagen auf einer sauberen Methodik fußen.

Das vorliegende Buch ist als Einführung in die Statistik gedacht. Es widmet sich einigen grundlegenden statistischen Verfahren, die in der Forschungspraxis sehr häufig eingesetzt werden. Im Gegensatz dazu behandelt z.B. das Lehrbuch von Bortz (1999) etliche Themen und Verfahren, die über den Fokus dieser Einführung hinausgehen. „Der Bortz“ bietet eine detaillierte Beschreibung der mathematischen Hintergründe, auf die wir an den gegeben Stellen verweisen werden. Als Nachschlagewerk und für die weitere methodische Ausbildung möchten wir die Anschaffung eines solchen umfangreichen Lehrbuches dringend empfehlen. Das vorliegende Werk kann und möchte einen solchen Anspruch auf Vollständigkeit nicht erfüllen. Vielmehr wollen wir mit diesem Buch Studierenden den Einstieg in die häufig gefürchtete Statistik der Sozialwissenschaften erleichtern.

Aufbau und Benutzung des Buches

„Quantitative Methoden" liegt in zwei Bänden vor. Band I behandelt die Deskriptiv- und Inferenzstatistik sowie die Verfahren des t-Tests und der Korrelation bzw. Regression. Band II geht auf die Varianzanalyse ein, sowie auf einige Verfahren für rang- und nominalskalierte Daten.

Die einzelnen Kapitel haben stets die gleiche Struktur: Nach einer allgemeinen Einleitung, die das Kapitel in groben Zügen vorstellt, folgen in klarer Gliederung die einzelnen inhaltlichen Abschnitte. An manchen Stellen finden Sie kleine Zusammenfassungen nach einzelnen Unterkapiteln; am Ende jedes Kapitels folgen eine umfassendere Zusammenfassung und Übungsaufgaben.

Im Anhang des ersten Bandes finden Sie:

- eine Sammlung der wichtigsten Tabellen
- eine Formelsammlung
- ein Glossar mit kurzen Erklärungen der wichtigsten Fachtermini

Dem Layout dieses Buches und der verwendeten Sprache liegen umfangreiche Vorarbeiten zu Grunde. Unser Ziel war es, die wesentlichen Inhalte der Statistik für Sozialwissenschaftler didaktisch und strukturell anspruchsvoll aufzuarbeiten. Mit Hilfe von psychologischer, pädagogischer und sprachwissenschaftlicher Fachliteratur erarbeiteten wir Kriterien für eine optimale Textverständlichkeit und maximalen Lernerfolg. Ein ganz wesentlicher Bestandteil des Konzeptes liegt, neben anderen, in der Erreichung eines mittleren Schwierigkeitsgrades der Textpassagen. Hinsichtlich der optischen Gestaltung fällt schnell das ungewöhnliche Format dieses Buches auf. Um dem Auge nicht zu viel Text in einer Zeile zuzumuten, ist die Textspalte in den Kapiteln relativ schmal. Zudem folgen die meisten Verhältnisse auf einer prototypischen Seite dem so genannten Goldenen Schnitt (Verhältnis 5:8). Dieses Layout soll – vom Leser möglicherweise unbemerkt – die Lektüre angenehm für das Auge gestalten. Aus diesem Grunde befinden sich auch die meisten Abbildungen auf dem Rand, um den Textfluss nicht zu unterbrechen. Mit Hilfe vieler Querverweise und Rekapitulationen versuchen wir auf übergreifende Zusammenhänge auch zwischen den Kapiteln aufmerksam zu machen. Schließlich unterstreichen die zahlreichen Hinweise auf praktische Anwendungsmöglichkeiten das Anliegen dieses Buches: Die Vermittlung eines guten Verständnisses der statistischen Grundlagen, die für die praktische Arbeit als Sozialwissenschaftler unentbehrlich sind. Frei nach dem Grundsatz: So wenig Mathematik wie möglich, so viel wie nötig.

Beispieldatensatz

Als eines von mehreren didaktischen Hilfsmitteln in diesem Buch dient ein Beispieldatensatz, der immer wieder auftauchen wird. Dem Datensatz liegt ein psychologisches Experiment zu Grunde, das wir an dieser Stelle zum besseren Verständnis kurz erläutern.

Die theoretische Grundlage des Versuchs liegt in der „Levels Of Processing"-Theorie von F. Craik und R. S. Lockhart (1972), einem theoretischen Ansatz, der sich mit dem Prozess der Aneignung von Gedächtnisinhalten befasst. Diesem Ansatz zufolge sollten Reize, die „tiefer" verarbeitet werden, später auch wieder besser erinnert werden. Die Tiefe der Verarbeitung kann durch entsprechende Instruktionen an die Versuchspersonen variiert werden. In diesem Experiment wurden Adjektive dargeboten, die „strukturell", „bildhaft" und „emotional" verarbeitet werden sollten. Die Instruktionen hierzu lauteten:

- **Strukturell**: „Lesen Sie das Wort, das Ihnen dargeboten wird und schreiben Sie dann möglichst schnell auf, aus wie vielen Konsonanten und Vokalen das Wort besteht."
- **Bildhaft**: „Lesen Sie das Wort, das Ihnen dargeboten wird und beurteilen Sie dann möglichst schnell auf einer Skala von 1 bis 7, wie leicht das Wort ein mentales Bild erzeugt."
- **Emotional**: „Lesen Sie das Wort, das Ihnen dargeboten wird und beurteilen Sie dann möglichst schnell auf einer Skala von 1 bis 7, wie stark der emotionale Gehalt dieses Wortes ist."

Einen oberflächlichen „Level" der Verarbeitung erreicht die „strukturelle" Verarbeitungsbedingung, weil die Versuchspersonen beim Zählen der Konsonanten und Vokale die inhaltliche Bedeutung des Wortes weniger beachten. Die „bildhafte" und die „emotionale" Verarbeitung hingegen stellen ein tieferes „Level" dar, weil es hier auf die inhaltliche Bedeutung des Wortes ankommt: Wenn man sich mit dem Inhalt eines Wortes auseinandersetzen muss, verarbeitet man das Wort eben „tiefer" und die Wahrscheinlichkeit, dass es einem später wieder einfällt, ist größer.

Jeweils 50 Personen bildeten eine Versuchsbedingung, es nahmen also insgesamt 150 Personen an dem Experiment teil. Ihnen wurden sechzig Adjektive jeweils zwei Sekunden lang dargeboten. Nach etwa 20 Minuten wurden die Versuchspersonen aufgefordert, die zuvor dargebotenen Wörter frei zu erinnern. Zum Zeitpunkt der Präsentation der Wörter wussten sie allerdings nicht, dass sie diese zu einem späteren Zeitpunkt reproduzieren sollten. Die Ergebnisse sind in folgender Tabelle dargestellt, unterteilt nach den drei Verarbeitungsbedingungen und nach dem Geschlecht:

Deskriptive Statistiken

Abhängige Variable: Gesamtzahl erinnerter Adjektive

Geschlecht		Verarbeitungsbedingung strukturell	bildhaft	emotional	Gesamt
maennlich	Mittelwert	6,3750	10,0667	10,7143	9,1923
	Standardabweichung	2,8954	3,6148	4,0143	4,0051
	N	16	15	21	52
weiblich	Mittelwert	7,5882	11,4000	12,9655	10,5408
	Standardabweichung	3,2485	4,3332	4,1532	4,4978
	N	34	35	29	98
Gesamt	Mittelwert	7,2000	11,0000	12,0200	10,0733
	Standardabweichung	3,1623	4,1404	4,2064	4,3675
	N	50	50	50	150

Der gesamte Datensatz kann unter der Adresse „http://eeglab.uni-trier.de/teaching/statistikbuch.php" kostenlos als SPSS-Datei heruntergeladen werden. Damit können Sie die Beispielrechnungen im Buch eigenständig durchzuführen und Ihre Ergebnisse mit denen aus dem Buch vergleichen. Wir können Ihnen das praktische Arbeiten mit dem Datensatz nur ans Herz legen, denn das ist die beste Art, ein methodisches Verständnis zu entwickeln und zu vertiefen.

Danksagungen

Bei der Verwirklichung dieses Projektes haben uns eine Reihe von Personen und Institutionen unterstützt, denen wir an dieser Stelle herzlich danken möchten. Dazu gehört die Universität Trier, die sich zweimal mit Fördermitteln aus dem Topf „Verbesserung der Lehre" engagierte. Mario Gollwitzer danken wir dafür, uns mit seinen Tutorien und seinem Skript an die Statistik für Psychologen herangeführt zu haben. Als inhaltliche Ratgeber unterstützten uns Matthias Blümke, Klaus-Dieter Horlacher, Martin Neumann, Manfred Schmitt und Christian Unkelbach. Unser Dank gilt weiterhin dem Springer-Verlag, besonders Frau Svenja Wahl für die freundliche Zusammenarbeit.

An dieser Stelle bleibt uns nur noch Sie als Leser oder Leserin aufzufordern, uns Ihre positiven wie negativen Erfahrungen mit diesem Buch mitzuteilen. Lassen Sie uns Ihre Meinung, Anmerkungen und Kommentare wissen und sparen Sie nicht mit konstruktiver Kritik. Nur auf diese Weise kann dieses Buch seinen Anspruch erfüllen, sich stetig zu verbessern und kommenden Generationen von Studierenden ein kompetenter Pfad in die Statistik zu weisen.

Trier/Heidelberg, im Februar 2004

Björn Rasch, Malte Friese, Wilhelm Hofmann, Ewald Naumann

Kontakt und Informationen unter der WWW-Adresse: http://eeglab.uni-trier.de/teaching/statistikbuch.php

Inhaltsverzeichnis

1 Deskriptive Statistik

Die deskriptive Statistik beschäftigt sich mit der Organisation, Darstellung und Zusammenfassung von Daten, um sie übersichtlich und für den Betrachter leicht fassbar zu machen. Zu diesen Zwecken bedient sie sich verschiedener Mittel wie Tabellen und Diagrammen (Kap. 1.1). Graphische Darstellungen haben die Fähigkeit, komplexe Zusammenhänge schnell und einfach verständlich zu machen. Auf der anderen Seite sind mit ihrer Anwendung eine Reihe von Problemen verbunden. Mit der Einführung verschiedener Skalentypen ebnet Kapitel 1.2 den Weg zu einem qualifizierten Umgang mit Daten. Das Zusammenfassen von Daten geschieht mittels verschiedener mathematischer Kennwerte (Kap. 1.3). Sie bilden die Grundlage für viele weitere statistische Konzepte. Zum Abschluss des Kapitels werden wir uns mit der Standardisierung von Daten beschäftigen, die ein unverzichtbares Instrument für jeden empirischen Sozialwissenschaftler darstellt.

Dieses erste Kapitel bildet das Fundament für alle folgenden Fragestellungen. Die Einfachheit einiger der hier behandelten Probleme sollte aber nicht Anlass dazu geben, die Wichtigkeit der Materie zu unterschätzen. Je besser und tiefgehender Ihr Verständnis dieses Kapitels sein wird, desto leichter wird Ihnen auch die Beschäftigung mit den folgenden, etwas weniger trivialen Konzepten fallen.

Die systematische Darstellung gesammelter Daten ermöglicht deren Auswertung.

1.1 Organisation und Darstellung von Daten

Die anschauliche Darstellung von Daten ermöglicht eine systematische Betrachtung der Werte und erlaubt erste Schlüsse ohne komplizierte statistische Verfahren. Die Grundlage des folgenden Kapitels bildet ein psychologischer Gedächtnistest, der in der Einleitung bereits ausführlich erläutert wurde. Nach der Durchführung eines solchen Tests erhalten wir eine große Menge Rohdaten, die in dieser Form wenig Aussagekraft besitzt. Im Folgenden geht es darum, diese Datenmenge zu strukturieren, um sie tabellarisch wie graphisch darstellen zu können. Zunächst werden wir das der Einfachheit halber für eine kleine Auswahl von n = 10 Versuchspersonen aus dem Gedächtnisexperiment tun Der gesamte Datensatz wird erst ab Kapitel 2 zur Anwendung kommen.

1.1.1 Aufbereitung von Messdaten

Dieser Unterpunkt beschäftigt sich mit der tabellarischen Darstellung von Daten. Sie stellt normalerweise den ersten Schritt nach einer Datenerhebung dar.

Datenmatrizen werden z.B. mittels des Computerprogramms SPSS hergestellt.

Datenmatrix

In einer Datenmatrix werden allen gesammelten Informationen Zahlen zugeordnet. Dies geschieht z.B. mittels des Computerprogramms SPSS. Bei der Erstellung einer Datenmatrix in SPSS sieht der Computerbildschirm aus wie das folgende Datenfenster, in dem die Daten von zehn Versuchspersonen eingetragen sind. Die erste Zeile zeigt die verschiedenen erfassten Variablen in abgekürzter Form. Dies sind im Einzelnen:

„sex":	Geschlecht
„alter":	Alter
„bed":	Verarbeitungsbedingung
„negativ":	Anzahl erinnerter negativer Adjektive
„neutral":	Anzahl erinnerter neutraler Adjektive
„positiv":	Anzahl erinnerter positiver Adjektive
„ges":	Gesamtzahl erinnerter Adjektive

Die erste Spalte teilt den Versuchspersonen (Vpn) fortlaufende Nummern zu. Alle Vpn haben hier die Adjektive strukturell verarbeitet (bed = 1).

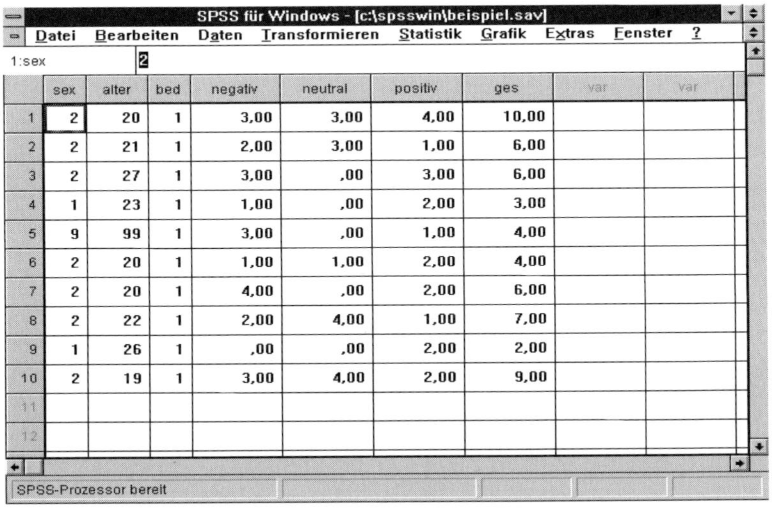

	sex	alter	bed	negativ	neutral	positiv	ges	var	var
1	2	20	1	3,00	3,00	4,00	10,00		
2	2	21	1	2,00	3,00	1,00	6,00		
3	2	27	1	3,00	,00	3,00	6,00		
4	1	23	1	1,00	,00	2,00	3,00		
5	9	99	1	3,00	,00	1,00	4,00		
6	2	20	1	1,00	1,00	2,00	4,00		
7	2	20	1	4,00	,00	2,00	6,00		
8	2	22	1	2,00	4,00	1,00	7,00		
9	1	26	1	,00	,00	2,00	2,00		
10	2	19	1	3,00	4,00	2,00	9,00		
11									
12									

Abb. 1.1. Datenfenster SPSS

Kodierung

Um alle erhobenen Daten in einer Matrix wiedergeben zu können, ist es notwendig, den unterschiedlichen Ausprägungen der Variablen Zahlen zuzuordnen. Dies ist immer dann einfach, wenn eine der Variablen in der Untersuchung sowieso aus Zahlen besteht, wie bei der Variable „Alter". Anders verhält es sich bei Variablen wie z.B. „Geschlecht", dessen Ausprägungen erst „kodiert" werden müssen. Eine Kodierung könnte folgendermaßen aussehen:

Verschiedene Variablen müssen erst kodiert werden, bevor sie in einer Datenmatrix verarbeitet werden können.

Variable:	Geschlecht	Ausprägungen:	männlich	= 1
			weiblich	= 2
Variable:	Verarbeitungsbedingung	Ausprägungen:	strukturell	= 1
			bildhaft	= 2
			emotional	= 3

Fehlende Werte

Warum steht in der Datenmatrix bei Versuchsperson Nr. 5 unter „sex" eine Neun? Bei einer Datenerhebung schleichen sich immer wieder Fehler ein, die ganz unterschiedliche Ursachen haben können: Jemand schaut bei seinem Nachbarn ab, jemand kannte die Untersuchung schon, ein anderer hat keine Lust und füllt die Fragebögen gar nicht oder nur unvollständig aus. Letzteres war offensichtlich bei Versuchsperson Nr. 5 der Fall: Sie hat an dem

Zahlen außerhalb des Wertebereichs markieren fehlende Werte.

Fehlende Werte werden meist mit 9 oder 99 gekennzeichnet.

Gedächtnisexperiment teilgenommen, aber keine oder eine nicht eindeutige Geschlechts- und Altersangabe gemacht. Die vorhandenen Daten (die Anzahl erinnerter Adjektive) sind in diesem Fall aber trotzdem verwertbar. Das Problem: Das Programm SPSS verlangt einen Zahlenwert in jeder Zelle der Matrix. Deshalb gibt es eine Funktion, die bestimmten Zahlen die Eigenschaft „missing“ zuordnet. Diese Kodierung erfolgt mit Zahlen, die außerhalb des Wertebereichs liegen. Unsere vollständige Kodierung für die Variable „Geschlecht“ sieht also wie folgt aus:

Variable:	Geschlecht	Ausprägungen:	männlich	= 1
			weiblich	= 2
			missing	= 9

Analog verhält es sich mit der Variable „Alter“. Per Konvention kennzeichnen die Zahlen neun, 99 etc. fehlende Werte, sofern sie außerhalb des Wertebereichs liegen. Zu beachten ist, dass eine Null unter „neutral“ bei Versuchsperson Nr. 5 keineswegs einem „leeren Feld“ entspricht, denn die Null ist ja Teil des Wertebereichs. Die Versuchsperson hat kein einziges neutrales Adjektiv erinnert.

1.1.2 Organisation von Daten

Eine Datenmatrix wie die aus dem vorherigen Abschnitt ist eine Möglichkeit der tabellarischen Darstellung von erhobenen Daten. Durch diese Art der Darstellung lassen sich die Charakteristika jeder einzelnen Versuchsperson erkennen. Allerdings gibt es noch andere Perspektiven, die Daten zu betrachten: So kann die Frage interessieren, wie häufig z.B. zwei oder sechs Wörter erinnert wurden. Eine so genannte Häufigkeitsverteilung ist dafür die geeignete Darstellungsmethode. Das Programm SPSS bietet solche Häufigkeitstabellen an:

Häufigkeitstabelle für Gesamtzahl erinnerter Wörter

		Häufigkeit	Prozent	Gültige Prozente	Kumulierte Prozente
Gültig	2,00	1	10,0	10,0	10,0
	3,00	1	10,0	10,0	20,0
	4,00	2	20,0	20,0	40,0
	6,00	3	30,0	30,0	70,0
	7,00	1	10,0	10,0	80,0
	9,00	1	10,0	10,0	90,0
	10,00	1	10,0	10,0	100,0
	Gesamt	10	100,0	100,0	
Gesamt		10	100,0		

Tabelle 1.1. SPSS-Tabelle (Häufigkeitsverteilung)

Aus dieser Darstellung ist nicht mehr ersichtlich, welche Ergebnisse eine einzelne, konkrete Versuchsperson erzielt hat. Stattdessen sind hier die Ergebnisse der Gesamtgruppe aller Versuchspersonen besser zu erkennen.

Die erste Spalte zeigt die Anzahl erinnerter Adjektive an, „Häufigkeit" die entsprechende absolute Häufigkeit dieser Anzahl. So wurden genau sechs Wörter von insgesamt drei Versuchspersonen erinnert. Die dritte Spalte, „Prozent", dokumentiert die Prozentwerte der Häufigkeiten, ebenso wie die Spalte „Gültige Prozente". Sie ist nur dann von Interesse, wenn einzelne Werte ungültig sind. Schließlich addiert die letzte Spalte, „Kumulierte Prozente", diese Prozentwerte auf (kumulieren = anhäufen). Werden alle erhobenen Daten berücksichtigt, summieren sich die Prozentwerte zu 100 auf.

absolute Häufigkeit

Prozent

gültige Prozente

kumulierte Prozente

Die Abkürzung f_k (für frequency) bezeichnet die absolute Häufigkeit eines Werts k. Laut Tabelle 1.1 ist die absolute Häufigkeit des Werts sechs gleich drei, also $f_{k=6} = 3$. Das bedeutet, dass drei Personen je sechs Adjektive erinnert haben.

absolute Häufigkeit f_k

Die relative Häufigkeit ist definiert als die absolute Häufigkeit f_k dividiert durch den Stichprobenumfang n, also:

$$f_{rel_k} = \frac{f_k}{n}$$

relative Häufigkeit f_{rel_k}

Die relative Häufigkeit des Werts sechs ist demnach 0,3.

prozentuale Häufigkeit $\%_k$

Abb. 1.2. Absolute Häufigkeit in einem Histogramm

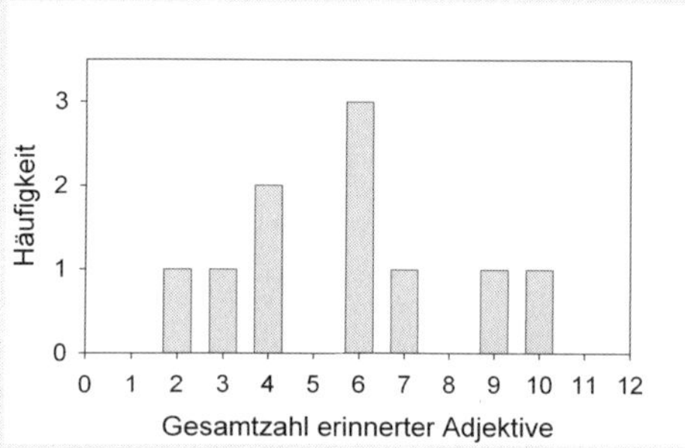

Abb. 1.3. Prozentuale Häufigkeit

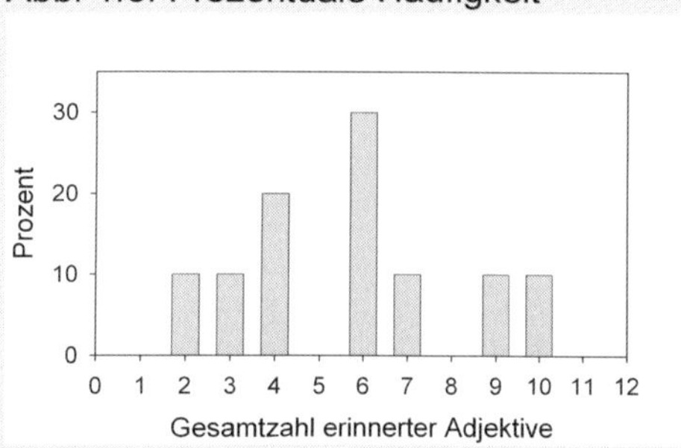

Abb. 1.4. Kum. prozentuale Häufigkeit

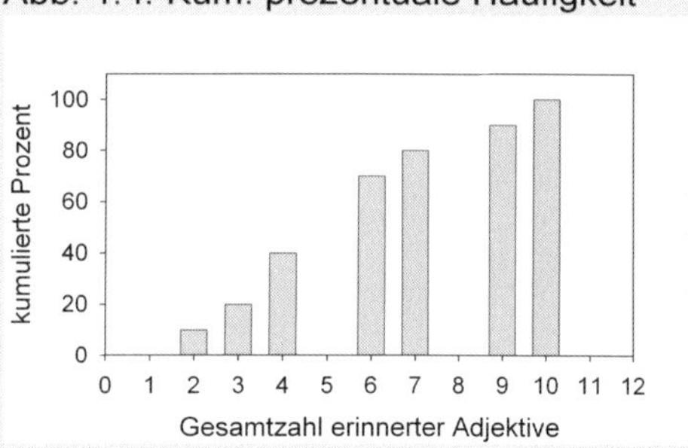

Durch Multiplikation der relativen Häufigkeit mit 100 ergibt sich die prozentuale Häufigkeit, abgekürzt $\%_k$:

$$\%_k = f_{rel_k} \cdot 100\%$$

30% der Personen haben sechs Wörter erinnert.

Welchen Nutzen hat nun eine solche Häufigkeitsverteilung? Sie gestattet Aussagen wie „Sechs oder weniger Adjektive wurden von 70% der Versuchspersonen erinnert" oder „20% der Versuchspersonen erinnerten mehr als sieben Wörter". Fragestellungen wie diese sind in den empirischen Sozialwissenschaften immer wieder von Bedeutung. Weiterhin ist ersichtlich, dass Werte von zehn Versuchspersonen erhoben wurden, die zwischen zwei und zehn Adjektiven erinnerten.

1.1.3 Darstellung von Daten

Die graphische Darstellung von Daten ist noch wesentlich anschaulicher als eine Tabelle allein, obwohl sie keinerlei neue Information enthält. Je nach Art der Variable, die wiedergegeben werden soll, gibt es verschiedene Möglichkeiten der Repräsentation.

Das Histogramm

In einem Histogramm (Säulendiagramm) sind die Häufigkeiten der Messwerte abzulesen. Auf der Abszisse (x-Achse) werden die Ausprägungen der Variablen oder deren Kategorien abgetragen, auf der Ordinate (y-Achse) wird die Häufigkeit dieser Ausprägungen angezeigt.

In dem Histogramm in Abb. 1.2 sind die absoluten Häufigkeiten abgetragen. Es stellt das graphische Äquivalent zu der Spalte „Frequency" der SPSS-Häufigkeitsverteilung auf Seite 5 dar.

Doch auch alle weiteren Spalten lassen sich graphisch zum Ausdruck bringen. In Abb. 1.3 ist auf der Ordinate nicht mehr die absolute, sondern die prozentuale Häufigkeit abgetragen.

Das Histogramm in Abbildung 1.4 bildet die kumulierte prozentuale Häufigkeit ab. Bei Berücksichtigung aller Werte erreicht die letzte Säule dabei 100%.

In Abbildung 1.5 sind jeweils zwei mögliche Ausprägungen zu einer Kategorie zusammengefasst. Eine solche Vorgehensweise kann in verschiedenen Fällen sinnvoll sein, wenn die Datenstruktur vereinfacht werden soll oder wenn Aussagen über Bereiche an Stelle von Einzelwerten interessieren (z.B. über Zeitspannen mehrerer Messeinheiten). Dabei ist es wichtig, dass die Kategorien nur in begründeten Sonderfällen unterschiedliche Größen haben, da sonst eine Verzerrung des Datenmaterials die Folge sein kann.

Abb. 1.5. Kategorisierung

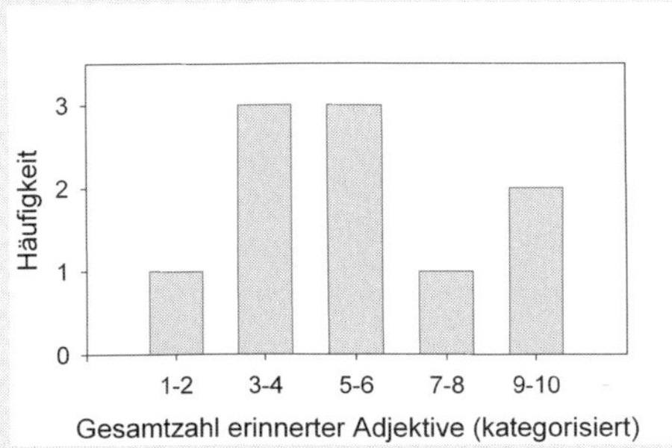

Das Kreisdiagramm

Das Kreisdiagramm (Abb. 1.6) eignet sich für nominalskalierte Variablen wie z.B. Geschlecht. Auch dieses Diagramm stellt verschiedene Ausprägungen einer Variablen dar. Seine Interpretation ist sehr einfach. Die ganze Information, die in dem Kreisdiagramm steckt, war auch schon in der Datenmatrix aus Abschnitt 0 enthalten. Jetzt ist sie allerdings auf einen Blick ersichtlich. Natürlich beinhaltet die Datenmatrix auch noch weit mehr Informationen als die in dem Kreisdiagramm allein behandelte Frage der Geschlechterverteilung unter den Versuchspersonen.

Abb. 1.6. Kreisdiagramm

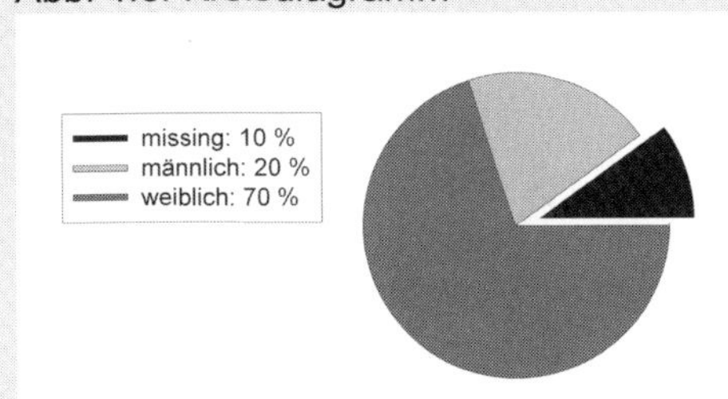

Kritischer Umgang mit Graphiken

Graphische Darstellungen ermöglichen ein schnelles Verständnis verschiedener Sachverhalte. Sie bergen aber auch gewisse Risiken, die bei der Betrachtung solcher Abbildungen nie zu vergessen sind. Die Gefahr möglicher Verzerrungen wurde schon bei der Behandlung der Histogramme genannt.

Per Konvention hat die Ordinate etwa 2/3 der Länge der Abszisse. Die Einhaltung dieses Richtwerts ist angezeigt, um etwaigen Verzerrungen vorzubeugen. Durch Maßstabsverzerrung auf Ordinate und Abszisse kann die Form einer Verteilung vorgetäuscht werden. Um solchen Verzerrungen nicht zu erliegen, sind das kritische Betrachten und die Prüfung der gewählten Maßstäbe solcher Darstellungen dringend erforderlich. Die Abbildungen 1.7 und 1.8 verdeutlichen diesen Sachverhalt: Der Unterschied zwischen den Werten erscheint in der ersten Abbildung viel größer als in der zweiten.

Abb. 1.7. Kleine Intervalle

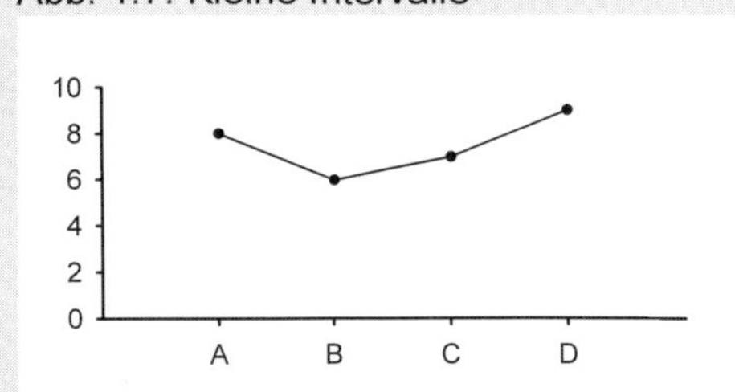

Abb. 1.8. Große Intervalle

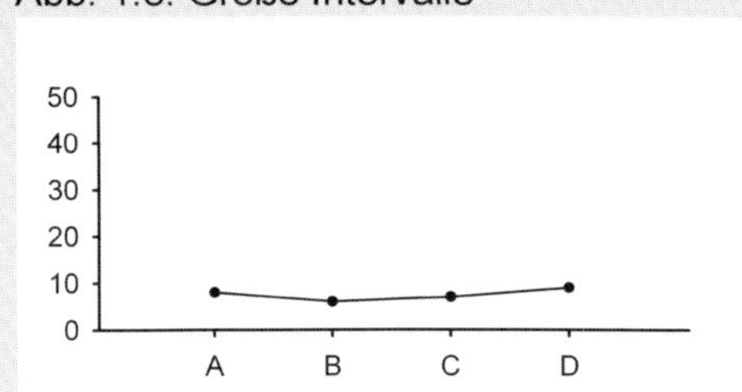

Abb. 1.9. Verkürzte Achse

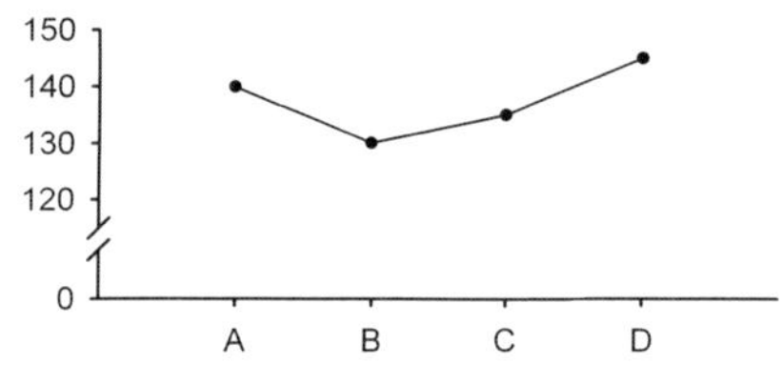

Es gibt vier hierarchisch geordnete Skalentypen:

Nominalskala

Ordinalskala

Intervallskala

Verhältnisskala

Soll aus Gründen der Platzersparnis eine verkürzte Achse eingesetzt werden, so muss dies durch zwei Trennlinien an der entsprechenden Stelle kenntlich gemacht werden (Abb. 1.9).

1.2 Skalentypen

Die Zuordnung von Zahlen zu einem Ereignis oder einer Eigenschaft ist eine Begebenheit, die jedem von uns täglich widerfährt. Verschiedene Buslinien haben verschiedene Nummern, Sportergebnisse werden oft in Zahlen ausgedrückt, ganz gleich ob diese für erzielte Zeiten, Punkte oder Tore stehen. Doch nach welchen Gesetzen erfolgen diese Zuordnungen? Während ein qualitativer Unterschied zwischen ein oder drei erzielten Toren sofort ersichtlich ist, macht eine solche Bewertung bei unterschiedlichen Buslinien keinen Sinn. Offensichtlich gibt es feste Regeln, nach denen einer Variablen Zahlen zugeordnet werden, die die Quantität oder Qualität dieser Variablen widerspiegeln sollen. Diese Regeln werden durch vier verschiedene Skalentypen verkörpert: der Nominal-, der Ordinal-, der Intervall- und der Verhältnisskala. Aufgrund ihrer unterschiedlichen Aussagekraft spricht man im Allgemeinen von vier Skalenniveaus. Skalenniveaus sind in allen empirischen Sozialwissenschaften von entscheidender Bedeutung, denn sie erst ermöglichen den sinnvollen Umgang mit statistischen Verfahren.

Achtung: Mit Zahlen allein sind natürlich die verschiedensten Rechenoperationen möglich. Sobald den Zahlen aber Ausprägungen sozialwissenschaftlicher Merkmale zugeordnet sind, müssen wir uns Gedanken darüber machen, welche mathematischen Operationen mit diesen Zahlen auch inhaltlich erlaubt und sinnvoll sind. Genau dies geschieht bei der Festlegung eines Skalenniveaus. Diese Festlegung hängt von zwei Faktoren ab:

a) den Eigenschaften des zu messenden Merkmals
b) der Art der Abbildung des Merkmals durch das Messinstrument

Die Skalenniveaus folgen einer Hierarchie: Je höher die Stufe auf der Leiter der Skalenniveaus, desto vielfältiger sind auch die Aussagemöglichkeiten. Der Preis dafür sind die Einschränkungen bei der Transformierbarkeit der Daten. Transformation meint das Ausdrücken derselben Sachverhalte mit anderen Zahlen. Erlaubte

Transformationen sind alle diejenigen mathematischen Umwandlungen von Daten, die keinen Aussageverlust zur Folge haben. Je höher das Skalenniveau, desto weniger Transformationen sind erlaubt. Die Hierarchie beginnt bei der Rudimentärsten aller Skalen, der Nominalskala.

1.2.1 Die Nominalskala

Die Nominalskala bildet das niedrigste Skalenniveau. Dies bedeutet keineswegs, dass sie keine sinnvollen Aussagen zulässt, sondern zollt lediglich der Tatsache Tribut, dass die Nominalskala die wenigsten, nämlich nur zwei Annahmen bei der Messung einer Variablen macht. Zahlen auf Nominalskalenniveau markieren verschiedene Qualitäten oder Kategorien der Variable. Die zwei Annahmen oder Regeln bei der Zuweisung von Zahlen sind:

1. Unterschiedlichen Merkmalsausprägungen werden unterschiedliche Zahlen zugeordnet (Exklusivität).
2. Es existiert eine Zahl für jede beobachtete oder potentiell bestehende Merkmalsausprägung (Exhaustivität).

Diese Annahmen gelten für alle vier Skalentypen, für die Nominalskala sind sie aber die einzigen.

Zahlen auf dem Nominalskalenniveau unterscheiden also nur zwischen Gleich- und Verschiedenheit. Der zugewiesene numerische Wert ist ohne Bedeutung. Wichtig ist lediglich, dass unterschiedlichen Merkmalsausprägungen auch unterschiedliche Zahlen zugeteilt werden.

Die Nominalskala macht Aussagen über Gleichheit / Verschiedenheit von Merkmalsausprägungen.

Da für die Nominalskala lediglich die Verschiedenheit bzw. Gleichheit der zugeordneten Zahlen relevant ist, sind mit diesen beliebige Transformationen möglich. Zahlen, die vor der Umwandlung gleich waren, müssen dies auch danach sein. Zahlen, die vorher unterschiedlich waren, müssen auch danach unterschiedlich sein. Transformationen, die dies gewährleisten, heißen eineindeutige Transformationen: $x_1 \neq x_2$.

Die Nominalskala erlaubt alle eineindeutigen Transformationen.

Ein Beispiel für eine Nominalskala sind die Rückennummern einer Sportmannschaft, von denen jeder Spieler eine andere trägt. Welche dies speziell ist, hat keinen Belang für den primären Zweck der Nummern, der Unterscheidungsmöglichkeit der Spieler.

Die Rückennummern dürfen theoretisch nach beliebigen Regeln umgeformt werden, solange auch nach der Transformation jede Nummer in jeder Mannschaft nur einmal existiert.

1.2.2 Die Ordinalskala

Die Ordinalskala schließt die Aussagen der Nominalskala (Gleichheit und Verschiedenheit) mit ein. Sie trifft aber noch eine weitere Annahme, abgesehen von der Exklusivität und der Exhaustivität. Um Ordinalskalenniveau zu entsprechen, müssen die zugeordneten Zahlen folgende zusätzliche Bedingung erfüllen:

3. Die Zahlen repräsentieren Unterschiede einer bestimmten Größe in Bezug auf die Merkmalsausprägung.

Die Ordinalskala macht zusätzlich zur Gleichheit/Verschiedenheit Aussagen über Größer-Kleiner-Relationen von Merkmalsausprägungen.

Die Ordinalskala erlaubt also Größer-Kleiner-Aussagen über die Merkmalsausprägungen und bringt sie auf diese Weise in eine Reihenfolge. Deshalb wird die Ordinalskala oft auch Rangskala genannt. Über die Größe der Unterschiede zwischen den einzelnen Rängen macht diese Skala keinerlei Aussage. Die zugeordneten Zahlen müssen keineswegs aufeinander folgen. Sie können frei gewählt werden, solange die Größer-Kleiner-Relation gewahrt bleibt.

Die Ordinalskala erlaubt alle monotonen Transformationen.

Für mögliche Transformationen gibt es bei der Ordinalskala im Vergleich mit der Nominalskala nur die Einschränkung, dass die vor der Umformung herrschende Reihenfolge auch nach dieser noch bestehen muss. Umwandlungen dieser Art heißen monotone Transformationen.

Die Reihenfolge des Einlaufs bei einem 100m-Lauf stellt ein Beispiel einer Ordinalskala dar. Jeder Läufer erzielt eine bestimmte Platzierung gemäß seinem Eintreffen im Ziel. Eine Rangreihe entsteht. Die Abstände zwischen den einzelnen Läufern bleiben aber unbeachtet, denn auch wenn zwischen dem Ersten und Zweiten nur wenige Hundertstel lägen und der Dritte erst Sekunden danach ins Ziel käme, würde sich an der Reihenfolge nichts ändern. Die Bedingungen der Ordinalskala wären auch erfüllt, wenn dem Ersten die Zahl 5, dem Zweiten die 8 und dem Drittplazierten die 12 zugeordnet würde.

1.2.3 Die Intervallskala

Die Intervallskala ist die wichtigste und am häufigsten verwendete Skala in den empirischen Sozialwissenschaften, da meistens davon ausgegangen wird, dass sehr viele der gemessenen Variablen die Anforderungen dieses Skalentyps erfüllen, also „Intervallskalenqualität" haben. Zusätzlich zu den drei bisher getroffenen Annahmen macht die Intervallskala eine vierte:

Die Intervallskala ist die wichtigste Skala in den Sozialwissenschaften.

4. Gleich große Abstände zwischen zugeordneten Zahlen repräsentieren gleich große Einheiten des Konstrukts.

Während die Ordinalskala nur Aussagen über die Größer-Kleiner-Relation von Merkmalsausprägungen macht, spezifiziert die Intervallskala die Abstände zwischen den Ausprägungen. Die entscheidende Folge von Annahme 4 ist das Vorhandensein von Äquidistanz. Sie besagt, dass ein bestimmter Zahlenabstand (ein Intervall) immer den gleichen Qualitätsunterschied in der Merkmalsausprägung abbildet. Als Anfangspunkt kann jede Zahl dienen und auch die mathematische Größe einer Einheit ist variabel. Die Intervallskala ermöglicht Aussagen wie „das Merkmal A ist bei Versuchsperson 1 um drei Einheiten größer als bei Person 2."

Sie macht Aussagen über die Größe der Unterschiede zwischen den Merkmalsausprägungen.

Die Intervallskala lässt nur Transformationen zu, bei denen die Äquidistanz gewahrt bleibt. Dies sind alle linearen Transformationen der Form $y = a \cdot x + b$. Mathematisch ist jedoch die Wahrung der Äquidistanz ein großer Vorteil, denn dies macht viele mathematische Operationen wie z.B. die Berechnung des Mittelwerts erst möglich (siehe Abschnitt 1.3.1).

Die Intervallskala erlaubt nur lineare Transformationen.

Die Messung der Temperatur in Grad Celsius oder Fahrenheit stellt ein Beispiel einer Intervallskala dar. Der Abstand zwischen 10°C und 20°C ist genauso groß wie zwischen 30°C und 40°C. Transformiert nach der Formel $y = 1{,}8 \cdot x + 32$ zur Umrechnung dieser Temperaturen in die Einheit °F, ergibt das erste Paar Werte von 50°F und 68°F, das zweite Paar von 86°F und 104°F. Hierbei handelt es sich zwar nun nicht mehr um Werte der Temperaturskala nach Celsius (sondern nach Fahrenheit), die Transformation ist aber im Sinne der Intervallskala erlaubt, denn die Äquidistanz bleibt erhalten. Die Aussage, 20°C sei doppelt so warm wie 10°C ist allerdings nicht zulässig, wie bereits aus den entsprechenden Angaben in Fahrenheit

(50°F und 68°F) deutlich wird. Der Grund dafür ist in der Abwesenheit eines absoluten Nullpunktes der Temperaturskala zu suchen. Null Grad Celsius ist nicht gleichbedeutend mit der Abwesenheit von Temperatur, sondern vielmehr ein Punkt auf dieser Skala. Eine Skala die einen solchen absoluten Nullpunkt besitzt und gleichzeitig die vier bisher diskutierten Bedingungen erfüllt, heißt Verhältnisskala.

1.2.4 Die Verhältnisskala

Die Verhältnisskala macht Aussagen über das Verhältnis von Merkmalsausprägungen.

Sie findet in den Sozialwissenschaften nur selten Anwendung.

Die Verhältnisskala oder Ratioskala ist die Aussagekräftigste aller Skalen. Sie schließt die Annahmen der Nominal-, der Ordinal- und der Intervallskala ein, macht aber noch eine Annahme mehr:

5. Der Anfangspunkt der Skala kennzeichnet einen definierten Nullpunkt.

Eine Verhältnisskala beginnt also mit dem Punkt Null. Dieser Punkt ist nicht willkürlich festgelegt, wie dies bei den anderen drei Skalentypen der Fall ist. Der Nullpunkt einer Verhältnisskala ist dort lokalisiert, wo die Variable aufhört zu existieren.

Das Verhältnis zweier Zahlen dieses Skalentyps spiegelt genau das Verhältnis der entsprechenden Merkmalsausprägungen in der Realität wider. Aussagen wie „Das Merkmal A ist bei Versuchsperson 1 doppelt so stark ausgeprägt wie bei Person 2." sind möglich. Da die in den Sozialwissenschaften untersuchten Variablen selten einen absoluten Nullpunkt erreichen können, findet die Verhältnisskala in dieser Wissenschaft kaum Anwendung.

Die Verhältnisskala erlaubt alle Ähnlichkeitstransformationen.

Um die zahlreichen Bedingungen der Verhältnisskala nicht zu verletzen sind nur noch so genannte Ähnlichkeitstransformationen erlaubt, das sind Transformationen der Art $y = a \cdot x$.

Beispiele für eine Verhältnisskala sind Länge, Gewicht oder Licht, das in einen Raum fällt. Bei absoluter Dunkelheit ist diese Variable nicht mehr zu messen. Ein anderes Beispiel: Eine Eiche misst 5 Längeneinheiten (LE), eine Kastanie 10 LE. Die Kastanie ist doppelt so lang wie die Eiche. Transformiert nach $y = 3 \cdot x$ ergeben sich für die Eiche 15 LE und für die Kastanie 30 LE. An der doppelten Länge der Kastanie hat sich auch nach der Transformation nichts geändert.

1.2.5 Festlegung des Skalenniveaus

Noch einmal zur Verdeutlichung: Bei der Festlegung auf ein Skalenniveau gibt es zwei bestimmende und damit auch limitierende Faktoren: Das zu messende sozialwissenschaftliche Konstrukt sowie die Abbildung des Konstrukts durch das Messinstrument. Nur wenn beide die gestellten Anforderungen erfüllen, ist die Wahl eines Skalentyps zu vertreten. Betrachten wir als erstes die limitierende Wirkung des zu messenden Konstrukts anhand einiger Beispiele: Das Konstrukt „Geschlecht" hat zwei Ausprägungen. Diese Ausprägungen stehen aber in keiner Größer-Kleiner-Relation und weisen keine bestimmbare Distanz zueinander auf. Das Konstrukt umfasst eine reine Einteilung und legt damit das Skalenniveau auf nominaler Ebene fest. Ein weiteres Beispiel sind Diagnosen: Die Einteilung von Patienten nach Krankheiten bildet eine nominalskalierte Variable.

Ein anderer Fall liegt z.B. in dem Gedächtnisexperiment vor. Das psychologische Konstrukt „Gedächtnis" beinhaltet Aussagen über Größer-Kleiner-Relationen und Abstände von Gedächtnisleistungen. Jeder Mensch hat demnach eine bestimmte Gedächtnisleitung und ist auf einem Kontinuum lokalisierbar. Das Konstrukt „Gedächtnis" erlaubt deshalb eine Messung mindestens auf Intervallskalenniveau. Nun stellt sich die Frage, ob das Messinstrument die vorhandenen Distanzen korrekt abbildet. Spiegeln sich die in der Realität vorhandenen relativen Abstände der Personen in den Ergebnissen des Tests wider? Die Graphiken machen den Unterschied der zwei Ebenen deutlich: Die Abbildungen 1.10, 1.11 und 1.12 setzen alle die gleichen Relationen der Personen in der Realität voraus. In Abbildung 1.10 bildet der Test die relativen Abstände korrekt ab. Dieser Test liefert intervallskalierte Daten. Abbildung 1.11 zeigt einen Test, in dem die relativen Abstände nicht mit der Realität übereinstimmen. Es ergeben sich ordinale Daten. Abbildung 1.12 zeigt eine Reduzierung auf Nominalskalenniveau, auf dem neben den relativen Abständen auch die Informationen über die Größer-Kleiner-Relationen bzw. die Reihenfolge der Personen verloren gehen.

In der Praxis kommt es oft vor, dass die benutzten Messinstrumente Daten auf einem niedrigeren Skalenniveau liefern als theoretisch möglich. In vielen Fällen verzichten Wissenschaftler auf eine differenziertere Erfassung ihres Untersuchungsgegenstands, weil sie

Das Skalenniveau bezieht sich auf das zu messende Konstrukt und die Abbildung des Konstrukts durch das Messinstrument.

Abb. 1.10. Beispiel für das Abbilden der Realität auf einer Intervallskala

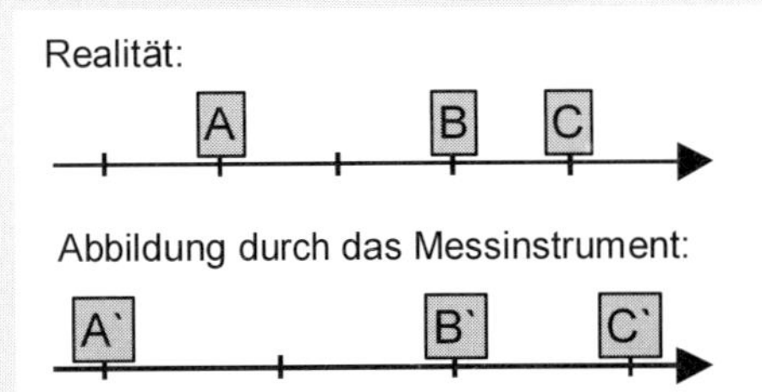

Abb. 1.11. Beispiel für das Abbilden der Realität auf einer Ordinalskala

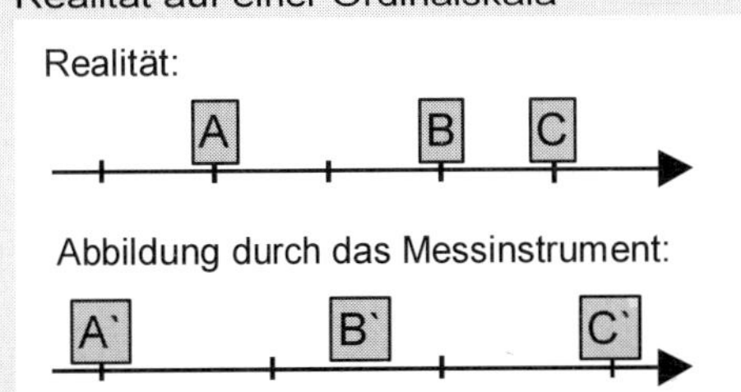

Abb. 1.12. Beispiel für das Abbilden der Realität auf einer Nominalskala

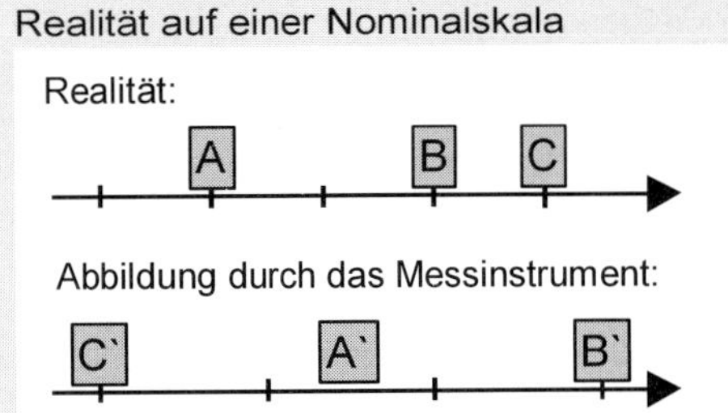

Die Festlegung des Skalenniveaus ist schwierig und erfolgt meist nach Plausibilitätsargumenten.

diese für ihre Datenauswertungen nicht benötigen. Oder eine bessere Operationalisierung ist aus inhaltlichen Gründen nicht möglich. Auch viele etablierte Testverfahren wie z.B. Intelligenztests bleiben häufig den Nachweis schuldig, dass sie das erfasste Konstrukt auf einer Intervallskala abbilden. Statistisch gesehen ist der Nachweis, welches Skalenniveau vorliegt, äußerst aufwändig. Dazu gibt es eine eigene Spezialdisziplin, die Messtheorie. Wenn das Skalenniveau nicht durch entsprechend aufwendige Verfahren bestimmt wurde, erfolgt eine Festlegung nach Plausibilitätsargumenten: Diagnosen der Art „1 = Depression, 2 = Schizophrenie, 3 = Phobie" haben Nominalskalenniveau. Bei Messwerten wie z.B. Reaktionszeiten oder der „Anzahl erinnerter Wörter" in einem Gedächtnisexperiment geht man von Intervallskalenniveau aus. Sind die Messwerte aus gut konstruierten psychologischen Tests gewonnen, so kann man relativ sicher sein, dass Intervallskalenqualität vorliegt. Weitere Informationen zur Feststellung des Skalenniveaus sind bei Steyer & Eid (1993) zu finden.

Übersicht 1.1. Die vier Skalentypen

Skalentyp	**Mögliche Aussagen**	**Beispiele**	**Erlaubte Transformationen**
Nominalskala	Gleichheit/ Verschiedenheit	- Diagnosen - Geschlecht - Gruppenzugehörigkeit	alle eineindeutigen Transformationen wenn $x_1 \neq x_2$, dann $y_1 \neq y_2$
Ordinalskala	Größer-Kleiner-Relation	- Schulbildung - Zieleinläufe - Uni-Rankings	Alle streng monotonen Transformationen, wenn $x_1 < x_2 < x_3$, dann $y_1 < y_2 < y_3$ oder $y_1 > y_2 > y_3$
Intervallskala	Gleichheit von Differenzen	- IQ - Temperatur	Alle linearen Transformationen $y = a \cdot x + b$
Verhältnisskala	Gleichheit von Verhältnissen	*(selten in der Psychologie)* - Länge - Gewicht	Alle Ähnlichkeitstransformationen $y = a \cdot x$

1.3 Statistische Kennwerte

Nach der graphischen Darstellung von Datenmaterial und den unterschiedlichen Skalenniveaus kommen wir nun zu den statistischen Kennwerten. Der Sinn statistischer Kennwerte besteht darin, bestimmte Eigenschaften einer Verteilung nummerisch wiederzugeben, so dass mit ihnen gerechnet werden kann. Aus vielen Einzelwerten werden also einige wenige resultierende Werte gebildet, die die gesamte Verteilung beschreiben. Die hier behandelten statistischen Kennwerte sind in zwei Gruppen unterteilt: die Maße der zentralen Tendenz und die Dispersionsmaße. Maße der zentralen Tendenz repräsentieren alle Messwerte einer Verteilung zusammenfassend, Dispersionsmaße hingegen geben Auskunft über die Variation der Messwerte, also darüber, wie unterschiedlich ein Merkmal verteilt ist.

Statistische Kennwerte geben über bestimmte Eigenschaften eines Datenkollektivs oder einer Verteilung zusammenfassend Auskunft.

1.3.1 Maße der zentralen Tendenz

Es gibt verschiedene Möglichkeiten, die Einzelwerte einer Verteilung durch einen Wert zu repräsentieren. Wir werden uns im Folgenden mit den drei gebräuchlichsten Maßen der zentralen Tendenz oder „Lokationsstatistiken" beschäftigen: dem Modalwert, dem Medianwert und dem arithmetischen Mittel.

Modalwert

Der Modalwert oder Modus ist derjenige Wert, welcher in einer diskreten Verteilung am häufigsten vorkommt. Folglich ist er auch der Wert, der am wahrscheinlichsten ist, wenn wir aus der Gesamtheit der Messwerte zufällig ein Ergebnis herausgreifen. In einer graphischen Darstellung zeigt sich der Modalwert als Maximum (siehe Abb. 1.13). Die Berechnung des Modalwerts erfordert lediglich Nominalskalenqualität.

Der am häufigsten vorkommende Wert einer Verteilung heißt Modalwert.

Abb. 1.13. Histogramm mit Modus = 6

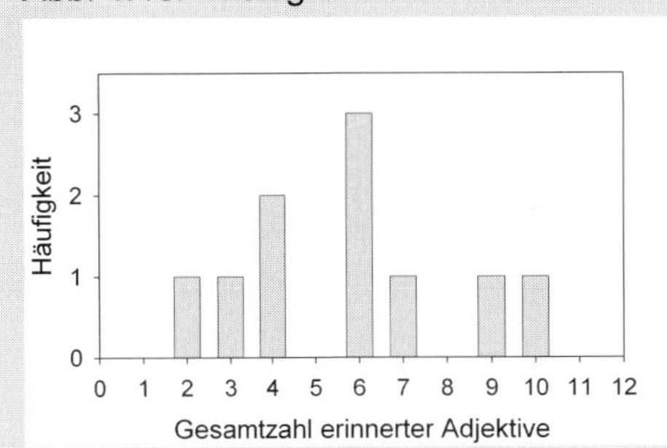

Graphen mit einem Modus und ohne weitere relative Hochpunkte heißen unimodal und eingipflig. Gibt es in einer Verteilung zwei voneinander getrennte, gleich hohe Maximalwerte, so sprechen wir von einer bimodalen Verteilung. Liegen mehrere Maximalwerte nebeneinander, so bezeichnen wir die Verteilung als breitgipflig. In dem Fall, dass zwar ein Modus, aber mehrere relative Hochpunkte auftreten, ist die Verteilung unimodal und mehrgipflig.

Betrachten wir die Abbildung 1.13: Der Modus hat hier den Wert sechs, denn diese Zahl kommt in der Verteilung dreimal und damit am häufigsten vor.

Der Median teilt eine Verteilung in zwei Hälften.

Medianwert

Der Medianwert oder kurz Median ist der Wert, von dem alle übrigen Werte im Durchschnitt am wenigsten abweichen, so dass die Summe der Abweichungsbeträge minimal ist. Mathematisch kann man beweisen, dass dieser Wert eine Verteilung halbiert. Es liegen also genauso viele Messwerte über wie unter dem Median.

Liegt eine ungerade Anzahl von Messwerte vor, so ist der Median leicht bestimmbar: Wir ordnen die Werte der Größe nach, und der in der Mitte stehende Wert ist der Median. In dem Datensatz 1, 2, 4, 5, 7, 7, 9 ist der Median Md = 5. Bei einem Datensatz mit gerader Anzahl von Fällen ordnen wir die Zahlen ebenso. Die numerische Mitte der beiden mittleren Zahlen ist der Median. In der Verteilung 2,2,3,6 beträgt der Median folglich 2,5. Die Berechnung des Medianwerts erfordert mindestens Ordinalskalenqualität.

Das arithmetische Mittel gibt den Durchschnittswert einer Verteilung an.

Arithmetisches Mittel

Das arithmetische Mittel $\bar{x}$ oder der Mittelwert ist das gebräuchlichste Maß der zentralen Tendenz. Es gibt den Durchschnitt aller Messergebnisse wieder. Rechnerisch ist das arithmetische Mittel die Summe aller Werte dividiert durch deren Anzahl n:

$$\bar{x} = \frac{\sum_{i=1}^{n} x_i}{n}$$

Die Berechnung des Mittelwerts ist nur bei mindestens intervallskalierten Daten erlaubt.

Mathematisch ist das arithmetische Mittel der Wert, bei dem die Summe der quadrierten Abweichungen aller Werte von diesem Mittelwert minimal wird. Die Berechnung des arithmetischen Mittels setzt voraus, dass die Daten mindestens Intervallskalenqualität besitzen, da Informationen über die Abstände zwischen den einzelnen Zahlen mit einfließen.

Diese Bedingung wird im Alltag oft leichtfertig übergangen. So ist beispielsweise die Intervallskalenqualität von Schulnoten zweifelhaft. Spiegeln die Abstände zwischen den Noten tatsächlich gleich große Leistungsunterschiede wider oder handelt es sich lediglich um eine Größer-Kleiner-Relation? In letzterem Falle wäre die Bildung eines arithmetischen Mittels – etwa die Berechnung eines „Abiturdurchschnittes“ – statistisch gar nicht zulässig!

Nach der Formel beträgt der Mittelwert der Gesamtzahl erinnerter Adjektive des Beispieldatensatzes aus Kapitel 0 also:

$$\bar{x} = \frac{10+6+6+3+4+4+6+7+2+9}{10} = 5{,}7$$

Wenn die Daten bereits gruppiert sind, z.B. in einer Häufigkeitstabelle (Kapitel 1.1.2), vereinfacht sich der Rechenaufwand, da nun gleiche Werte mit ihrer Häufigkeit multipliziert werden können.

Arithmetisches Mittel für gruppierte Daten

$$\bar{x} = \frac{\sum_{k=1}^{m}(f_k \cdot x_k)}{n}$$

f_k : Häufigkeit in der Gruppe/Kategorie k
x_k : Kategorienmitte der Kategorie k
m : Anzahl der Kategorien

$$\bar{x} = \frac{1\cdot 2+1\cdot 3+2\cdot 4+3\cdot 6+1\cdot 7+1\cdot 9+1\cdot 10}{10} = 5{,}7$$

Wie berechnet sich das arithmetische Mittel von mehreren Mittelwerten? Wenn die betrachteten Mittelwerte aus Gruppen stammen, die alle gleich groß sind, lässt sich die Formel des arithmetischen Mittels anwenden. Im Nenner steht allerdings in diesem Fall die Anzahl der Mittelwerte p.

$$\bar{\bar{x}} = \frac{\sum_{i=1}^{p}\bar{x}_i}{p}$$

$\bar{\bar{x}}$: Mittelwert der Mittelwerte
$\bar{x}_i$: Mittelwert der Gruppe i
p : Anzahl der Mittelwerte bzw. Gruppen

Das gewogene arithmetische Mittel (GAM) berechnet den Mittelwert von Mittelwerten aus unterschiedlich großen Gruppen.

Ungleiche Gruppengrößen erfordern eine Gewichtung der in die Rechnung eingehenden Mittelwerte. Diese Formel heißt gewogenes arithmetisches Mittel (GAM). Die Division erfolgt durch die Summe aller Personen. p ist die Anzahl der Mittelwerte bzw. Gruppen.

$$\bar{\bar{x}} = \frac{\sum_{i=1}^{p}(n_i \cdot \bar{x}_i)}{\sum_{i=1}^{p} n_i}$$

Bei der Bestimmung des durchschnittlichen Alters eines Schuljahrgangs liegen z.B. die Altersmittelwerte der drei einzelnen Klassen vor: 14,7, 15,4 und 14,9. Sind in jeder Klasse gleich viele Schüler, lässt sich der Durchschnitt mit p = 3 direkt berechnen:

$$\bar{\bar{x}} = \frac{\sum_{i=1}^{3} \bar{x}_i}{3} = \frac{14{,}7 + 15{,}4 + 14{,}9}{3} = 15$$

Bei ungleichen Schülerzahlen (z.B. 27, 15 und 19 Schüler pro Klasse) muss die jeweilige Klassengröße in die Berechnung mit einfließen:

$$\bar{\bar{x}} = \frac{\sum_{i=1}^{3} (n_i \cdot \bar{x}_i)}{\sum_{i=1}^{3} n_i} = \frac{27 \cdot 14{,}7 + 15 \cdot 15{,}4 + 19 \cdot 14{,}9}{27 + 15 + 19} = 14{,}93$$

Wir haben somit die drei gebräuchlichsten Maße der zentralen Tendenz und damit wichtige Merkmale von Datenverteilungen kennen gelernt. In welchem Fall aber welches Maß am geeignetsten, also am repräsentativsten ist, hängt ab von mehreren, hier nicht besprochenen Eigenschaften einer Verteilung. Überwiegend liegt es an ihrer Skalenqualität: Für nominalskalierte Daten ist der Modus das einzig sinnvolle Maß, für ordinalskalierte Daten ist der Median für gewöhnlich aussagekräftiger und für eine Verteilung mit Intervallskalenqualität ist in der Regel das arithmetische Mittel am repräsentativsten. In Übersicht 1.2 ist die Zuordnung noch einmal anschaulich dargestellt. In der Ordinal- und Intervallskala können die verschiedenen Maße übereinstimmen, tun es aber häufig nicht.

Übersicht 1.2. Die Maße der zentralen Tendenz für das jeweilige Skalenniveau

Skalenniveau:	**Maß der zentralen Tendenz:**
Nominal	**Modus**
Ordinal	Modus, **Median**
Intervall	Modus, Median, **arithmetisches Mittel**

1.3.2 Dispersionsmaße

Die im vorherigen Abschnitt besprochenen Maße der zentralen Tendenz (Modus, Median, arithmetisches Mittel) reichen zur vollständigen Charakterisierung einer Verteilung alleine nicht aus, da z.B. sehr unterschiedliche Verteilungen von Daten zu demselben Mittelwert führen können. Wir benötigen statistische Kennwerte, die solche Verteilungen weiter unterscheiden und uns Auskunft darüber geben, wie stark die einzelnen Werte voneinander abweichen. Diese statistischen Kennwerte heißen Dispersionsmaße oder Dispersionsstatistiken. Sie sind in den Sozialwissenschaften unentbehrlich für die Datenauswertung.

Dispersionsmaße beschreiben, wie stark die einzelnen Werte in einer Verteilung vom Mittelwert abweichen.

Zur Veranschaulichung betrachten wir drei Verteilungen, die trotz desselben Mittelwerts eine unterschiedliche Form aufweisen, da die Messwerte unterschiedlich stark voneinander abweichen:

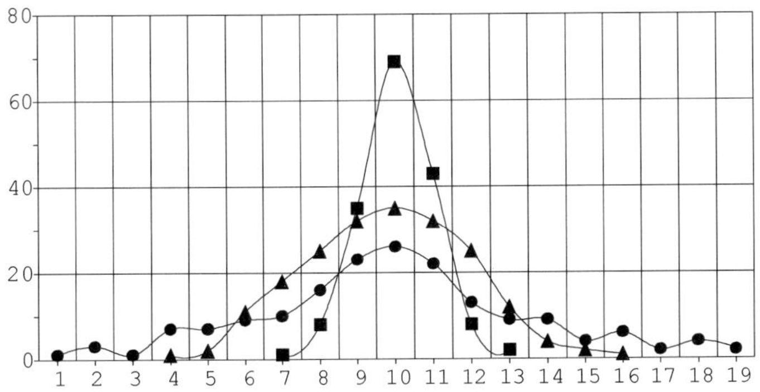

Abb. 1.14. Verteilungen mit verschiedenen Formen aber gleichem Mittelwert

Die drei dargestellten Verteilungen weisen einen identischen Mittelwert auf ($\bar{x} = 10$), ihre Formen sind jedoch völlig verschieden. Man sagt: Die Messwerte streuen unterschiedlich stark. Mit „streuen" ist gemeint, dass die einzelnen Messwerte unterschiedlich stark von ihrem Mittelwert abweichen. Die durch Quadrate gekennzeichnete Kurve hat eine kleinere Streuung als die Verteilung mit den Kreisen. Mit anderen Worten: Die Werte verteilen sich bei der „Kreis-Kurve" weiter als bei der „Quadrat-Kurve". Diese Aussagen über Dispersion bzw. Variabilität der Messwerte wollen wir nun genauer kennen lernen und sie über die Maße der Variationsbreite, der Varianz und der Standardabweichung mathematisch erfassen.

Sind unimodale Verteilungen mit gleichem Mittelwert in ihrer Form verschieden, so streuen die Messwerte unterschiedlich stark.

Die Variationsbreite gibt den Bereich der Messwerte an.

Variationsbreite

Die Variationsbreite (englisch „Range“) gibt die Größe des Bereichs an, in dem die Messwerte liegen. Sie berechnet sich über die Differenz aus dem größten und dem kleinsten Wert. In obigem Beispiel ist diese Differenz bei der „Kreis-Kurve“ mit 19 – 1 = 18 am größten, bei der „Dreieck-Kurve“ beträgt der Range 16 – 4 = 12. Die Variationsbreite sagt zwar schon einiges über eine Verteilung aus, aber wie genau die Messwerte variieren, ist aus ihr alleine noch nicht ersichtlich. Wir benötigen also ein Maß, das alle Messwerte einzeln berücksichtigt. Genau das macht die Varianz.

Die Varianz ist ein sehr wichtiges, aber unanschauliches Maß für die Streuung der Messwerte um ihren Mittelwert.

Varianz

Die Varianz ist für Sozialwissenschaftler zweifellos das wichtigste Dispersionsmaß in der Statistik. Sie ist wie der Mittelwert nur bei intervallskalierten Daten berechenbar. Die Varianz berechnet sich aus der Summe der quadrierten Abweichungen aller Messwerte vom arithmetischen Mittel, dividiert durch die Anzahl aller Messwerte minus eins:

$$\hat{\sigma}_x^{\,2} = \frac{\sum_{i=1}^{n}(x_i - \bar{x})^2}{n-1}$$

Das Zeichen der Varianz (sigma) ist mit einem Dach versehen, weil diese Varianz eine aus empirischen Daten geschätzte Größe ist: Sie ist eine Schätzung der Populationsvarianz. Der Unterschied zwischen Stichprobe und Population wird in Abschnitt 1.3.4 erklärt.

Die Varianz nimmt also umso größere Werte an, je stärker die Messwerte von ihrem Mittelwert abweichen. Die Quadrierung der Abweichungen im Zähler hat zwei mathematische Vorteile:

- Alle Abweichungen werden positiv.
- Größere Abweichungen werden stärker berücksichtig als kleine (Potenzfunktion: 3^2 ergibt 9, aber 6^2 ergibt bereits 36).

Wie groß ist die Varianz für die Anzahl erinnerter positiver Adjektive aus dem Gedächtnisexperiment? Der Mittelwert hierzu ist 5,7 (siehe oben). Die Varianz ergibt sich zu (Daten in Tabelle 1.1):

$$\hat{\sigma}^2 = \frac{(10-5{,}7)^2 + (6-5{,}7)^2 + (6-5{,}7)^2 + \ldots + (9-5{,}7)^2}{10-1} = 6{,}46$$

Dieses Ergebnis ist schwer zu interpretieren, da durch die Quadrierung die Varianz im Gegensatz zum arithmetischen Mittel ein sehr unanschauliches Maß ist. Wie sind z.B. „Erinnerungswerte zum Quadrat" zu verstehen? Ein Maß, das zumindest einige dieser Unannehmlichkeiten der Varianz beseitigt, ist die Standardabweichung.

Standardabweichung oder Streuung

Ziehen wir aus der Varianz die positive Wurzel, so erhalten wir einen weiteren Kennwert, nämlich die Standardabweichung oder Streuung:

Die Standardabweichung kann als durchschnittliche Abweichung der Messwerte von ihrem Mittelwert verstanden werden.

$$\hat{\sigma} = \sqrt{\hat{\sigma}^2} = \sqrt{\frac{\sum_{i=1}^{n}(x_i - \bar{x})^2}{n-1}}$$

Die Standardabweichung hat im Gegensatz zur Varianz eine interpretierbare Einheit. Sie gibt grob gesagt die durchschnittliche Abweichung der Messwerte von ihrem Mittelwert an. Worin sich die Streuung in einer Graphik zeigt, und welche statistischen Aussagen sie zulässt, wird in Kapitel 2 bei der Besprechung der Normalverteilung erläutert.

Die Streuung der Anzahl positiver erinnerter Adjektive ergibt sich zu:

$$\hat{\sigma} = \sqrt{\hat{\sigma}^2} = \sqrt{6{,}46} = 2{,}54$$

Die Anzahl der von den Versuchspersonen erinnerten positiven Adjektive weicht also im Durchschnitt ungefähr 2,54 Einheiten (hier: erinnerte Wörter) von dem Mittelwert 5,7 ab.

Abb. 1.15. Ursprüngliche (U) und transformierte (T) Verteilung mit dem Faktor a = 2

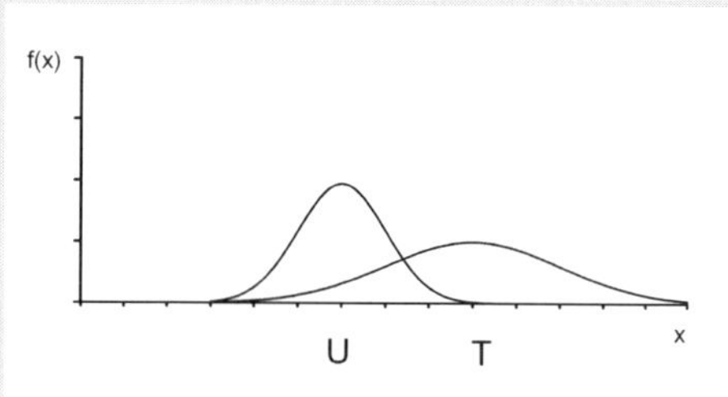

Abb. 1.16. Ursprüngliche (U) und transformierte (T) Verteilung mit dem Faktor a = 0,5

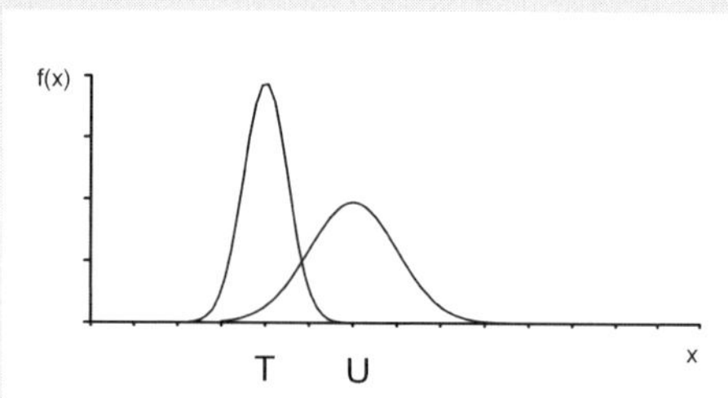

1.3.3 Statistische Kennwerte und lineare Transformation

Daten auf Intervallskalenniveau lassen sich linear transformieren. Allgemein lautet die Formel einer linearen Transformation:

$$y = a \cdot x + b$$

Wie verändern sich die statistischen Kennwerte Mittelwert und Varianz bei einer solchen Transformation?

Anschaulich gesprochen variiert der Faktor a unter anderem die Form einer Verteilung: Ein Faktor größer 1 streckt sie (Abb. 1.15), ein Faktor kleiner 1 staucht sie (Abb. 1.16). Der addierte Wert b beeinflusst nur den Ort der Verteilung auf dem Zahlenstrahl.

Der Mittelwert der transformierten Verteilung ergibt sich durch Einsetzen des alten Mittelwerts in die Transformationsgleichung:

$$\bar{y} = a \cdot \bar{x} + b$$

Die Varianz und die Standardabweichung unterliegen bei einer linearen Transformation allein dem Einfluss des Faktors a:

$$\hat{\sigma}_y^2 = a^2 \cdot \hat{\sigma}_x^2 ; \qquad \hat{\sigma}_y = a \cdot \hat{\sigma}_x$$

Beispiel: Eine Verteilung mit dem Mittelwert 50 und einer Streuung von 10 wird nach der Gleichung $y = 1{,}5 \cdot x + 25$ transformiert.

$$\bar{y} = 1{,}5 \cdot 50 + 25 = 100$$

$$\hat{\sigma}_y = 1{,}5 \cdot 10 = 15$$

Die resultierende Verteilung hat einen Mittelwert von 100 und eine Streuung von 15.

Nach der formalen Betrachtung der statistischen Kennwerte einer Verteilung wollen wir an dieser Stelle auf eine Unterscheidung eingehen, das bei der Verwendung statistischer Kennwerte in den Sozialwissenschaften eine sehr wichtige Rolle spielt: die Ebenen der Stichprobe und der Population.

1.3.4 Stichprobe und Population

Die Unterscheidung zwischen Stichprobe und Population ist für alle empirisch arbeitenden Forscher zentral. Der Begriff Population bezeichnet in der Psychologie eine Grundgesamtheit von Personen, die ein Merkmal oder eine Merkmalskombination gemein haben. Beispiele für Populationen sind „Alle volljährigen Menschen der Erde", „Alle Schulkinder in Deutschland" oder „Alle Beschäftigten der Firma X". Allerdings sind Wissenschaftler nur selten in der Lage, Daten der gesamten interessierenden Population zu erheben. Daher befassen sie sich mit Stichproben. Stichproben sind Teilmengen von Populationen und dienen dazu, möglichst exakte Schätzungen über letztere zu gewinnen. Sie tun dies zum einen umso besser, je größer sie sind und zum anderen, je charakteristischer sie die Population bzgl. des relevanten Merkmals widerspiegeln (Repräsentativität).

In der Praxis ist die Ebene der Stichprobe allein nur von geringer Bedeutung, weitaus wichtiger sind die Rückschlüsse von der Stichprobe auf die Beschaffenheit der Population. Die empirisch ermittelten Stichprobenkennwerte des arithmetischen Mittels und der Varianz bleiben also nicht nur auf ihre Stichprobe bezogen, sondern dienen in den meisten Fällen als Schätzer für die jeweiligen Populationsparameter. In dieser Funktion heißen sie Populationsschätzer. Zur Unterscheidung der Kennwerte tragen sie verschiedene Buchstaben: Lateinische Zeichen indizieren Stichproben-, griechische Populationskennwerte. Tabelle 1.3 veranschaulicht dies:

Statistischer Kennwert	Stichprobe	Population	Schätzwert
Arithmetisches Mittel	$\bar{x}$	μ *[mü]*	$\hat{\mu}$
Varianz / Streuung	s^2 / s	σ^2 / σ	$\hat{\sigma}^2$ / $\hat{\sigma}$

Tabelle 1.3. Unterschiede in der Bezeichnung zwischen Stichprobenwerten, Populationsparametern und Schätzern

Noch einmal zur Verdeutlichung: Auf einer theoretischen Ebene gibt es Populationsparameter. Sie sind feststehende Kennwerte einer Population. In der Praxis ist es allerdings so gut wie nie möglich, diese Parameter genau zu bestimmen. Zum einen ist die interessierende Population meist zu groß, um sie in ihrer Gesamtheit zu erfassen. Zum anderen verändern sich viele Populationen in jeder Sekunde. Populationsparameter müssen deshalb durch empirische Werte geschätzt werden.

Die Weltbevölkerung ist z.B. zu groß, als dass jeder Einzelne befragt werden könnte, außerdem werden ständig Menschen geboren und andere sterben.

Empirische Kennwerte schätzen die Populationsparameter unterschiedlich genau: Während das arithmetische Mittel $\bar{x}$ einer Stichprobe einen so genannten erwartungstreuen Schätzer des entsprechenden Populationswerts μ darstellt ($\bar{x} = \hat{\mu}$), verhält es sich bei der Varianz etwas anders (zum Begriff der Erwartungstreue siehe Kap. 2.3). Mathematisch kann gezeigt werden, dass die Stichprobenvarianz s^2 die Populationsvarianz σ^2 systematisch um den Faktor n / (n-1) unterschätzt. Dies erklärt, warum in der Varianzformel nicht durch die Stichprobengröße n, sondern durch n-1 dividiert wird.

$$\hat{\sigma}_x^2 = s_x^2 \cdot \frac{n}{n-1} = \frac{\sum_{i=1}^{n}(x_i - \bar{x})^2}{n} \cdot \frac{n}{n-1}$$

Aufgrund der äußerst geringen Bedeutung der Stichprobenvarianz s^2 in der Praxis verzichten wir in diesem Buch auf deren Darstellung und arbeiten ausschließlich mit dem Schätzer der Populationsvarianz.

1.4 Standardisierung von Daten

Einzelne Messwerte werden durch eine z-Transformation standardisiert.

Eine häufig angetroffene Aufgabe in der Psychologie, vor allem in der Testdiagnostik, besteht darin, einzelne Werte aus unterschiedlichen Tests miteinander zu vergleichen. Beispielsweise sollen die Testwerte einer Person zweier unterschiedlicher Intelligenztests verglichen werden. Da die beiden zu vergleichenden Testwerte aus unterschiedlichen Verteilungen mit unterschiedlichen Mittelwerten und Streuungen stammen, kann man nicht einfach die Absolutwerte der Person miteinander vergleichen. Die Einzelwerte müssen vielmehr zuerst an dem Mittelwert und der Streuung ihres Kollektivs relativiert und damit auf ein einheitliches Format zurückgeführt werden. Diese z-Standardisierung erfolgt nach folgender Formel:

Definition der z-Standardisierung

$$z_i = \frac{x_i - \mu}{\sigma}$$

Die nach dieser Formel transformierten Werte werden z-Werte genannt. Sie gehören einer bestimmten Verteilung an, die z-Verteilung heißt und im folgenden Kapitel besprochen wird (Kap. 2.2). Diese Verteilung hat einen Mittelwert von 0 und eine Streuung von 1. Der Vorteil der z-Standardisierung besteht darin, dass sie Werte liefert, die unabhängig von Mittelwert und Streuung der ursprünglichen Verteilung interpretierbar sind. Identische z-Werte beschreiben in ihrer jeweiligen Ausgangsverteilung auch gleichwertige Merkmalsausprägungen. Neben der Vergleichsmöglichkeit von Einzelwerten aus verschiedenen Tests lassen sich die z-Werte überdies zur Bildung eines arithmetischen Mittels aus verschiedenen Testwerten nutzen.

Z-standardisierte Werte sind unabhängig von dem Mittelwert und der Streuung der ursprünglichen Verteilung.

Ein Beispiel: In zwei Intelligenztests IT-1 und IT-2, die Verteilungen mit unterschiedlichen Mittelwerten und Streuungen entstammen ($\mu_1 = 100$, $\sigma_1 = 15$; $\mu_2 = 50$, $\sigma_2 = 5$), erzielt eine Versuchsperson die beiden Werte $x_1 = 110$ und $x_2 = 53$. Hat sie in beiden Tests gleichwertig abgeschnitten?

Der erste Schritt ist die Transformation der Testwerte in z-Werte:

$$z_1 = \frac{110-100}{15} = \frac{2}{3} \approx 0{,}67\,;\; z_2 = \frac{53-50}{5} = \frac{3}{5} = 0{,}6$$

Die Testwerte aus den beiden Intelligenztests entsprechen sich nicht exakt, was möglicherweise an nicht vermeidbaren Störgrößen liegt.

Aus den beiden z-Werten lässt sich anschließend ein arithmetisches Mittel wie folgt bilden:

$$\bar{z} = \frac{0{,}67 + 0{,}6}{2} = 0{,}635$$

Eine solche Mittelung ist mit den Rohdaten x_1 und x_2 unzulässig, erst die z-Transformation erlaubt sie.

Falls gewünscht, kann dieser z-Wert rücktransformiert werden. Der resultierende Wert dient als Anhaltspunkt für eine genauere Beurteilung der Intelligenz. Aus inhaltlicher Sicht bleibt aber hinzuzufügen, dass zwei unterschiedliche Intelligenztests nie völlig miteinander vergleichbar sind. Daher sind eine solche Retransformation und die folgende Interpretation des Resultates sehr kritisch zu betrachten. Schließlich sind die für einen Test geltenden Normen ausschließlich mit Daten aus dem eigenen Verfahren entstanden und nicht ohne weiteres mit den Werten anderer Tests vereinbar, die möglicherweise eine völlig andere theoretische Konzeption zur Grundlage haben.

Zusammenfassung

Im ersten Kapitel haben wir uns mit den grundlegenden Begriffen der deskriptiven Statistik beschäftigt. Sie sollten erste Schlüsse über die empirisch gewonnenen Daten ermöglichen. Die gesammelten Daten müssen zuerst systematisch geordnet werden, um eine sinnvolle Auswertung zu ermöglichen. Dies geschieht über eine Kodierung der Informationen und dem Eintragen in Datenmatrizen, in denen die Werte jeder einzelnen Versuchsperson erkennbar bleiben. Um Charakteristika der gesamten Gruppe aller Versuchspersonen erkennen zu können, werden Häufigkeitsverteilungen erstellt. Besonders gut erkennbar sind die Eigenschaften einer Datenmenge in graphischen Darstellungen. Diese können allerdings auch leicht Informationen verzerren.

Die Daten müssen einem von vier Skalentypen zugeordnet werden. Je nach Niveau besitzen diese Skalentypen unterschiedliche Aussagequalität und erlauben unterschiedliche Transformationen.

Die Maße der zentralen Tendenz (Modus, Median und arithmetisches Mittel) sind statistische Kennwerte, die Verteilungen zusammenfassend repräsentieren. Ihre Verwendbarkeit hängt vom Skalenniveau der Verteilung ab. Die Dispersionsmaße charakterisieren eine Verteilung hinsichtlich der Variation der Messwerte. Während die Variationsbreite lediglich über die Breite einer Verteilung informiert, beziehen die Varianz und die Standardabweichung alle Einzelwerte mit ein.

Die z-Standardisierung ist eine sehr häufig gewählte Vorgehensweise. Sie ermöglicht den Vergleich von Messwerten aus unterschiedlichen Datenkollektiven, indem sie Rohdaten in z-Werte mit einem Mittelwert von 0 und einer Streuung von 1 überführt.

Im folgenden Kapitel wollen wir näher auf die Verteilungseigenschaften von Merkmalen eingehen, die eine noch eingehendere Analyse unserer Daten erlauben. Dabei werden wir genauer auf die theoretische Grundlage von Verteilungen eingehen. Die in diesem Kapitel präsentierten Grundkenntnisse werden dort wie auch in den übrigen Kapiteln das Fundament bilden.

Aufgaben zu Kapitel 1

Verständnisaufgaben

Aufgabe 1

Welche der folgenden Aussagen sind zutreffend?

a) Der Modalwert ist der Wert einer Verteilung, der die größte Auftretenswahrscheinlichkeit hat.
b) Wenn die Messwerte nur als ganze Zahlen vorliegen, muss der Median auch eine ganze Zahl sein.
c) Der Mittelwert ist formal definiert als die an der Anzahl der Messwerte relativierte Summe der Einzelwerte.
d) Es kann nur einen Modalwert geben.
e) Der Mittelwert liegt so, dass die Summe der quadrierten Abweichungen der Werte vom Mittelwert minimal ist.
f) Die Bestimmung des arithmetischen Mittels aus einer nominalskalierten Variablen ist inhaltlich sinnvoll.
g) Wird in einer Untersuchung die soziale Schicht der Versuchsperson erfasst, so kann es sich nur um eine nominalskalierte Größe handeln.
h) Auf Ordinalskalenniveau sind alle linearen Transformationen erlaubt.

Aufgabe 2

Bestimmen und diskutieren sie die Skalentypen der folgenden Beispiele!

a) Postleitzahlen
b) Gewicht (kg), das ein Junge hochheben kann
c) körperliche Verfassung, gemessen am Gewicht (kg), dass ein Junge hochheben kann
d) Metrisches System zur Distanzmessung
e) Intelligenz, gemessen an der Anzahl der Aufgaben in einem Test.
f) Schulnoten

Anwendungsaufgaben

Aufgabe 1

Eine Lehrerin entnimmt dem Duden eine Zufallsstichprobe von 300 Wörtern der Alltagssprache, die sie ihren Schülern diktiert. SIe zählt anschließend bei jedem Schüler die Anzahl der richtig geschriebenen Worte und nennt diese Summe ein Maß für die „allgemeine Rechtschreibfähigkeit". Mit welchem Skalentyp können diese Daten dargestellt werden?

Aufgabe 2

Gegeben sind die Werte: 13; 28; 26; 19; 15; 16.

a) Ermitteln Sie das arithmetische Mittel, die Varianz und die Standardabweichung!
b) Transformieren Sie alle Werte nach der Gleichung $y = 2x + 5$ und wiederholen Sie Aufgabenteil a).
c) Überführen Sie die Werte in z-Werte.
d) Zeigen Sie anhand bekannter Formeln, dass eine z-standardisierte Verteilung einen Mittelwert von 0 und eine Streuung von 1 haben muss, unabhängig von dem Mittelwert und der Streuung der Ausgangsverteilung.

Aufgabe 3

Die Messwerte zweier Gruppen sind wie nebenstehend gegeben:

a) Berechnen Sie Mittelwerte und Varianzen der beiden Gruppen.
b) Berechnen Sie den Gesamtmittelwert und die Gesamtvarianz aller Personen. Warum ist die Gesamtvarianz so groß?

Gruppe A	Gruppe B
13	28
11	26
10	25
9	24
7	22

Aufgabe 4

Eine Alters- und Geschlechtsumfrage, durchgeführt an 15 Studierenden der Pädagogik, liefert folgende Ergebnisse:

Vp-Nr.	Geschlecht	Alter
1	w	19
2	w	21
3	m	22
4	w	20
5	w	19
6	m	20
7	w	24
8	w	20
9	w	21
10	m	23
11	m	27
12	w	19
13	w	21
14	m	22
15	w	20

a) Welche Skalenqualitäten besitzen die beiden erhobenen Merkmale?
b) Berechnen Sie den Prozentanteil weiblicher und männlicher Versuchspersonen.
c) Fertigen Sie eine Häufigkeitstabelle für die Variable Alter an.
d) Ergänzen Sie die Tabelle aus c) um eine Prozentwerttabelle und eine kumulierte Prozentwerttabelle
e) Wie viel Prozent der befragten Studierenden sind zwischen 19 und 21 Jahre alt?
f) Bestimmen Sie Median und Modus der Altersvariablen.
g) Berechnen Sie das Durchschnittsalter der Versuchspersonen.
h) Sind die Studentinnen im Durchschnitt älter oder jünger als die Studenten? Wie groß ist der Unterschied?
i) Bestimmen Sie Variationsbreite, Varianz und Streuung der Altersverteilung.

Aufgabe 5

Eine Versuchsperson erhält in einem Angsttest ($\mu = 20$, $\sigma^2 = 25$) den Testwert 12. Welches Ergebnis würde sie theoretisch in einem anderen Angsttest mit $\mu = 0$ und $\sigma^2 = 100$ erreichen?

2 Inferenzstatistik

Das folgende Kapitel ist von besonderer Bedeutung für dieses Buch, da es den Grundstein zum Verstehen aller weiteren inhaltlichen Konzepte legt. Dabei sei zunächst die Kapitelüberschrift erklärt. „Inferenzstatistik" bedeutet übersetzt „schließende Statistik". Damit ist der Schluss von den erhobenen Daten einer Stichprobe auf Werte in der Population gemeint. Darüber mehr in Abschnitt 2.3. Zunächst soll auf ein grundlegendes statistisches Phänomen, die Normalverteilung von Merkmalen, eingegangen werden. Die Annahme der Normalverteilung (Kap. 2.1) ist dabei nicht nur in diesem Kapitel ein zentrales Element, sondern ist Voraussetzung für alle weiterführenden Überlegungen der Inferenz- und Teststatistik. Ihr Verstehen ist daher essentiell. Die Standardnormalverteilung ist ein nützlicher Spezialfall der Normalverteilung. Sie wird in Abschnitt 2.2 näher beleuchtet. Schließlich führt die Stichprobenkennwerteverteilung (Kap. 2.3) in das Gebiet der Inferenzstatistik ein.

In der Inferenzstatistik wird von Ergebnissen aus einer Stichprobe auf Populationswerte geschlossen.

2.1 Die Normalverteilung

Kapitel 1.3 charakterisierte das arithmetische Mittel und die Varianz als zentrale Kennwerte einer Verteilung. Doch welche Aussagekraft haben sie wirklich? Inwieweit bestimmen sie die Form einer Verteilung? Diese Fragen beantwortet der folgende Abschnitt.

In der Natur sind sehr viele Merkmale normalverteilt. Dies gilt beispielsweise für die Körpergröße, Intelligenz oder das Sehvermögen. Die Normalverteilung galt sogar zeitweise als eine Art Naturgesetz. Auch wenn diese Vorstellung mittlerweile abgelehnt wird, so zeigt sie doch die herausragende Bedeutung der Normalverteilung in der Mathematik und in den empirischen Sozialwissenschaften. Sehr viele statistische Verfahren, die für wissenschaftliches Arbeiten erforderlich sind, setzen voraus, dass die relevanten Merkmale in der Population normalverteilt sind.

Download der Daten unter:

http://eeglab.uni-trier.de/teaching/statistikbuch.php

Abb. 2.1. Relative Häufigkeit der Gesamtanzahl der erinnerten Wörter im Gedächtnisexperiment (n = 150)

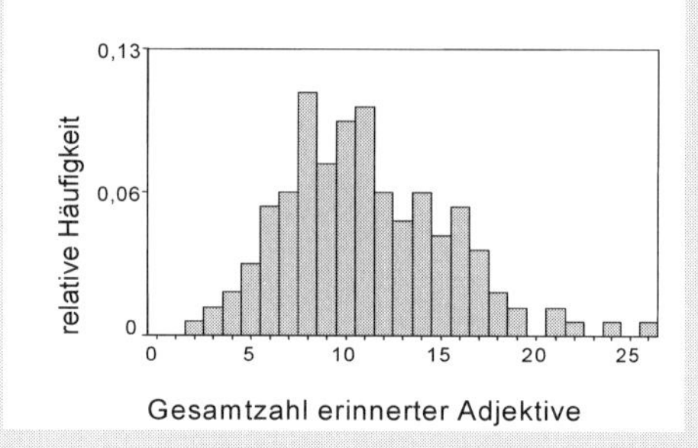

Diskrete Wahrscheinlichkeitsverteilung

2.1.1 Die Normalverteilungsannahme

Betrachten wir das Diagramm der relativen Häufigkeiten in Abb. 2.1. Die Daten stammen aus dem in der Einführung erklärte Gedächtnisexperiment mit n = 150 Versuchspersonen. Hier ist abgetragen, wie viele Versuchspersonen (relativiert an allen Versuchspersonen) eine bestimmte Anzahl von Adjektiven erinnert haben. Mit anderen Worten geben die Säulen in dem Diagramm die Wahrscheinlichkeit an, mit der eine bestimmte Anzahl von Wörtern erinnert wird. Es ist zu erkennen, dass eine mittlere Zahl erinnerter Adjektive wahrscheinlicher ist als eine extrem hohe oder niedrige. Alle drei Maße der zentralen Tendenz (Median, Modus, arithmetisches Mittel) scheinen sich in gegenseitiger Nähe zu befinden.

Bei der Abbildung 2.1 handelt es sich um eine diskrete Wahrscheinlichkeitsverteilung. Sie zeichnet sich dadurch aus, dass:

- alle Werte auf der x-Achse getrennt voneinander stehen.
- jedem einzelnen Wert eine bestimmte Wahrscheinlichkeit zugeordnet ist.

Die erfasste abhängige Variable kann nur Werte in Form ganzer Zahlen annehmen – schließlich ist es nicht möglich 2,5 Adjektive zu erinnern. Auf der x-Achse stehen in diesem Diagramm also nur ganze Zahlen, denen jeweils eine Wahrscheinlichkeit zugeordnet ist. So ist z.B. die Wahrscheinlichkeit, 14 Wörter zu erinnern, p(14) = 0,06.

Was wäre mit dem Histogramm geschehen, wenn wir keine Einzelpersonen, sondern Gruppen von beispielsweise zehn Versuchspersonen untersucht hätten? Die Gruppen hätten Werte erzielt, die auf mehrere Stellen nach dem Komma berechnet werden können. Stellen Sie sich vor, wir hätten unendlich viele dieser Gruppen untersucht und ihre Werte in einem Koordinatensystem abgetragen: Aus der diskreten Wahrscheinlichkeitsverteilung wird eine kontinuierliche, was nichts anderes bedeutet, als dass die Verteilung stetig ist. Kontinuierliche Wahrscheinlichkeitsverteilungen lassen die beliebig genaue Berechnung des abgetragenen Kennwerts zu, in diesem Fall die relative Häufigkeit erinnerter Adjektive. Auf der x-Achse stehen jetzt also neben den ganzen Zahlen unendlich viele Zahlen mit Nachkommastelle. Anstelle der einzelnen Balken entsteht eine kontinuierliche Kurve.

Kontinuierliche Wahrscheinlichkeitsverteilungen zeichnen sich dadurch aus, dass:

- der Abstand der Werte auf der x-Achse unendlich klein ist.
- einem einzelnen Wert keine eigene Wahrscheinlichkeit zugeordnet werden kann.

Ein anderes Beispiel für eine kontinuierliche Variable ist das Gewicht. Zwar wird es zumeist in ganzen Zahlen angegeben, tatsächlich nimmt es aber unendlich viele verschiedene Ausprägungen zwischen diesen ganzen kg-Werten an, z.B. 8,657 kg.

Das Resultat des Gedankenexperimentes ist eine unimodale und eingipflige Verteilung mit glockenförmigem Verlauf. Sie ist absolut symmetrisch und nähert sich der x-Achse asymptotisch an. Dadurch sind die Werte für Median, Modus und arithmetisches Mittel identisch. Eine solche Verteilung heißt Normalverteilung.

Der Entdecker der Normalverteilung heißt Carl Friedrich Gauss. Sein Portrait war auf jedem Zehn-Mark-Schein abgebildet. Dort fand sich auch die mathematische Funktion der Normalverteilung:

$$f(x) = \frac{1}{\sqrt{2\pi \cdot \sigma^2}} \cdot e^{\frac{-(x-\mu)^2}{2\sigma^2}}$$

Obwohl die am Rand abgebildeten Kurven 2.2, 2.3 und 2.4 sehr unterschiedlich sind, handelt es sich ausnahmslos um Normalverteilungen, denn die oben genannten Bedingungen sind bei allen gewahrt: Sie verlaufen glockenförmig, sind symmetrisch und die drei Maße der zentralen Tendenz fallen zusammen.

Welche Determinanten legen die Form einer Normalverteilung fest, so dass sie eindeutig identifizierbar ist? Jede Normalverteilung ist durch ihr arithmetisches Mittel und ihre Streuung vollständig determiniert. Das arithmetische Mittel ist leicht zu lokalisieren, da es mit dem Hochpunkt identisch ist. Die Streuung zeigt sich im Abstand der Wendepunkte vom Mittelwert (Wendepunkte sind die Punkte, wo sich die Beschleunigung der Kurve umkehrt). Zwei Normalverteilungen mit derselben Streuung und demselben arithmetischem Mittel sind folglich identisch.

Der Mittelwert einer theoretischen Verteilung wie der unseres Gedankenexperimentes (bei dem theoretisch unendlich viele Gruppen

Kontinuierliche Wahrscheinlichkeitsverteilung

Abb. 2.2. Die Normalverteilung

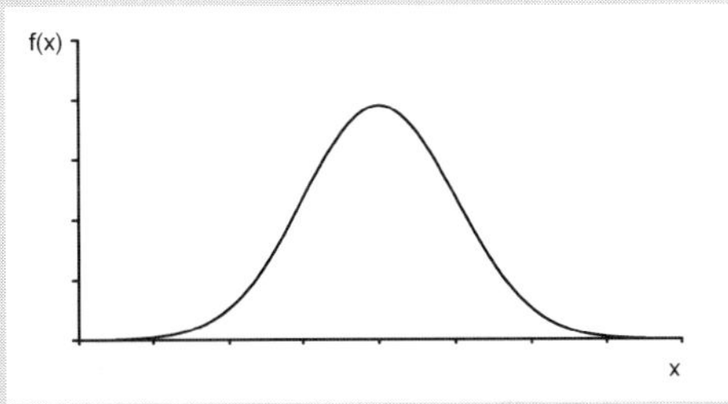

Abb. 2.3. Normalverteilung mit kleiner Streuung

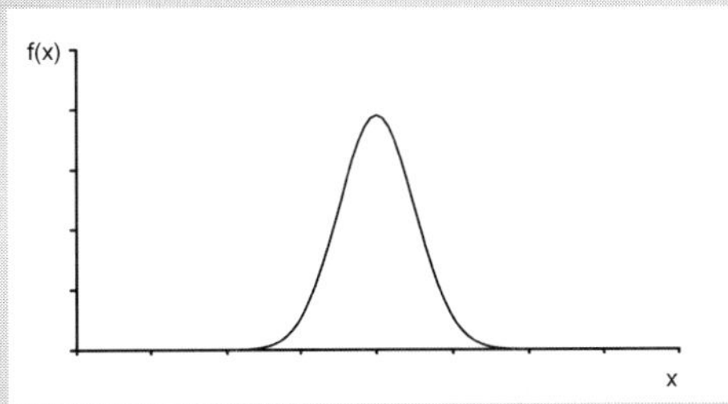

Abb. 2.4. Normalverteilung mit großer Streuung

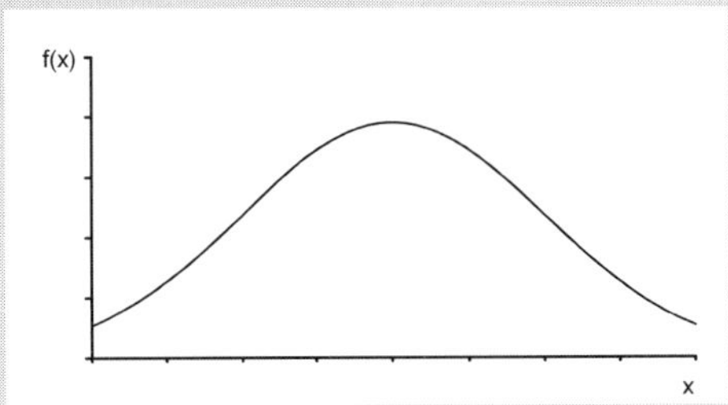

Die Determinanten einer Normalverteilung:

- Populationsmittelwert μ
- Streuung σ

Abb. 2.5. Normalverteilung mit $\mu = 10{,}1$ und $\sigma = 4{,}37$

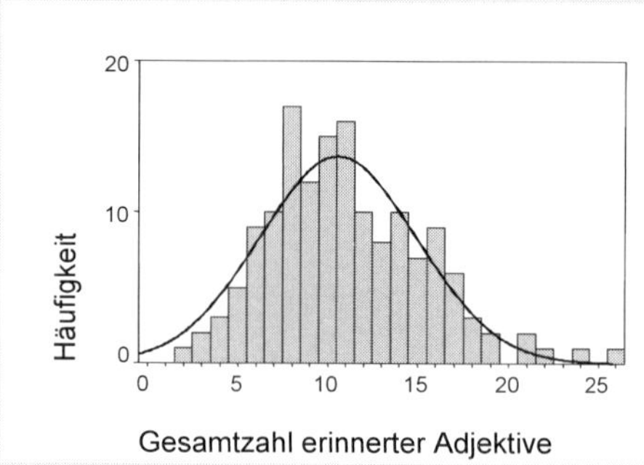

Flächen unter Normalverteilungen stellen Wahrscheinlichkeiten dar.

Abb. 2.6. Wahrscheinlichkeiten unter einer Normalverteilung

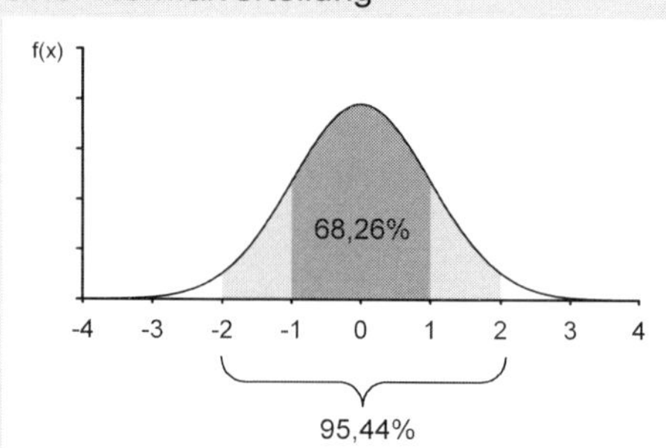

von Versuchspersonen teilgenommen haben) heißt μ, die Streuung σ. Würden alle gesunden erwachsenen Menschen, also die gesamte Population, an diesem Gedächtnistest teilnehmen, entstünde eine Kurve, die sich der Normalverteilung annähert. Mittelwert und Streuung dieser Verteilung heißen μ und σ.

Der Mittelwert der Häufigkeitsverteilung aus dem Gedächtnisexperiment (Abb. 2.1) beträgt 10,1 und die Streuung 4,37. Eine Normalverteilung mit diesen Werten (Abb. 2.5) ähnelt wie erwartet dem Diagramm der Häufigkeitsverteilung in Abb. 2.1.

2.1.2 Wahrscheinlichkeiten unter der Normalverteilung

Die Enden jeder Normalverteilung sind Asymptoten der x-Achse. Sie nähern sich ihr an, ohne sie jemals zu berühren. Die Kurve kann also jede mögliche Ausprägung des gemessenen Merkmals abbilden. Flächen, die unter Verteilungen liegen, stellen Wahrscheinlichkeiten dar. Jede Wahrscheinlichkeit nimmt eine gewisse Fläche ein, die Gesamtfläche entspricht demzufolge einer Wahrscheinlichkeit von 1, da jeder mögliche empirische Wert unter dieser Kurve liegt. Aus der Symmetrie der Normalverteilung folgt, dass die Wahrscheinlichkeit, einen größeren Wert als den Mittelwert zu messen, $p = 0{,}5$ ist. Eine von Carl Friedrich Gauss gefundene Formel (s.o.) erlaubt die Wahrscheinlichkeitsberechnung beliebiger Intervalle unter der Kurve. Da eine Kurve aus unendlich vielen Punkten besteht, ist die Wahrscheinlichkeit für einen einzelnen Wert unendlich klein. Deshalb sind Wahrscheinlichkeitsberechnungen nur für Flächen, also Intervalle unter der Kurve möglich, niemals für einzelne Werte.

Für Normalverteilungen gilt, dass die Fläche, die von ± einer Standardabweichung vom Mittelwert begrenzt wird, mehr als 2/3 aller Fälle (68,26%) beinhaltet (siehe Abb. 2.6). 95,44% liegen im Bereich von ± zwei Standardabweichungen. Wenn also der Mittelwert einer Normalverteilung $\mu = 50$ ist und die Streuung $\sigma = 7$, so liegen etwa 68% der Fälle im Bereich von 43 bis 57. Umgekehrt ist die Wahrscheinlichkeit, dass ein Messwert um mehr als eine Standardabweichung vom Mittelwert abweicht, kleiner als 100% – 68% = 32%.

Für die Sozialwissenschaften sind diese Erkenntnisse von großer Bedeutung, denn mit ihrer Hilfe ist es möglich, einen empirischen Wert an der dazugehörigen Normalverteilung zu relativieren und sein prozentuales Vorkommen unter der Kurve abzuschätzen (bzw. eines gewissen Bereiches um ihn herum). Ein Psychologe muss beispielsweise beurteilen können, ob ein gemessener Angstwert eines Patienten ein ungewöhnliches oder ein ganz alltägliches Ausmaß hat.

Abb. 2.7. Die Wahrscheinlichkeit, 19 oder mehr Adjektive zu erinnern

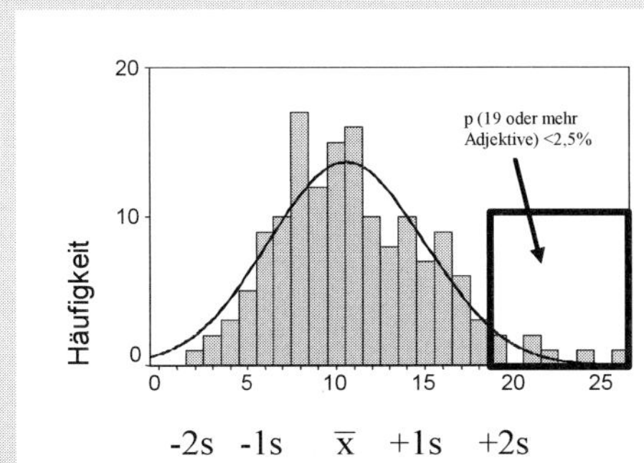

Wie groß war z.B. die Wahrscheinlichkeit, in dem Gedächtnisexperiment neunzehn oder mehr Adjektive zu erinnern? Die Fläche unter der Kurve in dem Rechteck in Abbildung 2.7 zeigt die gesuchte Wahrscheinlichkeit. Sie liegt mehr als zwei Standardabweichungseinheiten vom Mittelwert entfernt, deshalb ergibt sich eine Wahrscheinlichkeit, neunzehn oder mehr Adjektive zu erinnern, von kleiner als 2,5%.

2.2 Die Standardnormalverteilung

Eine Normalverteilung ist eine symmetrische glockenförmige Kurve, die sich der x-Achse asymptotisch nähert und deren Median, Modus und arithmetisches Mittel zusammenfallen. Zwei Merkmale beschreiben eine Normalverteilung vollständig: ihr arithmetisches Mittel und ihre Streuung. Unter den unendlich vielen Normalverteilungen gibt es eine mit dem Mittelwert $\mu = 0$ und der Streuung $\sigma = 1$. Diese wird als Standardnormalverteilung bezeichnet. Ihr kommt eine besondere Bedeutung zu, denn jede erdenkliche Normalverteilung ist durch eine einfache Transformation in diese standardisierte Form zu überführen. Dies ist die in Kapitel 1.4 behandelte z-Transformation nach der Formel:

Die Standardnormalverteilung hat den Mittelwert 0 und eine Streuung von 1.

Sie ist die Verteilung der z-Werte.

$$z_i = \frac{x_i - \mu}{\sigma}$$

Standardnormalverteilung und z-Verteilung sind also Bezeichnungen für ein- und dieselbe Verteilung. Deren Hochpunkt befindet sich bei 0, die Wendepunkte bei –1 und +1. Da die Streuung der Standardnormalverteilung $\sigma = 1$ beträgt, lassen sich z-Werte hier direkt als Standardabweichungseinheiten vom Mittelwert auffassen. Deshalb sind auf der x-Achse z-Werte abgetragen (Abb. 2.8). Ein z-Wert von 2,5 liegt genau 2,5 Standardabweichungen vom Mittelwert entfernt.

Abb. 2.8. Die Standardnormalverteilung

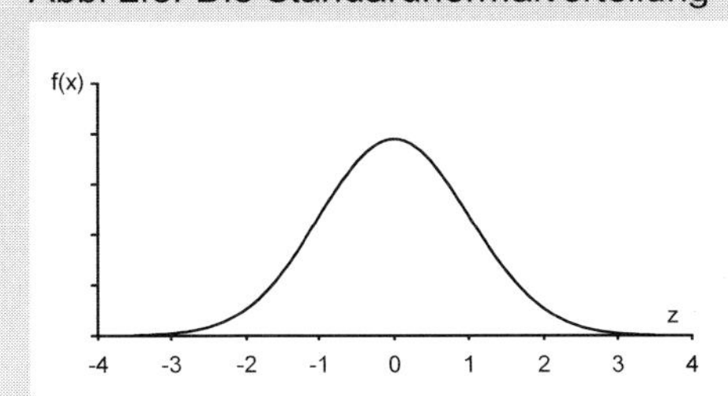

Die Standardnormalverteilung macht den Sozialwissenschaftlern das Leben in vielen Bereichen leichter. Mit ihrer Hilfe und den eng mit ihr verknüpften z-Werten ist es problemlos möglich, die Ergebnisse mehrerer, auf unterschiedlichen Normalverteilungen basierender Messinstrumenten zu vergleichen. Dies ist z.B. dann nötig, wenn untersucht werden soll, ob zwei verschiedene psychologische Tests wirklich dasselbe Konstrukt messen oder wenn Umfragedaten fremder Institute, die mit unterschiedlichen Instrumenten arbeiten, untereinander verglichen werden sollen.

Wahrscheinlichkeiten unter der Standardnormalverteilung

Die Fläche unter der Kurve einer Merkmalsverteilung repräsentiert die Wahrscheinlichkeit Eins. Jedes mögliche Ergebnis ist unter der Kurve lokalisierbar. Wie bei jeder Normalverteilung liegen unter dem Bereich von ± einer Standardabweichung 68,26% der Fälle. Also gilt dies ebenso für die standadisierten z-Werten –1 und +1, denn die sind ja als Streuungseinheiten vom Mittelwert zu verstehen. 95,44% der Fälle liegen zwischen den z-Werten –2 und +2.

Die z-Werte erlauben die genaue Berechnung der Wahrscheinlichkeiten bestimmter Intervalle unter der Kurve. Anhand der Tabelle A im Anhang lassen sich diese Wahrscheinlichkeiten leicht ablesen. Jedem z-Wert ist dort eine Fläche unter der Kurve zugeordnet, die dieser z-Wert nach links abschneidet. Diese Fläche ist identisch mit der Wahrscheinlichkeit dafür, aus einer Population zufällig einen Wert zu ziehen, der kleiner oder gleich diesem z-Wert ist. Um die Wahrscheinlichkeit eines Intervalls zu bestimmen, muss man die Wahrscheinlichkeiten der z-Werte, die die Grenzen des Intervalls festlegen, voneinander subtrahieren. So ist z.B. die Wahrscheinlichkeit für einen z-Wert größer als 1,2: p = 0,1151, für einen z-Wert kleiner oder gleich 1,2: p = 0,8849 (siehe Abb. 2.9, Wahrscheinlichkeiten aus Tabelle A im Anhang).

Abb. 2.9. Bestimmung der Wahrscheinlichkeit eines z-Werts

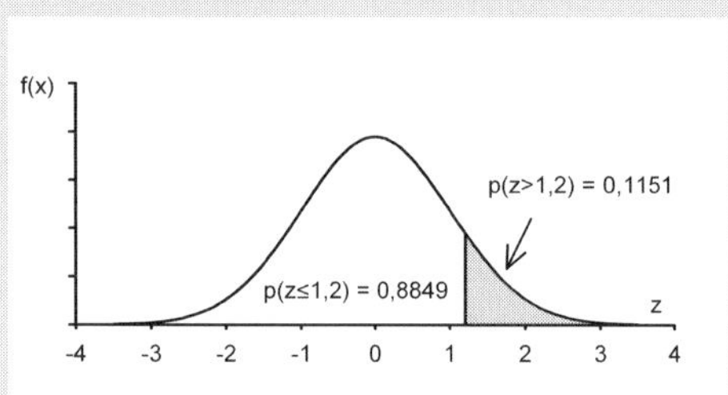

Mit Hilfe der Standardnormalverteilung ist es nicht nur möglich, dem Bereich ab einem gewissen z-Wert eine Wahrscheinlichkeit zuzuordnen, sondern auch direkt gemessenen Werten. Diese werden dafür einer z-Standardisierung unterzogen. Es resultiert die Wahrscheinlichkeit, dass ein empirischer Testwert oder ein größerer auftritt. Dieses Prinzip findet z.B. Anwendung bei Intelligenztests.

In den Testmanualen sind häufig Prozentrangplätze für bestimmte Testergebnisse angegeben. Prozentrangplätze geben an, wie viele Prozente aller Werte einer irgendwie geformten Verteilung unter einem bestimmten Wert liegen. Sie können anhand der kumulierten Prozentwertverteilung bestimmt werden (siehe Abschnitt 1.1.2). Sind die Werte normalverteilt, so lassen sich Prozentränge anhand der Standardnormalverteilung ermitteln. So könnte einem Intelligenzwert von 115 ($\mu = 100$; $\sigma = 15$) ein Prozentrang von 84 zugeordnet werden (vgl. Tabelle A im Anhang für $z = 1$).

2.3 Die Stichprobenkennwerteverteilung

In vielen Fällen sind Sozialwissenschaftler am so genannten Populationsparameter, d.h. am tatsächlichen Wert eines Merkmals in der Population interessiert. Natürlich kann nicht für jede Untersuchung die gesamte Population befragt werden. Erhebungen, die die ganze Population mit einbeziehen sind sehr aufwendig und daher äußerst selten. Wirklich genau sind aber auch sie nicht, denn die Population ändert sich in jedem Augenblick.

Dies gilt natürlich nur für Fragestellungen, die z.B. alle gesunden erwachsenen Menschen als Population zu Grunde legen. Populationen sehr kleiner Größe, etwa die Studierenden in einem Hörsaal, können dagegen durchaus in ihrer Ganzheit untersucht werden.

Stattdessen versuchen Wissenschaftler diesen Wert durch die Erhebung von Stichproben zu schätzen. An dieser Stelle wird der Grund für den Namen dieses Kapitels ganz deutlich: Inferenzstatistik bezeichnet den Schluss von der Stichprobe auf die Population. Aber ist dieses Vorgehen überhaupt erlaubt und statistisch zu rechtfertigen? Die Antwort lautet: Ja, sofern die Stichprobe möglichst repräsentativ für die interessierende Population ist. Wird dies gewahrt, so liefern Stichproben äußerst zuverlässige Schätzungen der Populationswerte. Ist die Stichprobe nicht repräsentativ für die Population, so kann es zu Fehlinterpretationen durch Stichprobenfehler kommen (Kap. 4.1.8).

Das Schließen von einer Stichprobe auf die Population ist nur bei repräsentativen Stichproben erlaubt.

Wie gut ist nun die mit Hilfe der Stichprobe vorgenommene Schätzung des Populationswerts? Würde z.B. der Mittelwert von zwei solcher Stichproben anstelle einer einzigen nicht eine viel genauere Schätzung des Populationsmittelwerts abgeben, und der Mittelwert von drei Stichproben eine noch genauere? Die folgenden

Stichprobenkennwerteverteilung von Mittelwerten

Der Mittelwert einer Stichprobe ist ein erwartungstreuer Schätzer des Populationsmittelwerts.

Der Standardfehler des Mittelwerts gibt die Genauigkeit der Schätzung des Populationsmittelwerts an.

Überlegungen beziehen sich auf das arithmetische Mittel, können aber problemlos auf andere in Kapitel 1.3 erörterte Kennwerte übertragen werden.

Nehmen wir einmal an, statt der einen hätten wir theoretisch unendlich viele, gleich große, voneinander unabhängige Stichproben erheben können, die wiederum unendlich viele, unterschiedlich große Stichprobenmittelwerte liefern. Die resultierende Verteilung ginge mit steigender Anzahl von Werten in eine Normalverteilung über, die so genannte Stichprobenkennwerteverteilung von Mittelwerten. Sie umfasst alle möglichen Mittelwerte, die aus einer Stichprobe der gegebenen Größe entstehen können. Der Mittelwert dieser Stichprobenkennwerteverteilung von Mittelwerten ($\bar{\bar{x}}$) repräsentiert die Verteilung am besten, den alle Mittelwerte streuen ihn herum (Kap. 2.1). Deshalb ist bei einer einmaligen Ziehung einer Stichprobe ein Mittelwert in der Nähe von $\bar{\bar{x}}$ wahrscheinlicher als ein Mittelwert, der sehr weit davon entfernt ist. Am wahrscheinlichsten ist es aber, $\bar{\bar{x}}$ selbst zu bekommen. In der Sprache der Statistik heißt $\bar{\bar{x}}$ deshalb auch Erwartungswert von $\bar{x}$ ($E(\bar{x})$). Mathematisch kann gezeigt werden, dass dieser Erwartungswert gleich dem Populationsmittelwert μ ist. Es gilt also $E(\bar{x}) = \mu$ (Beweis siehe Bortz (1999), S. 683). Jeder Mittelwert, der einer solchen Stichprobenkennwerteverteilung entstammt, wird als erwartungstreuer Schätzer $\hat{\mu}$ des Populationsparameters μ bezeichnet: $\bar{x} = \hat{\mu}$. (Ein Dach über einem Wert bedeutet, dass dies ein geschätzter Wert und nicht der wahre Wert ist, siehe Kap. 1.3.4.) Generell sind alle die Kennwerte erwartungstreue Schätzer, deren Kennwerteverteilungen den jeweiligen Populationsparameter als Mittelwert haben.

Der Standardfehler des Mittelwerts

Die Tatsache, dass der Erwartungswert der Stichprobenkennwerteverteilung gleich dem Populationsmittelwert μ ist, eröffnet die Möglichkeit für eine beliebig genaue Schätzung eben dieses Werts, um den herum sich die Kennwerte symmetrisch verteilen. Doch wie wir in Kapitel 2.1 gesehen haben, ist jede Normalverteilung nicht nur durch ihr arithmetisches Mittel, sondern auch durch ihre Streuung charakterisiert. Die Wahrscheinlichkeit, eine gute Schätzung durch einmalige Ziehung einer Stichprobe zu erlangen, ist offensichtlich umso höher, je kleiner die Streuung der Stichprobenkennwerteverteilung ist. Die Streuung der Stichprobenkennwerteverteilung heißt Standardfehler des Mittelwerts. Mit seiner Hilfe lässt sich die Genauigkeit der Schätzung des Populationsmittelwertes beurteilen. Er ist definiert als die Streuung in einer Verteilung von Mittelwerten aus gleich großen Zufallsstichproben einer Population.

Der Standardfehler des Mittelwerts

$$\sigma_{\bar{x}} = \sqrt{\frac{\sigma^2}{n}}$$

Wovon hängt die Größe des Standardfehlers ab? Zum einen ist natürlich die Streuung der Messwerte in der Population ausschlaggebend für die Streuung der Stichprobenkennwerteverteilung: Hätten alle Menschen dieselbe Merkmalsausprägung, so wäre natürlich sowohl die Streuung in der Population als auch die der Stichprobenkennwerteverteilung gleich null. Der Standardfehler wird also zwangsläufig umso größer, je größer auch die Streuung der Messwerte in der Population ist. Die Populationsstreuung steht in der Formel im Zähler (s.o.).

Je größer die Populationsstreuung, desto größer ist der Standardfehler des Mittelwerts.

Beispiel: Theoretisch könnten alle Menschen einen Intelligenzquotienten von exakt 100 haben. Eine Stichprobe zur Schätzung des Populationsmittelwerts würde natürlich diesen Wert angeben. Da die Intelligenz in der Bevölkerung aber eine gewisse Varianz (und damit Streuung) aufweist, wird ihr Populationsmittelwert zwar erwartungstreu geschätzt, den exakten Wert wird aber nie jemand wissen.

Zum anderen wirkt sich der Stichprobenumfang auf den Standardfehler aus (siehe Formel). Je größer die Stichprobe, desto genauer wird auch ihre Schätzung sein. Daraus lässt sich ableiten, dass die Mittelwerte bei großen Stichproben weniger streuen als bei kleinen Stichproben. Dadurch steigt die Chance, mit der Schätzung sehr nahe an dem wirklichen Populationsmittelwert zu liegen. Diese Tatsache verdeutlichen die Computersimulationen (Abb. 2.10 und 2.11) sehr anschaulich, die beliebig viele Zufallsstichproben einer bestimmten Größe ziehen und die resultierende Stichprobenkennwerteverteilung darstellen. Der Vergleich zweier solcher Verteilungen mit unterschiedlichem Stichprobenumfang macht dessen Bedeutung verständlich (Maßstäbe der x-Achse beachten).

Je größer die Stichprobe, desto kleiner ist der Standardfehler des Mittelwerts.

Abb. 2.10 .Computersimulation einer Stichprobenkennwerteverteilung mit der Stichprobengröße n = 10

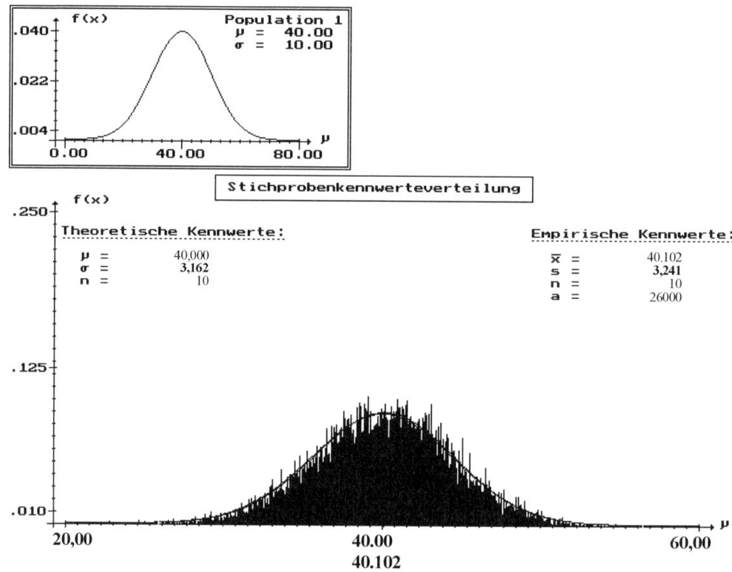

Abb. 2.11. Computersimulation einer Stichprobenkennwerteverteilung mit der Stichprobengröße n = 40

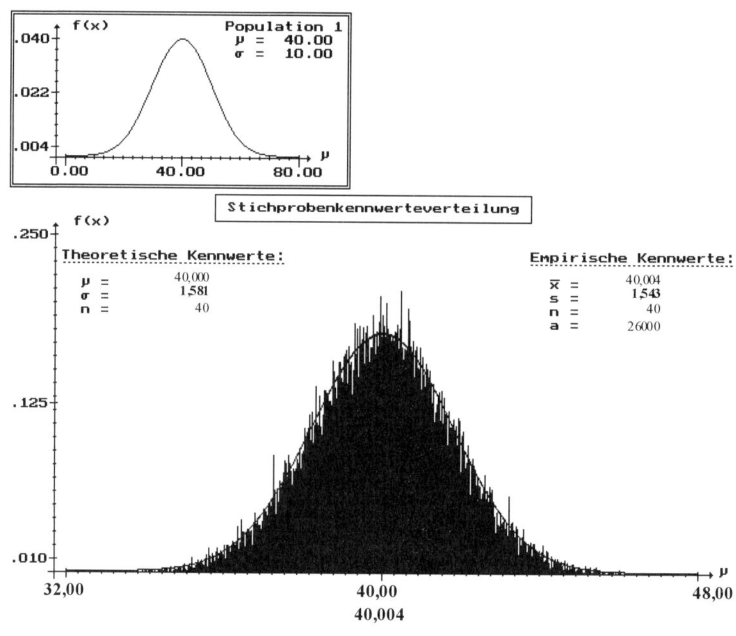

Wenn die Größe des Standardfehlers entscheidend die Güte der Mittelwertsschätzung beeinflusst, ist es von Vorteil, auch den Standardfehler zu schätzen. Wie oben ausgeführt ist er proportional zur Populationsstreuung und verringert sich bei zunehmendem Stichprobenumfang. Mathematisch berechnet er sich wie folgt:

Schätzung des Standardfehlers

$$\hat{\sigma}_{\bar{x}} = \sqrt{\frac{\hat{\sigma}^2}{n}} = \sqrt{\frac{\sum_{i=1}^{n}(x_i - \bar{x})^2}{n \cdot (n-1)}}$$

Noch einmal: Ein Mittelwert stellt eine umso präzisere Schätzung des Populationsparameters μ dar, je kleiner sein Standardfehler ist.

Ein großer Vorteil ist, dass die Daten einer Stichprobe ausreichen, um die Größe des Standardfehlers zu schätzen. Auf Grund einer Stichprobe können wir deshalb nicht nur den Mittelwert der Population schätzen, sondern mit Hilfe des Standardfehlers auch die Genauigkeit dieser Schätzung bestimmen. Die Bewertung erfolgt mit Hilfe unserer Kenntnisse über die Wahrscheinlichkeiten unter einer Normalverteilung (siehe Kap. 2.1.2): Im Bereich von ± einem Standardfehler vom Stichprobenmittelwert liegen 68,26%, zwischen ± zwei Standardfehlern 95,44% aller möglichen Populationen mit ihrem jeweiligen Populationsmittelwert, aus denen die Stichprobe stammen könnte. Anders ausgedrückt: Mit einer Wahrscheinlichkeit von 68,26% liegt der wahre Populationsmittelwert zwischen ± einem Standardfehler. Ein solcher Bereich heißt Vertrauensintervall oder Konfidenzintervall des Mittelwerts. Es ist ein Maß für die Präzision, mit der ein Stichprobenkennwert den "wahren" Populationsparameter schätzt.

Ein Konfidenzintervall gibt die Präzision eines Stichprobenergebnisses an.

In der Praxis wird per Konvention meist ein 95% oder 99% Konfidenzintervall bestimmt. Eine solche Berechnung erfordert den Rückgriff auf die Wahrscheinlichkeiten in einer Standardnormalverteilung. Da ein Konfidenzintervall symmetrisch um einen Mittelwert konstruiert wird, müssen wir auf den beiden Seiten der Verteilung jeweils 2,5% bzw. 0,5% abschneiden, um einen Wahrscheinlichkeitsbereich von 95% oder 99% zu erhalten. Ein z-Wert von -1,96 (-2,58) schneidet 2,5% (0,5%) nach links ab, ein Wert von 1,96 (2,58) schneidet denselben Bereich nach rechts ab

Bestimmung eines Konfidenzintervalls um den Mittelwert

(Tabelle A, bitte nachschauen). Aufgrund der Symmetrie der z-Verteilung genügt es, den Betrag von einem der beiden z-Werte zu bestimmen. Dieser Betrag muss mit dem Standardfehler des Mittelwerts multipliziert werden. Das Ergebnis wird zum Mittelwert addiert bzw. vom Mittelwert subtrahiert, um die beiden Grenzen des Konfidenzintervalls zu erhalten:

untere Grenze $= \bar{x} - z \cdot \sigma_{\bar{x}}$

oberer Grenze $= \bar{x} + z \cdot \sigma_{\bar{x}}$

Für ein 95% Konfidenzintervall: $z = 1{,}96$

Für ein 99% Konfidenzintervall: $z = 2{,}58$

Bei kleineren Stichproben ($N < 30$) ist allerdings die Normalverteilungsannahme meist verletzt (siehe Bortz, 1999, S. 102). Das korrekte Konfidenzintervall ist in diesem Fall etwas größer als die Berechnung über z-Werte angibt. Hier empfiehlt es sich, anstatt des z-Wertes den zugehörigen Wert der t-Verteilung (bei $df = N - 1$) zu ermitteln, der 2,5% bzw. 0,5% nach oben bzw. unten abschneidet. Die t-Verteilung wird in Kapitel 3.1.4 erklärt, die t-Werte sind der Tabelle B zu entnehmen.

Abb. 2.12. Mittelwert mit Fehlerbalken (95% Konfidenzintervall)

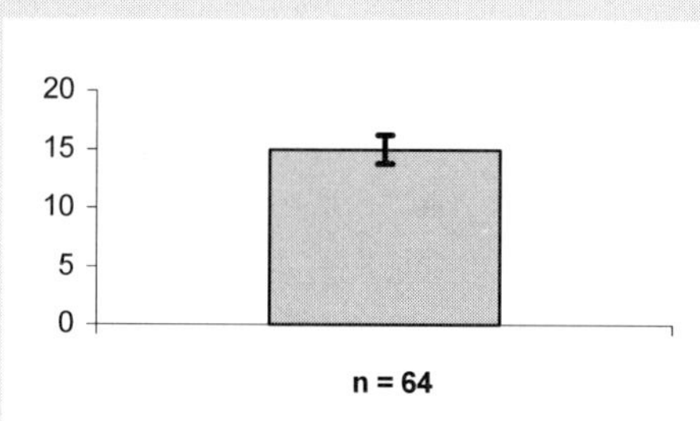

Wie lautet das 95% Konfidenzintervall zu folgendem Ergebnis?

$\bar{x} = 15;\ \hat{\sigma} = 5;\ n = 64$

Zuerst Schätzung des Standardfehlers:

$$\hat{\sigma}_{\bar{x}} = \sqrt{\frac{\hat{\sigma}^2}{n}} = \sqrt{\frac{5^2}{64}} = 0{,}625$$

untere Grenze des $KI = \bar{x} - z \cdot \sigma_{\bar{x}} = 15 - 1{,}96 \cdot 0{,}625 = 13{,}775$

obere Grenze des $KI = \bar{x} + z \cdot \sigma_{\bar{x}} = 15 + 1{,}96 \cdot 0{,}625 = 16{,}225$

Das 95% Konfidenzintervall um den Mittelwert 15 lautet [13,775; 16,225]. Der Mittelwert stammt mit einer Wahrscheinlichkeit von 95% aus einer Population, deren Mittelwert μ zwischen 13,775 und 16,225 liegt. Ein Konfidenzintervall wird graphisch anhand eines Fehlerbalkens dargestellt (Abb. 2.12). Viele Programme zur Graphendarstellung (z.B. Excel) erlauben die Eingabe der oberen und unteren Grenze des Konfidenzintervalls.

Zusammenfassung

Dieses Kapitel beschäftigte sich zunächst mit der sehr wichtigen Annahme der Normalverteilung, der sehr viele Merkmale in der Bevölkerung folgen. Alle Normalverteilungen sind durch ihren glockenförmigen Verlauf gekennzeichnet und durch die Tatsache, dass Modus, Median und arithmetisches Mittel auf einen Punkt fallen. Sie sind sie daher absolut symmetrisch. Flächen unter einer Normalverteilung stellen Wahrscheinlichkeiten dar. Die Wahrscheinlichkeit für einen einzelnen Punkt ist unendlich klein, da jede Kurve aus unendlich vielen Punkten besteht.

Die Standardnormalverteilung (z-Verteilung) ist ein Spezialfall der Normalverteilung mit $\mu = 0$ und $\sigma = 1$. Auf ihrer Abszisse sind die z-Werte abgetragen, denn es handelt sich um die aus einer z-Standardisierung resultierende Verteilung. So ist es möglich Daten zu vergleichen, die aus ursprünglich unterschiedlichen Normalverteilungen stammen.

Empirische Sozialwissenschaftler schätzen mit Hilfe von Stichproben die Populationskennwerte, da es meist nicht praktizierbar ist, die gesamte Population zu befragen. Die Stichprobenkennwerteverteilung umfaßt alle möglichen Mittelwerte einer bestimmten Stichprobengröße. Ihr Mittelwert ist mit dem Populationsmittelwert μ identisch. Deshalb wird jeder Wert aus dieser Verteilung als erwartungstreuer Schätzer des Populationswerts bezeichnet, auch wenn zwischen den beiden Werten unter Umständen eine große Diskrepanz besteht.

Ob zwischen dem Populationsparameter und seinem Schätzer tatsächlich eine solche Diskrepanz besteht, hängt wesentlich von der Streuung der Stichprobenkennwerteverteilung ab. Sie wird Standardfehler genannt. Die Größe des Standardfehlers hängt von zwei Faktoren ab: Zum einen ist er umso kleiner, je kleiner die Streuung des Merkmals in der Population ist. Zum anderen verringert er sich mit zunehmender Stichprobengröße. Je kleiner der Standard-fehler ist, desto besser ist auch die Schätzung des Populationsmittelwerts durch den Mittelwert der Stichprobe.

Der Standardfehler eignet sich außerdem zur Konstruktion von Konfidenzintervallen. Ein Konfidenzintervall gibt den Bereich von Populationsparametern an, aus dem ein empirisch gefundenes Ergebnis, z.B. ein Mittelwert, mit einer bestimmten Wahrscheinlichkeit (per Konvention meist 95% oder 99%) stammt. Damit lässt sich die Präzision eines Ergebnisses anschaulich beurteilen.

Aufgaben zu Kapitel 2

Aufgabe 1

Wie viele und welche Merkmale sind nötig um eine Normalverteilung vollständig zu beschreiben?

Aufgabe 2

Bestimmen Sie den z-Wert einer Standardnormalverteilung,

a) oberhalb dessen 20 % der Werte liegen.

b) unterhalb dessen 65 % der Werte liegen.

Aufgabe 3

Bestimmen Sie, wie viel Prozent der Fälle bei einer Normalverteilung und bei einer Standardnormalverteilung in dem Bereich „Mittelwert ± 1,5 Standardabweichungseinheiten“ liegen.

Aufgabe 4

In zwei Untertests eines Intelligenz-Struktur-Tests erzielt Mario die Werte $x_1 = 12$ und $x_2 = 23$.

$\mu_1 = 10 \qquad \mu_2 = 20$

$\sigma_1 = 2 \qquad \sigma_2 = 3$

Hat Mario in beiden Tests „gleich gut“ abgeschnitten hat?

Aufgabe 5

Ein Firmenchef möchte nur sehr intelligente Bewerber einstellen, nämlich nur solche, die in den oberen 5% der Population liegen. Wie groß muss der IQ-Wert einer Person in einem Test mindestens sein, um bei ihm einen Job zu bekommen?

(IQ-Tests: $\mu = 100$, $\sigma = 15$)

Aufgabe 6

Ein Test für Extraversion hat den Populationsmittelwert von $\mu = 15$ und eine Populationsstreuung $\sigma = 2$.

a) Wie groß ist die Wahrscheinlichkeit, dass eine Versuchsperson in diesem Test einen Wert von 10 oder weniger bekommt?

b) Wie wahrscheinlich ist es, dass eine Versuchsperson einen Wert zwischen 13 und 17 erhält?

c) Ab welchem Wert würde man jemanden als außergewöhnlich extravertiert bezeichnen?

d) Ab welchem Mittelwert würde man eine Gruppe von 16 Leuten als außergewöhnlich extravertiert bezeichnen?

3 Der t-Test

Dieses Kapitel beschäftigt sich mit einem grundlegenden statistischen Verfahren zur Auswertung erhobener Daten: dem t-Test. Der t-Test untersucht, ob sich zwei empirisch gefundene Mittelwerte systematisch voneinander unterscheiden. Mit Hilfe dieses Testverfahrens ist es möglich festzustellen, ob zwei betrachtete Gruppen in einem untersuchten Merkmal wirklich einen Unterschied aufweisen oder nicht. Der t-Test findet in vielen empirischen Sozialwissenschaften häufige Anwendung.

Das genaue Verständnis dieses vergleichsweise einfachen Tests ist von großer Bedeutung, da die theoretischen Überlegungen als Grundlage für später behandelte Auswertungsverfahren dienen. Das Kapitel 3.1 befasst sich zuerst mit der Entwicklung eines Grundverständnisses für den t-Test. In den Abschnitten 3.2 und 3.3 wird dieses Grundverständnis erweitert, so dass der t-Test im Abschnitt 3.4 allgemein betrachtet werden kann. Das Kapitel schließt mit einer Anleitung zur Konstruktion eines „guten" t-Tests (Kap. 3.6) und Empfehlungen für das Lesen von t-Tests in der Literatur (Kap. 3.7).

Alle hier vorgestellten Überlegungen beziehen sich auf den t-Test für unabhängige Stichproben. Die Beschreibung des t-Tests für abhängige Stichproben in Abschnitt 3.5 ist sehr kurz. Dies gilt auch für den Einstichproben-t-Test (ebenfalls Kap. 3.5). Die Unterschiede zum t-Test für unabhängige Stichproben sind aber in beiden Fällen nur gering, deshalb lassen sich die in den ersten Abschnitten behandelten Konzepte ohne Schwierigkeiten übertragen.

Wir greifen in diesem Kapitel u.a. auf folgende Begriffe zurück: arithmetisches Mittel, Streuung und Varianz aus dem Kapitel 1, sowie vor allem auf die Überlegungen zur Normalverteilung, Standardnormalverteilung und Stichprobenkennwerteverteilung aus Kapitel 2. Bei Unklarheit über diese Begriffe sollten Sie die vorangegangenen Kapitel unbedingt noch einmal wiederholen.

3.1 Was ist der t-Test?

Das folgende Unterkapitel erklärt schrittweise die Fragestellung und Funktion eines t-Tests und die benötigten theoretischen Grundlagen: die Nullhypothese, die Stichprobenkennwerteverteilung und deren Streuunsg (Kap. 3.1.1 und 3.1.2). Dies führt zur Entwicklung der Formel für den t-Wert und der t-Verteilung. Die Form dieser Verteilung wird durch ihre Freiheitsgrade bestimmt (Kap. 3.1.3). Die weiteren Abschnitte befassen sich mit der Auswertung eines empirisch ermittelten t-Werts, mit dem Einfluss der Stichprobengröße sowie mit den Voraussetzungen, die für die Durchführung eines t-Tests gegeben sein müssen (Kap. 3.1.4 bis 3.1.9).

3.1.1 Die Fragestellung des t-Tests

Der t-Test kann nur bei intervallskalierten Daten angewendet werden. Er gehört zur Gruppe der parametrischen Verfahren.

Der t-Test ist eine Entscheidungsregel auf einer mathematischen Grundlage, mit deren Hilfe ein Unterschied zwischen den empirisch gefundenen Mittelwerten zweier Gruppen näher analysiert werden kann. Er liefert nur für intervallskalierte Daten zuverlässige Informationen. Deshalb gehört er zur Gruppe der parametrischen Verfahren.

Parametrische Verfahren schätzen Populationsparameter mittels statistischer Kennwerte wie dem arithmetischen Mittel oder der Varianz, für deren Berechnung die Intervallskaliertheit der Daten Voraussetzung ist.

Der t-Test arbeitet mit den Populationsparametern der Streuung und des arithmetischen Mittels, die mit Hilfe der Stichprobe geschätzt werden.

Der t-Test untersucht, ob sich die Mittelwerte zweier Gruppen systematisch unterscheiden.

Der t-Test liefert eine Entscheidungshilfe dafür, ob ein gefundener Mittelwertsunterschied rein zufällig entstanden ist, oder ob es wirklich bedeutsame Unterschiede zwischen den zwei untersuchten Gruppen gibt. Mathematisch gesprochen beurteilt dieses Verfahren, ob sich zwei untersuchte Gruppen systematisch in ihren Mittelwerten unterscheiden oder nicht.

Der Stichprobenkennwert des t-Tests ist die Differenz der Mittelwerte.

Der wichtigste Wert für die Durchführung eines t-Tests ist die Differenz der Gruppenmittelwerte. Diese Differenz bildet den Stichprobenkennwert des t-Tests:

$$\bar{x}_1 - \bar{x}_2$$

Die zentrale Frage des t-Tests lautet: Wie wahrscheinlich ist die empirisch gefundene oder eine größere Mittelwertsdifferenz unter allen möglichen rein theoretisch denkbaren Differenzen (Abb. 3.1)?

Der t-Test dient wie viele andere statistische Verfahren zur Überprüfung aufgestellter Hypothesen. Dabei ist es wichtig, vor der Durchführung eines t-Tests die zu untersuchende Hypothese inhaltlich zu präzisieren. Die inhaltliche Hypothese muss dann in eine mathematische Schreibweise gebracht und somit in eine statistische Hypothese überführt werden. Der t-Test prüft dann, ob diese statistische Hypothese auf ihr Zutreffen.

Betrachten wir die Entwicklung der Fragestellung für einen t-Test anhand des in der Einführung beschriebenen Gedächtnisexperiments. In der Einleitung dieses Buches wurden die inhaltlichen Hypothesen für die verschiedenen Verarbeitungsbedingungen vorgestellt. Bei einer strukturellen Verarbeitung sollten weniger Wörter als bei bildhafter bzw. emotionaler Verarbeitung erinnert werden. Zwischen bildhafter und emotionaler Verarbeitung sollte kein Unterschied in der Erinnerungsleistung auftreten. Die empirisch gefundenen Mittelwerte der einzelnen Bedingungen sind:

Verarbeitungsbedingung:	Anzahl erinnerter Wörter
strukturell	$\bar{x}_{\text{strukurell}} = 7{,}2$
bildhaft	$\bar{x}_{\text{bildhaft}} = 11$
emotional	$\bar{x}_{\text{emotional}} = 12$

Da der t-Test jeweils nur zwei Gruppen betrachten kann, greifen wir den Mittelwertsvergleich zwischen bildhafter und struktureller Verarbeitung heraus und wandeln die inhaltliche Hypothese in eine statistische um. Auf dieses Beispiel werden sich die meisten Rechnungen in den folgenden Abschnitten beziehen:

$$\bar{x}_{\text{bildhaft}} - \bar{x}_{\text{strukturell}} > 0$$

$\bar{x}_{\text{bildhaft}}$: Mittelwert der erinnerten Wörter unter bildhafter Verarbeitung

$\bar{x}_{\text{strukurell}}$: Mittelwert der erinnerten Wörter unter struktureller Verarbeitung

Abb. 3.1. Fragestellung des t-Tests

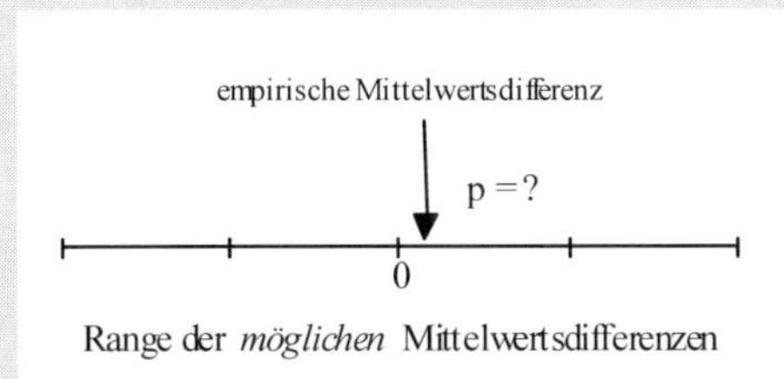

Die inhaltliche Hypothese muss in eine statistische Hypothese umgewandelt werden.

Download der Daten unter:

http://eeglab.uni-trier.de/teaching/statistikbuch.php

Die Formulierung der statistischen Hypothese bestimmt die Bildung der Differenz der Mittelwerte.

Die erhobenen Daten erlauben nun die Bestimmung des zu prüfenden Stichprobenkennwerts. Die Bildung der Differenz wird entscheidend durch die Formulierung der statistischen Hypothese mitbestimmt: Sie legt fest, welcher Wert vom anderen abgezogen wird.

$$\bar{x}_{\text{bildhaft}} - \bar{x}_{\text{strukturell}} = 11 - 7{,}2 = 3{,}8 > 0$$

Es wäre auch möglich, dieselbe inhaltliche Vorhersage umgekehrt in die statistische Hypothese zu übersetzen: Bei struktureller Verarbeitung werden weniger Wörter erinnert als bei bildhafter Verarbeitung.

$$\bar{x}_{\text{strukturell}} - \bar{x}_{\text{bildhaft}} < 0 \quad \Rightarrow \quad 7{,}2 - 11 = -3{,}8 < 0$$

Abb. 3.2. Einordnung der empirischen Mittelwertsdifferenz

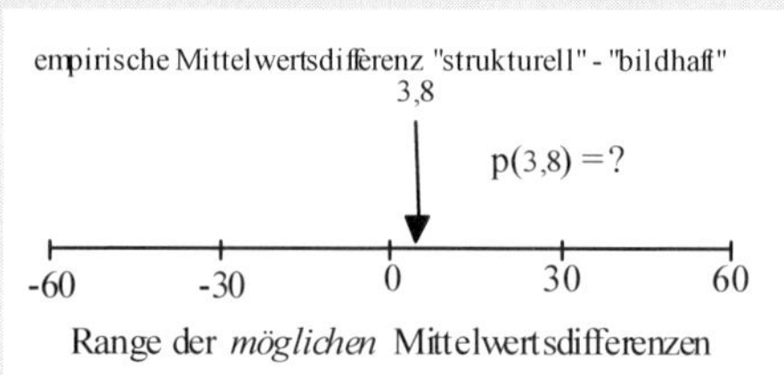

Der Wert 3,8 ist größer als Null und bestätigt wenigstens in der Tendenz die inhaltliche Vorhersage. Doch stellt sich noch immer die Frage, ob es systematische Unterschiede in der Erinnerungsleistung bei unterschiedlicher Verarbeitung gibt, oder ob der gefundene Unterschied rein zufällig aufgetreten ist.

Die maximal möglichen Differenzen liegen z.B. in dem Gedächtnisexperiment bei –60 und +60, denn es wurden insgesamt 60 Wörter präsentiert. Eine solche Maximaldifferenz träte auf, wenn die Gruppe mit bildhafter (struktureller) Erinnerung im Durchschnitt kein einziges, die Gruppe mit struktureller (bildhafter) Verarbeitung dagegen alle Wörter erinnert hätte. An dieser Stelle kommt der t-Test ins Spiel: Er gibt Auskunft darüber, wie wahrscheinlich ein Auftreten der Differenz von 3,8 oder einer größeren unter allen möglichen Differenzen ist (Abb. 3.2).

3.1.2 Die Nullhypothese

Die Nullhypothese (H_0) nimmt an, dass die Mittelwertsdifferenz zufällig entstanden ist.

Für die Erklärung der Mittelwertsdifferenz gibt es neben der Annahme eines systematischen Unterschieds zwischen den beiden Gruppen eine weitere Möglichkeit: Die Differenz zwischen den Mittelwerten ist zufällig zustande gekommen und es gibt keinen echten Unterschied zwischen den beiden untersuchten Gruppen. Die beiden Gruppen stammen im Grunde aus zwei Populationen mit demselben Mittelwert. Die Differenz zwischen den Gruppen sollte demzufolge Null betragen. Diese Annahme heißt deshalb Nullhypothese oder H_0.

Wieso kann es überhaupt zu einer Differenz der Stichprobenmittelwerte kommen, wenn diese Stichproben aus Populationen mit einem identischen Populationsmittelwert stammen? Ein solcher Unterschied auf Stichprobenebene ist deshalb möglich, weil die Stichprobenmittelwerte aufgrund der begrenzten Anzahl von Werten in einer Stichprobe fast nie genau dem Populationsmittelwert entsprechen, sondern mit einem Stichprobenfehler behaftet sind. Dieser ist in der Regel nicht besonders groß, denn Stichprobenmittelwerte sind erwartungstreue Schätzer des Populationsmittelwerts (Kap. 2.3). Allerdings ist es durchaus möglich, dass die Mittelwerte verschiedene Punkte auf einer Stichprobenkennwerteverteilung repräsentieren und so eine Differenz zwischen den Mittelwerten zustande kommt. Der Unterschied zwischen den beiden empirisch gefundenen Mittelwerten ist also noch kein Beweis dafür, dass die Stichproben aus zwei unterschiedlichen Populationen stammen.

Abb. 3.3. Stichprobenkennwerteverteilung von Mittelwerten mit zwei zufällig entstandenen Stichprobenmittelwerten sowie dem gemeinsamen Populationsmittelwert μ

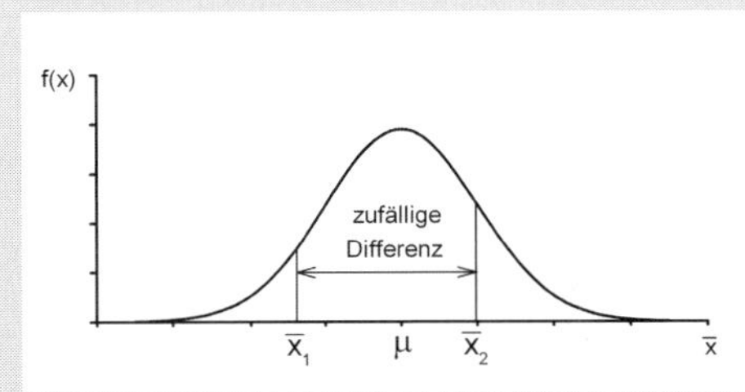

Unter der Annahme der Nullhypothese beruht die Variation der Stichprobenmittelwerte also auf Zufall, oder anders gesagt, auf einem Stichprobenfehler. Noch einmal: Die Nullhypothese postuliert, dass die Populationsmittelwerte der beiden Gruppen identisch sind und deshalb eine Mittelwertsdifferenz von Null zu erwarten ist.

Stichprobenkennwerteverteilung unter der Nullhypothese

Unter Annahme der Nullhypothese kann eine Stichprobenkennwerteverteilung von Mittelwertsdifferenzen konstruiert werden. In Kapitel 2 wurde die Stichprobenkennwerteverteilung von Mittelwerten bereits ausführlich behandelt. Zu jener besteht aber ein entscheidender Unterschied: In Kapitel 2 ist der interessierende Kennwert der Mittelwert einer Stichprobe, im jetzigen Fall betrachten wir die Differenz zweier Mittelwerte. Das bedeutet also, dass auf der Abszisse der Verteilung jetzt Mittelwertsdifferenzen abgetragen sind. Alle möglichen zwei Stichprobenmittelwerte, aus denen die Differenzen gebildet werden, stammen unter Annahme der Nullhypothese aus zwei Populationen mit identischem Populationsmittelwert.

Wird aus zwei Populationen mit identischem Populationsmittelwert jeweils eine Stichprobe gezogen, so kann die Differenz der beiden Stichprobenmittelwerte theoretisch jeden beliebigen Wert annehmen.

Die zu erwartende Differenz aber ist gleich Null, denn die Stichprobenmittelwerte sind normalverteilt um ihren jeweiligen Erwartungswert, den Populationsmittelwert.

Standardfehler der Mittelwertsdifferenz

Da die Populationsmittelwerte identisch sind, wird sich die Mehrzahl der gefundenen Differenzen folglich in der Nähe von Null befinden. Aus diesen Überlegungen resultiert nach unendlich vielen Ziehungen von Stichproben eine Normalverteilung der Mittelwertsdifferenzen mit dem arithmetischen Mittel Null und einer von der Populationsstreuung und den Stichprobenumfängen abhängigen Streuung (vgl. Kap. 2). Diese Verteilung heißt Stichprobenkennwerteverteilung von Mittelwertsdifferenz unter der Nullhypothese, ihre Streuung nennt sich Standardfehler von Mittelwertsdifferenzen. Diese Verteilung erlaubt die Bestimmung der Aufretenswahrscheinlichkeit des Bereichs einer empirisch gefundenen oder größeren Differenz (Abb. 3.4). Dadurch wird eine Bewertung der gefundenen Differenz möglich (Kapitel 2 beinhaltet dieselbe Argumentation für den Mittelwert, jetzt geht es um Mittelwertsdifferenzen.).

Abb. 3.4. Zuordnung einer Wahrscheinlichkeit zu einer empirischen Mittelwertsdifferenz

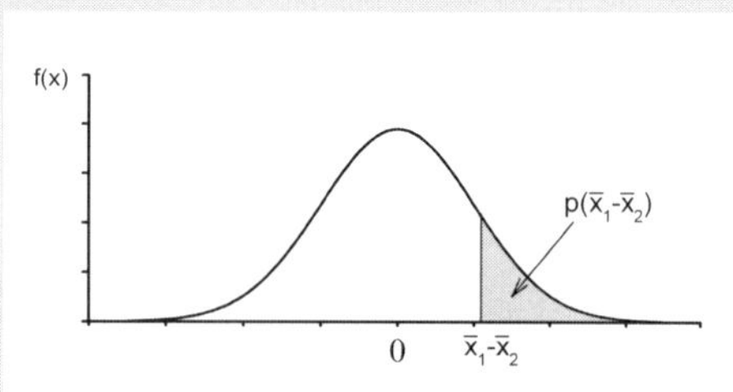

Hinweis: Wahrscheinlichkeiten lassen sich bei kontinuierlichen Verteilungen nur für Bereiche bestimmen (Kap. 2.1.2). Wenn in diesem Buch einem einzelnen Wert eine Wahrscheinlichkeit zugeordnet wird, ist dieser als Grenze eines Bereichs zu verstehen.

Die Abb. 3.5 zeigt eine Stichprobenkennwerteverteilung von Mittelwertsdifferenzen, die durch 26 000-maliges Ziehen von jeweils zwei Stichproben mit der Größe $n = 40$ entstanden ist. Die Stichproben entstammen identischen Populationen. Die zwei kleinen Graphiken zeigen die Populationsverteilungen. Nach der Berechnung der Stichprobenmittelwerte werden diese voneinander subtrahiert. Die entstandenen Differenzen bilden den Stichprobenkennwert. In einem Koordinatensystem wird dann abgetragen, wie häufig eine bestimmte Differenz auftritt. Diese große Graphik zeigt die resultierende Stichprobenkennwerteverteilung.

In der Computersimulation ist die Form der Normalverteilung deutlich erkennbar, der Mittelwert liegt mit 0,004 sehr nahe an dem erwarteten Mittelwert von Null. Sehr kleine Differenzen um Null treten also am häufigsten auf, Differenzen größer als 8 oder –8 kommen so gut wie gar nicht vor.

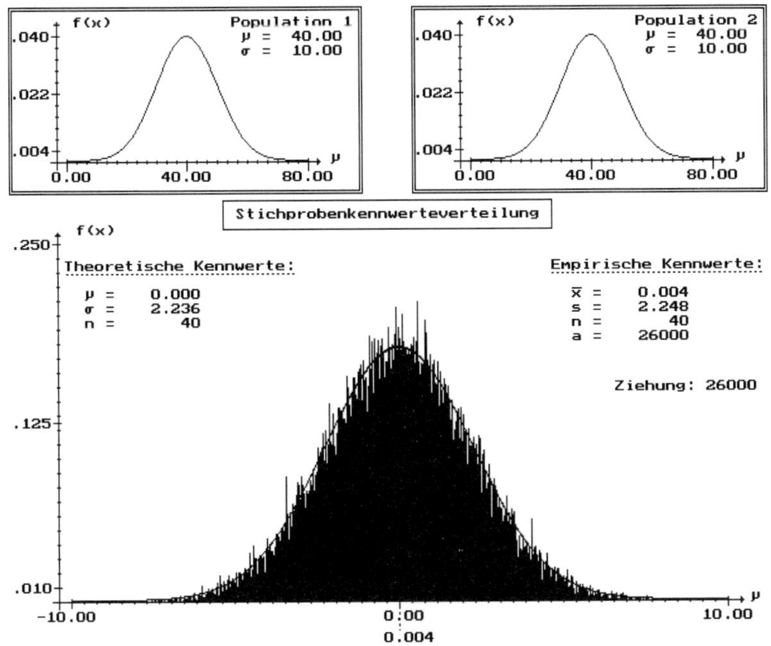

Abb. 3.5. Computersimulation einer Stichprobenkennwerteverteilung von Mittelwertsdifferenzen. Die Stichproben entstammen identischen Populationen.

Für die Bestimmung der Stichprobenkennwerteverteilung ohne Simulation muss ihre Streuung (Standardfehler der Mittelwertsdifferenz) zusätzlich mit Hilfe der Stichprobe geschätzt werden. In die Formel gehen die Stichprobenumfänge der betrachteten Gruppen und die geschätzten Streuungen der zugehörigen Populationen ein. Die Formel lautet:

Formel für die Schätzung des Standardfehlers der Mittelwertsdifferenz

$$\hat{\sigma}_{\bar{x}_1-\bar{x}_2} = \sqrt{\frac{\hat{\sigma}_1^2}{n_1} + \frac{\hat{\sigma}_2^2}{n_2}}$$

$\hat{\sigma}_{\bar{x}_1-\bar{x}_2}$: geschätzter Standardfehler der Mittelwertsdifferenz

n_1 : Anzahl der Vpn bzw. Beobachtungen in Stichprobe 1

$\hat{\sigma}_1^2$: geschätzte Varianz der Population 1

n_2 : Anzahl der Vpn bzw. Beobachtungen in Stichprobe 2

$\hat{\sigma}_2^2$: geschätzte Varianz der Population 2

Abb. 3.6 . Stichprobenkennwerteverteilung von Mittelwertsdifferenzen unter der Annahme der H_0 mit $\hat{\sigma}_{\bar{x}_1-\bar{x}_2} = 0{,}737$

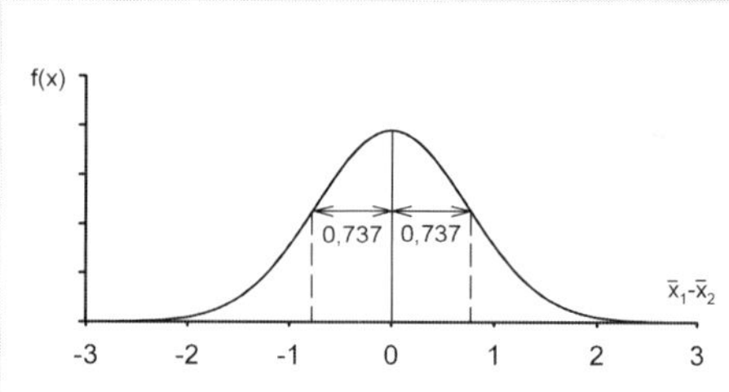

Ein Beispiel aus dem Gedächtnisexperiment: Für die Mittelwertsdifferenzen der Gruppen „bildhaft" und „strukturell" soll der Standardfehler der Mittelwertsdifferenz geschätzt werden. Die Stichprobengröße ist in beiden Verarbeitungsgruppen $n_1 = n_2 = 50$, die geschätzte Populationsstreuung der bildhaft enkodierenden Gruppe beträgt 4,14, die der strukturell verarbeitenden Gruppe 3,162.

$$\hat{\sigma}_{\bar{x}_1-\bar{x}_2} = \sqrt{\frac{4{,}14^2}{50} + \frac{3{,}162^2}{50}} = 0{,}737$$

Der Standardfehler der Mittelwertsdifferenz beträgt also unter der Annahme der Nullhypothese 0,737.

Zusammen mit dem Mittelwert von Null legt die Streuung die Form der Verteilung fest (Abb. 3.6). Bei größeren Stichproben verkleinert sich der Standardfehler der Mittelwertsdifferenz (Kap. 2.3).

3.1.3 Die t-Verteilung

T-Werte sind die standardisierten Differenzen der Stichprobenmittelwerte. Die Wahrscheinlichkeit eines t-Werts ist über die t-Verteilung bestimmbar.

Für die Bewertung der Auftretenswahrscheinlichkeit einer empirisch gefundenen Differenz ist ein standardisiertes Maß für eine Mittelwertsdifferenz sehr hilfreich (analog zu den in Kap. 1.4 besprochenen z-Werten). Die Standardisierung der Stichprobenkennwerteverteilung erfolgt ähnlich wie bei den z-Werten an ihrer geschätzten Streuung. Die standardisierten Stichprobenkennwerte heißen t-Werte, die standardisierten Verteilungen sind die t-Verteilungen (im Englischen auch „Student t" genannt). Sie entsprechen nicht ganz der Standardnormalverteilung, sondern sind schmalgipfliger. Das liegt daran, dass die Form einer t-Verteilung von den Stichprobengrößen bzw. den Freiheitsgraden der Verteilung abhängig ist (siehe die folgenden Abschnitte 3.1.4 und 3.1.5). In einer t-Verteilung sind die Wahrscheinlichkeiten für die einzelnen t-Werte genau ablesbar. Die allgemeine Definition des t-Werts lautet:

Allgemeine Definition des t-Werts

$$t_{df} = \frac{\text{empirische Mittelwertsdifferenz - theoretische Mittelwertsdifferenz}}{\text{geschätzter Standardfehler der Mittelwertsdifferenz}}$$

formal: $$t_{df} = \frac{(\bar{x}_1 - \bar{x}_2) - (\mu_1 - \mu_2)}{\hat{\sigma}_{\bar{x}_1-\bar{x}_2}}$$

Der t-Test findet in den meisten Fällen als Nullhypothesensignifikanztest Anwendung. Diesem t-Test liegt die Annahme zu Grunde, dass die Populationsmittelwerte der beiden zu vergleichenden Gruppen identisch sind. Die theoretische Mittelwertsdifferenz unter der Nullhypothese ist $\mu_1 - \mu_2 = 0$ und kann bei der Berechnung weggelassen werden. Die vereinfachte Formel lautet:

Definition des t-Werts unter der Nullhypothese

$$t_{df} = \frac{\bar{x}_1 - \bar{x}_2}{\hat{\sigma}_{\bar{x}_1 - \bar{x}_2}}$$

Der t-Test kann auch zur Testung anderer Hypothesen als der Nullhypothese dienen, in denen von einem in den Populationen vorhandenen Unterschied in den Mittelwerten ausgegangen wird. In einem solchen Fall wäre die theoretische Mittelwertsdifferenz größer Null. Allerdings wird der t-Test nur sehr selten in dieser Form benutzt, deshalb findet sie hier keine weitere Beachtung.

Die obige Formel ermöglicht unter Kenntnis der entsprechenden Streuung die Umrechnung einer empirischen Mittelwertsdifferenz in einen t-Wert. Anhand der t-Verteilung kann einem empirischen t-Wert eine Wahrscheinlichkeit zugeordnet werden, mit der exakt dieser oder ein größerer t-Wert unter der Annahme der Nullhypothese auftritt. Die Auftretenswahrscheinlichkeit eines positiven t-Werts entspricht dem Anteil der Fläche unter der Kurve, den der t-Wert nach rechts abschneidet (Abb. 3.7). Die Wahrscheinlichkeiten der verschiedenen t-Werte sind in Tabelle B im Anhang aufgelistet. Dort findet sich auch eine ausführliche Beschreibung für die Benutzung aller Tabellen sowie für die Bestimmung von Wahrscheinlichkeiten negativer t-Werte.

Abb. 3.7. Wahrscheinlichkeit eines t-Werts in einer t-Verteilung

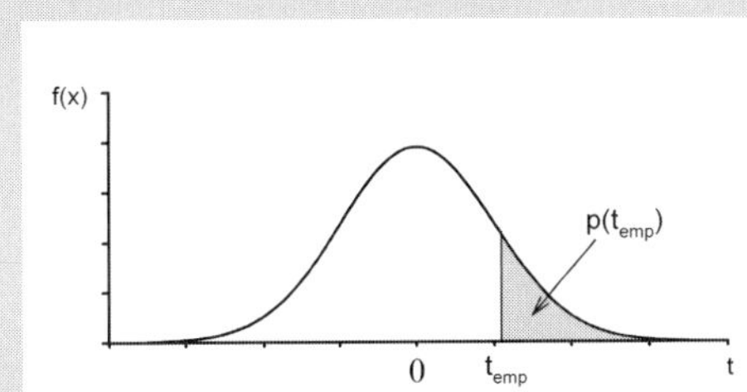

3.1.4 Die Freiheitsgrade einer t-Verteilung

Die Form der t-Verteilung ist von ihren Freiheitsgraden abhängig.

Die exakte Form der t-Verteilung ist trotz der Standardisierung weiterhin vom Stichprobenumfang abhängig und deckt sich aus diesem Grunde nicht exakt mit der z-Verteilung. Der Unterschied zwischen diesen Verteilungen ist dadurch zu erklären, dass in die Berechnung des t-Werts nicht einer, sondern zwei erwartungstreue Schätzer für Populationsparameter eingehen: die empirische Mittelwertsdifferenz und der geschätzte Standardfehler der Mittelwertsdifferenz (In der Formel zur Berechnung der z-Werte ist die Streuung kein Schätzer der Populationsstreuung, sondern bezieht sich direkt auf die Population, siehe Kap. 1.4.). Leider liefert aber

Abb. 3.8. Formen von t-Verteilungen in Abhängigkeit von ihren Freiheitsgraden

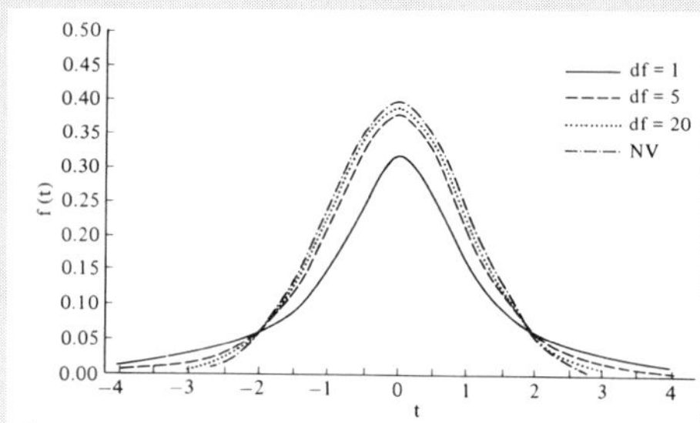

Abb. 3.9. Wahrscheinlichkeit eines t-Werts in Abhängigkeit der Freiheitsgrade

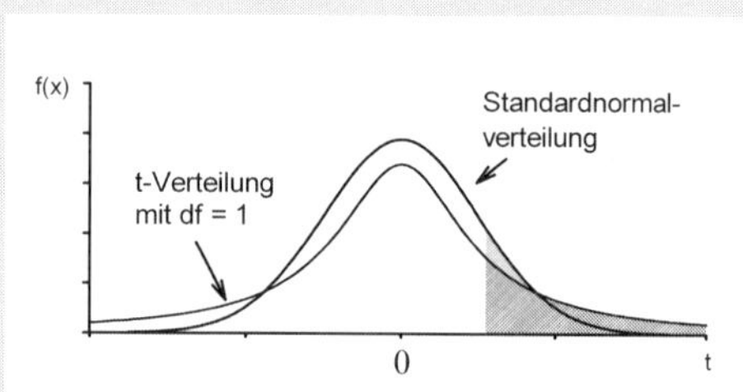

Bei einer geringen Anzahl von Freiheitsgraden sind große t-Werte unter der Nullhypothese wahrscheinlicher.

eine Formel mit zwei erwartungstreuen Schätzern kein erwartungstreues Ergebnis mehr. Mathematisch geht die t-Verteilung erst bei $n = \infty$ in eine z-Verteilung über, bei $n < \infty$ ist die t-Verteilung schmalgipfliger und flacher als eine z-Verteilung und nähert sich im Vergleich zur Standardnormalverteilung langsamer asymptotisch der x-Achse an. Die Freiheitsgrade der gefundenen Mittelwertsdifferenz erlauben eine genaue Beschreibung der zu verwendenden t-Verteilung. Sie werden in dem hier besprochenen t-Test durch folgende Formel berechnet:

$$df = n_1 + n_2 - 2$$

In Abbildung 3.8 sind t-Verteilungen mit verschiedenen Freiheitsgraden eingetragen (Abbildung mit freundlicher Genehmigung entnommen aus Bortz, 1999, S. 81). Bei df = 20 schmiegt sich diese Verteilung schon sehr nahe an die Standardnormalverteilung an. Bei df = 120 sind die beiden Verteilungen so gut wie identisch. Es ist deutlich zu sehen, dass die t-Verteilung umso schmalgipfliger und flacher verläuft und sich umso zögerlicher an die x-Achse annähert, je kleiner die Zahl der Freiheitsgrade ist.

Die Form der t-Verteilung nimmt Einfluss auf die Wahrscheinlichkeit, die einem bestimmten t-Wert zugeordnet wird. In einer t-Verteilung mit wenigen Freiheitsgraden schneidet ein positiver t-Wert einen größeren Teil der Fläche unter der Kurve nach rechts ab als bei einer Verteilung mit vielen Freiheitsgraden (siehe Abb. 3.9). Je flacher die t-Verteilung, desto größer wird also die Auftretenswahrscheinlichkeit eines bestimmten t-Werts. Auf der praktischen Ebene ist deshalb unter Annahme der Nullhypothese eine größere empirische Mittelwertsdifferenz bei großen Stichproben unwahrscheinlicher als bei kleinen Stichproben. Für die Bestimmung der Wahrscheinlichkeit eines gefundenen t-Werts müssen also erst die Freiheitsgrade berechnet werden, um damit die richtige Fläche unter der Kurve zu erhalten.

An dieser Stelle sei noch einmal darauf hingewiesen, dass die Wahrscheinlichkeit für einen einzelnen empirischen Wert immer unendlich klein ist. Wenn in diesem Buch von der Wahrscheinlichkeit eines bestimmten Wertes die Rede ist, so bezieht sich diese Aussage stets auf eine Fläche unter einer Verteilung, dessen Grenze der angegebene Wert bildet (siehe Kap. 2.1.2).

Die Abhängigkeit der Wahrscheinlichkeit eines t-Werts von seinen Freiheitsgraden wird an einem fiktiven Zahlenbeispiel deutlich: Bei einer Stichprobengröße von $n_1 = n_2 = 11$ ergebe sich ein empirischer t-Wert von $t_{(df=20)} = 1{,}4$. Die Wahrscheinlichkeit, dass genau dieser oder ein größerer Wert beim zufälligen Ziehen zweier Stichproben dieser Größe aus einer identischen Population auftritt, liegt nach Tabelle B im Anhang bei ungefähr 10% (Bitte sehen Sie selbst nach). Ist die Stichprobengröße nur $n_1 = n_2 = 4$, so schneidet derselbe t-Wert mit entsprechend weniger Freiheitsgraden $t_{(df=6)} = 1{,}4$ einen Flächenanteil von ca. 15% ab. Bei kleineren Stichproben ist es also wahrscheinlicher, dass bestimmte Mittelwertsdifferenzen zufällig auftreten, obwohl beide Stichproben aus identischen Populationen stammen.

Nun ist es möglich, die Wahrscheinlichkeit der empirischen Mittelwertsdifferenz aus dem Erinnerungsexperiment zu berechnen. Die Stichproben bestanden aus jeweils 50 Versuchspersonen, die Anzahl der Freiheitsgrade ist also 98. Nach Einsetzen der empirischen Mittelwertsdifferenz und dem geschätzten Standardfehler der Mittelwertsdifferenz (siehe oben) ergibt sich:

$$t_{(df=98)} = \frac{3{,}8}{0{,}737} = 5{,}16$$

In der Zeile für df = 60 ist dieser Wert nicht mehr verzeichnet (siehe Tabelle B). Der letzte verzeichnete t-Wert ist 3,460. Er schneidet 0,05% der Fläche ab, die Wahrscheinlichkeit für unseren größeren Wert ist also noch kleiner. In der Literatur findet sich folgende Schreibweise für die Angabe der Wahrscheinlichkeit eines empirischen t-Werts:

$p < 0{,}0005$.

Schreibweise für die Angabe einer Wahrscheinlichkeit eines t-Werts

Zunehmend werden in der Literatur auch die exakten p-Werte berichtet, was mit der einfachen Berechnung per Computer zusammenhängt.

3.1.5 Exkurs: Das Konzept der Freiheitsgrade

Die Genauigkeit, mit der Stichprobenwerte Populationsparameter schätzen, ist von der Anzahl ihrer Freiheitsgrade abhängig. Dadurch beeinflussen die Freiheitsgrade auch die Form solcher Verteilungen, in deren Berechnung geschätzte Größen eingehen. Freiheitsgrade werden in den Sozialwissenschaften immer wieder gebraucht, da die verwendete Statistik hauptsächlich mit Populationsschätzern arbeitet. Der genaue mathematische Einfluss der Freiheitsgrade hat an dieser Stelle keine große Bedeutung und wird deshalb nicht genau erklärt. Wichtig ist vielmehr ein Verständnis des dahinter stehenden Konzepts.

Die Freiheitsgrabe geben an, wie viele Werte frei variieren können.

Die Anzahl der Freiheitsgrade gibt an, wie viele Werte in einer Berechnungsformel frei variieren dürfen, damit es zu genau einem bestimmten Ergebnis kommt. So erlaubt eine Summe mit n Summanden die freie Wahl von n - 1 Summanden, d.h. nur ein Summand ist aufgrund des Ergebnisses festgelegt. Beispiel: In der Gleichung $x_1 + x_2 + x_3 = 15$ können für x_1 und x_2 beliebige Zahlen eingesetzt werden, (z. B. 10 und 2), x_3 ist damit allerdings bereits bestimmt: $10 + 2 + x_3 = 15 \Leftrightarrow x_3 = 15 - 12 = 3$. Die Berechnung der Varianz aus Kapitel 1.3.2 erfolgt beispielsweise mit einer einzelnen Summe. Diese Varianz soll aus Stichprobenwerten die Populationsvarianz angeben. Ihre Schätzung ist von den Freiheitsgraden abhängig, deshalb steht in der Formel an der Stelle des n eine n - 1 zur Korrektur im Nenner. Sind in einer Formel Ergebnisse von zwei Summen bereits festgelegt, so ist die Anzahl der Freiheitsgrade des Gesamtergebnisses:

$$df = n_1 - 1 + n_2 - 1 = n_1 + n_2 - 2$$

Auch die Freiheitsgrade einer t-Verteilung folgen diesem Prinzip. In die Formel zur Berechnung des t-Werts geht der geschätzte Standardfehler der Mittelwertsdifferenz mit ein. Sie berechnet sich aus zwei geschätzten Varianzen. Jede einzelne Varianz hat die Freiheitsgradzahl n - 1, insgesamt können also $n_1 - 1 + n_2 - 1 = n_1 + n_2 - 2$ Werte frei variieren. Komplizierter wird es, wenn sehr viele Ergebnisse von Summen bereits feststehen, wie z.B. in der folgenden 2×3 Matrix (Abb. 3.1). Die angegebenen Zahlen sind die Ergebnisse der Summen, die sich spalten- und zeilenweise ergeben sollen.

Tabelle 3.1. Auswertungsmatrix, in der die Summen der Werte bereits festgelegt sind

x_{11}	x_{12}	x_{13}	20
x_{21}	x_{22}	x_{23}	5
10	12	3	25

In diesem Fall können z.B. x_{11} und x_{12} frei gewählt werden, alle anderen x_{ij} sind dann durch die Ergebnisse bereits festgelegt. Eine solche Matrix hat (p - 1) · (q - 1) = 2 Freiheitsgrade. Diese Art von Matrizen ist an dieser Stelle noch nicht von entscheidender Bedeutung. Wir kommen aber bei der Besprechung der Varianzanalyse (Kap. 5 und 6) und der χ^2-Verfahren (Kap. 8) auf sie zurück.

Durch den obigen Abschnitt sollte deutlich geworden sein, dass eine Betrachtung der Stichprobengröße zur Bestimmung ihres Einflusses alleine nicht ausreicht. Auch wenn der Unterschied zwischen Freiheitsgraden und Stichprobengröße im Einzelfall nicht besonders groß ist, können durch die Art der Rechenoperation bei gleichen Stichprobengrößen unterschiedliche Freiheitsgradzahlen entstehen.

3.1.6 Bewertung des t-Werts

„Ein t-Wert schneidet einen gewissen Prozentsatz der Fläche einer t-Verteilung ab." Wie ist eine solche Aussage beim Nullhypothesensignifikanztest zu bewerten? Die Nullhypothese nimmt an, dass der gefundene Unterschied der Mittelwerte zufällig zustande gekommen ist und die Stichproben aus zwei Populationen mit identischem Mittelwert stammen. Unter dieser Annahme errechnet der t-Test eine Wahrscheinlichkeit für das Auftreten der gefundenen oder einer größeren Differenz, die z.B. $p < 0{,}03$ beträgt. Welche Schlussfolgerungen ergeben sich aus diesem Ergebnis?

Die Wahrscheinlichkeit eines t-Werts gibt darüber Auskunft, ob die zu Grunde gelegte Nullhypothese eher richtig ist oder nicht.

Der errechnete Wert von 3% bedeutet, dass die Wahrscheinlichkeit für das Finden einer solchen oder einer größeren Differenz beim Ziehen von Stichproben aus einer identischen Population sehr gering ist. Natürlich ist diese Differenz möglich, sie ist aber sehr unwahrscheinlich. Wenn die Differenz unter Annahme der Nullhypothese sehr unwahrscheinlich ist, so trifft möglicherweise die Annahme selbst gar nicht zu.

Wenn die Annahme der Nullhypothese falsch ist und der Unterschied nicht auf Zufall beruht, dann muss die gefundene Mittelwertsdifferenz auf einem systematischen Unterschied zwischen den beiden Gruppen beruhen. Die Stichproben stammen dann nicht aus Populationen mit identischen, sondern mit verschiedenen Mittelwerten.

Ist die Wahrscheinlichkeit eines t-Werts sehr klein, so wird die Nullhypothese abgelehnt.

Der t-Wert erlaubt mit Hilfe der ihm zugeordneten Wahrscheinlichkeit eine Entscheidung darüber, ob die Annahme der Nullhypothese eher falsch ist. Ergibt der Nullhypothesensignifikanztest eine sehr geringe Wahrscheinlichkeit, so ist eine Ablehnung der Nullhypothese möglich: Der gefundene Unterschied zwischen zwei Gruppen beruht nicht auf Zufall, sondern es existiert ein systematischer Effekt. Das bedeutet, die beiden betrachteten Stichproben bzw. Gruppen stammen nicht aus identischen, sondern aus verschiedenen Populationen. Die zu Grunde liegenden Populationen haben also nicht den gleichen, sondern verschiedene Mittelwerte. Diese Entscheidung ist allerdings nie 100%ig sicher, denn jede empirische Mittelwertsdifferenz ist prinzipiell auch unter der Nullhypothese möglich.

Die Entscheidungen mit Hilfe eines t-Tests sind nie 100%ig sicher.

Anmerkung: Das bisherige Konzept gestattet nur zu prüfen, ob die Nullhypothese eher falsch und ihre Ablehnung gerechtfertigt ist. Für eine empirische Bestätigung der Nullhypothese ist das Heranziehen der Teststärke notwendig (Kap. 3.4.1).

In dem Vergleich der Gruppen "bildhaft"-"strukturell" ergibt sich unter Annahme der Nullhypothese eine sehr geringe Wahrscheinlichkeit für das Auftreten der Differenz von 3,8. Der Unterschied in der Anzahl der erinnerten Wörter ist also vermutlich nicht zufällig entstanden, sondern es liegt ein systematischer Effekt vor. Dieses Ergebnis spricht für die Hypothese, dass bildhaftes Material besser erinnert wird (siehe Einführung).

3.1.7 Entwicklung eines Entscheidungskriteriums

Ist eine ermittelte Wahrscheinlichkeit von 3% groß oder klein? Die gefundene Differenz ist trotz einer geringen Wahrscheinlichkeit möglich, die Nullhypothese kann weiterhin zutreffen. Das Ablehnen der Nullhypothese könnte deshalb ein Fehler sein. Dieser Fehler heißt α-Fehler oder auch Fehler 1. Art. Der α-Fehler beschreibt den folgenden Fall: die Nullhypothese wird abgelehnt, obwohl sie in Wirklichkeit gilt. Die empirische α-Fehler-Wahrscheinlichkeit entspricht der Auftretenswahrscheinlichkeit des errechneten t-Werts unter der Nullhypothese.

Die Wahrscheinlichkeit, die Nullhypothese abzulehnen, obwohl sie in Wirklichkeit gilt, heißt α-Fehler oder Fehler 1. Art.

Die entscheidende Frage für das Finden eines Entscheidungskriteriums lautet also: Welche Wahrscheinlichkeit einer Fehlentscheidung ist bei Ablehnung der Nullhypothese tolerierbar? Zur Beantwortung dieser Frage ist die Festlegung einer kritischen

α-Fehler-Wahrscheinlichkeit erforderlich, die eine Grenze für die Ablehnung der Nullhypothese bildet. Eine solche Entscheidungsgrenze heißt Signifikanzniveau oder auch α-Fehler Niveau. Ist die errechnete Auftretenswahrscheinlichkeit der Mittelwertsdifferenz kleiner als das Signifikanzniveau, so erfolgt die Ablehnung der Nullhypothese. Das Ergebnis wird als signifikant bezeichnet.

Ein t-Wert ist signifikant, wenn seine Wahrscheinlichkeit kleiner als das gewählte Signifikanzniveau α ist.

Die Festlegung eines Signifikanzniveaus erlaubt bei Beachtung der Freiheitsgrade die Bestimmung eines kritischen t-Werts. Mit dessen Hilfe ist es möglich, den empirischen t-Wert direkt zu bewerten: Ist der empirische t-Wert größer als der kritische t-Wert, so wird die Nullhypothese verworfen und stattdessen angenommen, dass es einen systematischen Unterschied zwischen den untersuchten Gruppen gibt.

Ein t-Wert kann für die Signifikanzprüfung auch mit einem kritischen t-Wert t_{krit} verglichen werden.

Es besteht auch die Möglichkeit, dass ein Forscher sich gerade für eine negative Differenz zwischen den beiden betrachteten Gruppenmittelwerten interessiert bzw. die Differenz so gebildet hat, dass eine negative Differenz resultiert, wenn seine Hypothese zutrifft. In diesem Fall liegt auch der kritische t-Wert im negativen Bereich. Der empirische t-Wert muss hier noch negativer, also kleiner als der kritische t-Wert sein. Eine Möglichkeit dieses Problem zu umgehen besteht darin, die absoluten Beträge der t-Werte zu betrachten. Davor jedoch muss sichergestellt werden, dass die Gruppen sich in der erwarteten Richtung unterscheiden. Der empirische t-Wert hat in diesem Fall dasselbe Vorzeichen wie der kritische t-Wert. Trifft dies zu, so ist ein empirisches Ergebnis immer dann statistisch signifikant, wenn der Betrag des empirischen t-Werts größer ist als der Betrag des kritischen t-Werts.

Ein t-Test ist signifikant, wenn die empirische Differenz in der erwarteten Richtung liegt und der Betrag des empirischen t-Werts größer ist als der des kritischen.

Die Wahl der Entscheidungsgrenze ist rein willkürlich und wird nur durch inhaltliche Überlegungen beeinflusst. Je nach Fragestellung kann es sinnvoll sein, ein relativ hohes (liberales) oder aber ein sehr strenges (konservatives) Signifikanzniveau zu wählen. Um diese Entscheidung kompetent treffen zu können, ist eine genaue Kenntnis der Materie und des betreffenden Forschungsstandes notwendig. Das Signifikanzniveau muss vor der Durchführung einer Untersuchung festgelegt und begründet werden, um das Ergebnis ehrlich beurteilen zu können. Per Konvention liegt es meistens bei $\alpha = 0{,}05$, einige Untersuchungen verwenden 1% oder 10%. Ein auf dem 5%-Niveau signifikantes Ergebnis wird in der Literatur und in SPSS in der Regel

Die Entscheidung für die Höhe des Signifikanzniveaus ist von der inhaltlichen Fragestellung abhängig.

In den meisten Fällen liegt das Signifikanzniveau bei $\alpha = 0{,}05$.

Abb. 3.10. Populationen mit unbekanntem Mittelwert

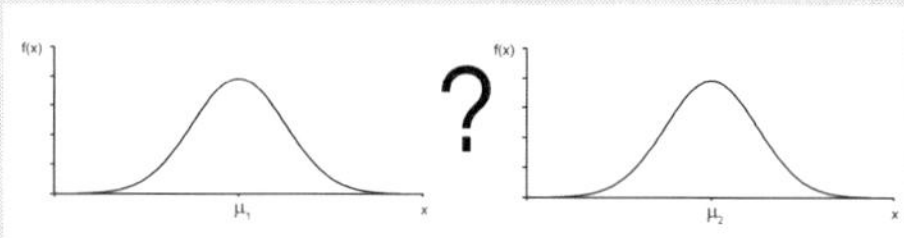

Abb. 3.11 . Theoretische Annahme: Die beiden Populationsmittelwerte sind gleich.

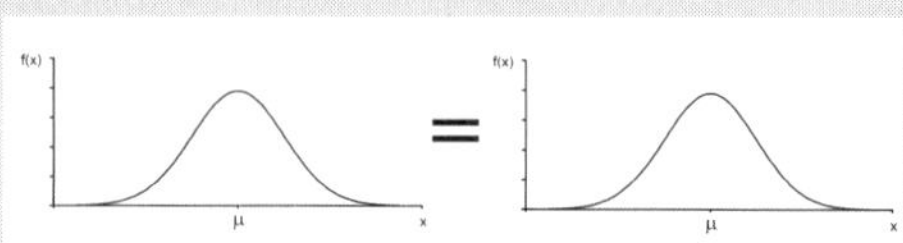

Abb. 3.12. Konstruktion einer Stichprobenkennwerteverteilung von Mittelwertsdifferenzen unter der Nullhypothese

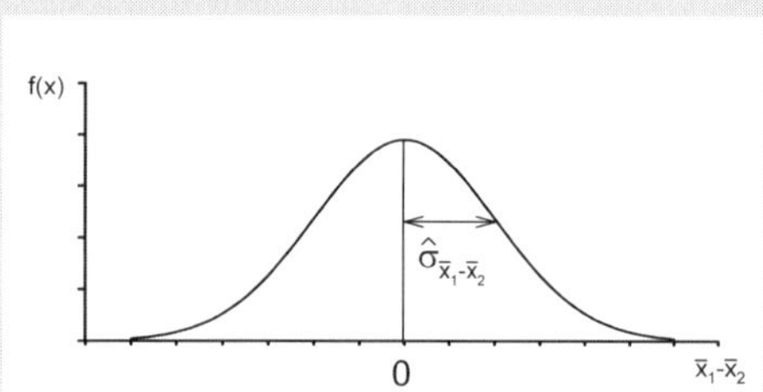

Abb. 3.13. Standardisierung zur t-Verteilung

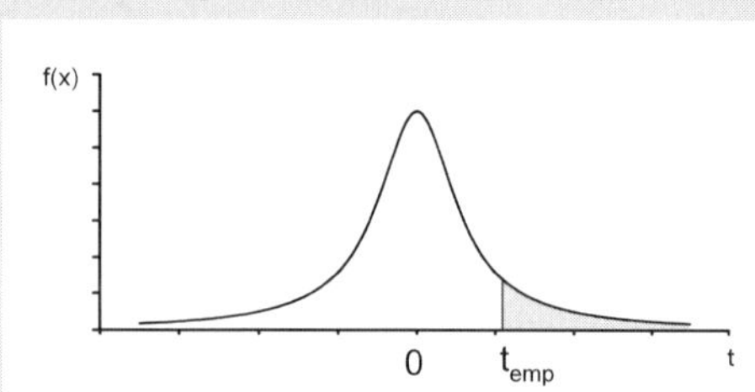

mit einem Sternchen (*) gekennzeichnet, ein auf dem 1%-Niveau signifikantes Ergebnis mit zwei Sternchen (**). In der Literatur findet sich auch die Bezeichnung „marginal" signifikant bei einem auf dem 10%-Niveau signifikanten Ergebnis (Zeichen: †).

3.1.8 Population und Stichprobe beim t-Test

Die Unterscheidung zwischen Population und Stichprobe ist ein zentrales Konzept bei allen inferenzstatistischen Verfahren wie z. B. dem t-Test. Alle diese Verfahren haben das Ziel, mit Hilfe von Stichprobenwerten möglichst genaue Aussagen über Populationsparameter zu treffen. Der t-Test versucht, anhand einer empirischen Mittelwertsdifferenz zweier Stichproben auf die Größe der Differenz zwischen zwei Populationsmittelwerten zu schließen. Diese beiden Differenzen sind nicht identisch und dürfen nicht verwechselt werden. Die Differenz der Populationsmittelwerte ist unbekannt (Abb. 3.10). Um dennoch eine Aussage über sie machen zu können, ist es notwendig, eine theoretische Annahme über sie zu treffen. Diese Annahme wird mit dem empirischen Ergebnis, das als konkrete Zahl vorliegt, verglichen. Dann wird überprüft, ob die getroffene Annahme mit einer bestimmten Wahrscheinlichkeit wahr oder falsch ist.

Die theoretische Annahme ist bei dem hier behandelten t-Test die Nullhypothese: Die Populationsmittelwerte sind gleich (Abb. 3.11). Diese Annahme ermöglicht die theoretische Konstruktion einer Stichprobenkennwerteverteilung unter der Nullhypothese (Abb. 3.12). Diese Verteilung zeigt die Häufigkeit der möglichen Mittelwertsdifferenzen zweier Stichproben, wenn diese aus zwei Populationen mit identischem Mittelwert stammen würden (vgl. Kap. 3.1.2).

Es folgt die Bestimmung der Wahrscheinlichkeit der empirischen Mittelwertsdifferenz unter der Nullhypothese. Für diesen Schritt ist eine Standardisierung der Stichprobenkennwerteverteilung an ihrer eigenen Streuung (dem geschätzten Standardfehler der Mittelwertsdifferenz) erforderlich, da es je nach Größe der Streuung unendlich viele Stichprobenkennwerteverteilungen gibt. Diese Verteilungen unterscheiden sich stark in ihrer Form. Die Standardisierung führt sie alle auf eine bestimmte Verteilung zurück, die t-Verteilung (Abb. 3.13; vgl. z-Werte und Standardnormalverteilung Kap. 2.2). Die Wahrscheinlichkeiten in einer t-Verteilung sind bekannt, hängen nur von den Freiheitsgraden ab und sind in Tabellen verzeichnet (siehe Tabelle B im Anhang).

An dieser Stelle folgt nun der Schluss von der Stichprobe auf die Population: Ist der empirische t-Wert unter der Annahme der Nullhypothese sehr unwahrscheinlich, so ist diese theoretische Annahme über die Populationsmittelwerte wahrscheinlich falsch. Also sind die Populationsmittelwerte wahrscheinlich nicht gleich, sondern verschieden. Weitere Aussagen sind an dieser Stelle noch nicht zulässig. Auch ist weiterhin unbekannt, wie groß die Differenz der Populationsmittelwerte sein könnte. Eine derartige Abschätzung gestatten erst die in Kapitel 3.3 behandelten Effektstärkenmaße.

3.1.9 Voraussetzungen für die Anwendung eines t-Tests

Für den t-Test gibt es drei mathematische Voraussetzungen:

1.) Das untersuchte Merkmal ist intervallskaliert.

2.) Das untersuchte Merkmal ist in der Population normalverteilt.

3.) Die Populationsvarianzen, aus denen die beiden Stichproben stammen, sind gleich (Varianzhomogenität).
Diese Annahme ist bei der Schätzung der Streuung der Strichproben-kennwerteverteilung von Bedeutung (siehe Abschnitt 3.1.2).

Sind diese Voraussetzungen erfüllt, so ist das Verfahren des t-Tests exakt mathematisch ableitbar. Doch Simulationsstudien zeigen, dass der t-Test auch bei einer Verletzung dieser Voraussetzungen noch zuverlässige Informationen liefert. Formal heißt das, der t-Test reagiert robust gegenüber den Verletzungen (vgl. Bortz, 1999, S. 129 und 138). Um dies sicherzustellen ist es wichtig, dass die Stichproben der beiden Gruppen annähernd dieselbe Größe haben und nicht zu klein sind ($n_1 = n_2 > 30$). Erst wenn die Stichproben kleiner oder deutlich unterschiedlich groß sind, ist das Ergebnis eines t-Tests bei Verletzung der Voraussetzungen fehlerhaft. Die Daten müssen in einem solchen Fall mit einem Prüfverfahren ausgewertet werden, das keine bestimmte Verteilung für die Schätzung von Parametern voraussetzt. Solche verteilungsfreien Verfahren werden in Kapitel 7 behandelt. Für den hier dargestellten t-Test für unabhängige Stichproben ist zusätzlich die Unabhängigkeit der Gruppen notwendig (bei abhängigen Stichproben siehe Abschnitt 3.5.1.).

Der t-Test reagiert robust gegenüber Verletzungen der Voraussetzungen, wenn die Gruppen nicht zu klein und gleich groß sind.

Beim t-Test für unabhängige Stichproben müssen die Werte der Gruppen voneinander unabhängig sein.

Abb. 3.14. Verteilungen der Mittelwerte von 200 Stichproben aus einer nicht normalverteilten Population

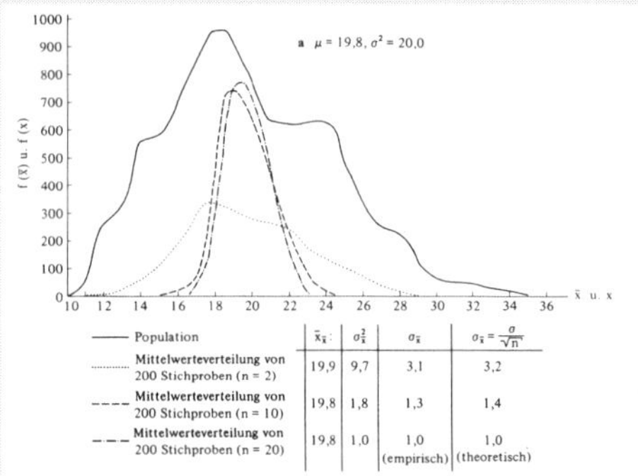

Testen der Voraussetzungen des t-Tests

Das Testen der Voraussetzungen eines t-Tests ist in der Forschungspraxis eher unüblich. Das Belegen der Intervallskalenqualität erweist sich als aufwändig und schwierig (Kap. 1.2). Ein Test auf Normalverteilung (z.B. Kolmogorov-Smirnov-Test) ist bei kleinen Stichproben aufgrund der geringen Power nicht zu empfehlen. Auf eine Verletzung der Normalverteilungsannahme reagiert der t-Test ohnehin äußerst robust, eine ungefähre Symmetrie der Verteilung des Merkmals in der Population reicht aus, um eine annähernd normalverteilte Stichprobenkennwerteverteilung zu erzeugen. Dazu genügen bereits kleine Stichprobengrößen (siehe Abb. 3.14, Abbildung mit freundlicher Genehmigung entnommen aus Bortz, 1999, S. 90). In den meisten Fällen genügt eine grobe, deskriptive Kontrolle auf Normalverteilung. Aus diesen Gründen findet nur der Levene-Test der Varianzgleichheit häufiger Anwendung. Er vergleicht die Größe der Varianzen der zwei Gruppen: Der Levene-Test wird signifikant, wenn eine Varianz überzufällig größer ist. Varianzhomogenität liegt also bei einem nicht signifikanten Ergebnis vor (Zur Problematik der Interpretation nichtsignifikanter Ergebnisse siehe Kap. 3.4.1). Sind die Varianzen signifikant voneinander verschieden, ist eine Freiheitsgradkorrektur erforderlich, die hier nicht näher besprochen wird. SPSS liefert die Ergebnisse des t-Tests einer solchen Korrektur standardmäßig mit.

Zusammenfassung

Der t-Test prüft, ob eine empirische Mittelwertsdifferenz signifikant ist oder vermutlich auf Zufall beruht. Die Entscheidung über die Signifikanz erfordert die Festlegung eines Signifikanzniveaus vor der Durchführung des t-Tests. Jenes kennzeichnet die nach Ansicht des Forschers größte noch akzeptable α-Fehler-Wahrscheinlichkeit. Das Niveau liegt per Konvention meistens bei 5%.

Um einen t-Wert unter der Annahme der Nullhypothese zu berechnen, wird die Mittelwertsdifferenz der beiden Stichproben an dem geschätzten Standardfehler der Mittelwertsdifferenz standardisiert. Die t-Verteilung erlaubt die Zuordnung einer Auftretenswahrscheinlichkeit zu dem empirischen t-Wert unter der Nullhypothese.

Die empirische Mittelwertsdifferenz wird als signifikant bezeichnet, wenn die ermittelte Wahrscheinlichkeit des t-Werts kleiner ist als der angenommene α-Fehler bzw. der empirische t-Wert im Betrag größer ist als der Betrag des kritischen t-Werts). In diesem Fall ist die Wahrscheinlichkeit des empirischen t-Werts unter der Nullhypothese klein genug, die Nullhypothese wird abgelehnt.

3.2 Die Alternativhypothese

Die Alternativhypothese ist das Gegenstück zur Nullhypothese. Sie nimmt an, dass ein systematischer Unterschied zwischen den beiden zu vergleichenden Gruppen besteht. Anders gesagt geht sie davon aus, dass die Populationen, aus denen die Stichproben gezogen werden, einen unterschiedlichen Populationsmittelwert haben. In ihrer allgemeinen Form umfasst sie alle möglichen Hypothesen, die nicht der Nullhypothese entsprechen. Diese Annahme wird formal wie folgt ausgedrückt:

Die Alternativhypothese (H_1) nimmt an, dass sich die untersuchten Gruppen systematisch unterscheiden.

$H_1 : \neg H_0$ (d.h., H_1 ist alles das, was H_0 nicht ist.)

allgemeine Definition der Alternativhypothese (H_1)

Welche Ereignisse jeweils der Nullhypothese und welche der Alternativhypothese zugeordnet werden, hängt davon ab, ob die Alternativhypothese gerichtet oder ungerichtet formuliert wird. Diese Entscheidung resultiert allein aus inhaltlichen Überlegungen. Ein signifikantes Ergebnis in einem t-Test erlaubt unabhängig davon immer die Ablehnung der Nullhypothese. Ob gleichzeitig die Alternativhypothese angenommen werden darf, hängt ab von mehreren Faktoren, z.B. ihrer Richtung und der Teststärke (siehe Kap. 3.4.1).

3.2.1 Ungerichtete Hypothesen

Eine ungerichtete Alternativhypothese nimmt an, dass die Differenz der Populationsmittelwerte nicht gleich Null ist. Die Differenz kann also sowohl kleiner als auch größer Null sein. Man spricht von einer zweiseitigen Fragestellung. Die Nullhypothese beschränkt sich hier nur auf den Fall, in dem die Differenz genau Null ist. Die korrekte Schreibweise dieses Hypothesenpaares lautet:

Ungerichtete Alternativhypothesen ergeben sich bei zweiseitigen Fragestellungen.

H_0: $\mu_1 - \mu_2 = 0$

H_1: $\mu_1 - \mu_2 \neq 0$

Hypothesenpaar einer zweiseitigen Fragestellung

Anders als der t-Test können viele häufig angewendete Auswertungsverfahren ausschließlich ungerichtete Alternativhypothesen testen. Dies trifft auf die Varianzanalyse (Kap. 5 und 6) oder bis auf einen Spezialfall auf den χ^2-Test zu (Kap. 8). Das Auswertungsprogramm SPSS testet auch bei der Anwendung des t-Tests immer zweiseitig.

Abb. 3.15. Zweiseitige Fragestellung

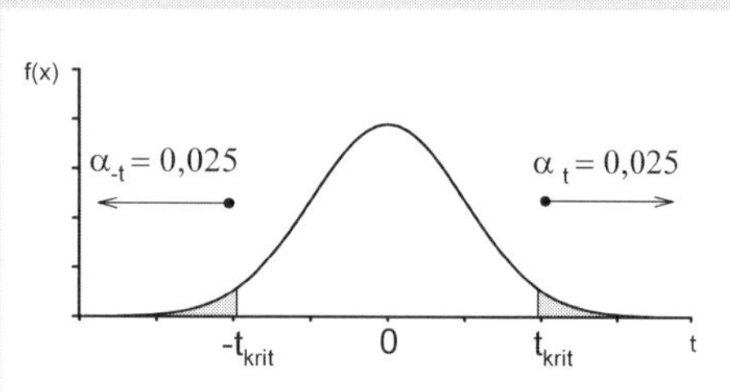

Das Signifikanzniveau liegt bei ungerichteten Fragestellungen ebenfalls meistens bei 5%. Allerdings verändert die Verwendung von ungerichteten Fragestellungen die Bestimmung der Signifikanz eines empirischen t-Werts: Bei zweiseitigen Fragestellungen sprechen signifikante positive sowie negative t-Werte für die Alternativhypothese. Es ist darum nötig, auf jeder Seite der t-Verteilung eine Entscheidungsgrenze festzulegen. Damit insgesamt das gewünschte α-Niveau von 5% erreicht wird, darf der t_{krit} auf jeder Seite nur 2,5% der Fläche abschneiden. Gemeinsam stellen diese Flächen den gesamten Ablehnungsbereich der Nullhypothese dar.

Die Signifikanz eines empirischen t-Werts bei einer ungerichteten Fragestellung lässt sich wie folgt mit Hilfe der t-Tabelle (Tabelle B) bestimmen: Bei einem Signifikanzniveau von 5% muss die Auftretenswahrscheinlichkeit des empirischen t-Werts kleiner als 2,5% sein. t_{emp} liegt dann in einem der grauen Ablehnungsbereiche der Abbildung 3.15, das Ergebnis ist signifikant. Die zwei kritischen t-Werte schneiden jeweils 2,5% nach rechts bzw. links ab. Sie sind auf Grund der Symmetrie der Verteilung vom Betrag her gleich und unterscheiden sich nur durch ihr Vorzeichen. Ist der Betrag des empirischen t-Werts größer als der des kritischen t-Werts, so ist das Ergebnis signifikant.

SPSS bietet eine andere Möglichkeit an. Die Angabe der Auftretenswahrscheinlichkeit eines t-Werts bezieht sich automatisch auf eine zweiseitige Hypothese. Bei einem positiven empirischen t-Wert wird also nicht nur die Fläche berechnet, die dieser Wert nach rechts abschneidet, sondern gleichzeitig auch der Bereich, den derselbe negative t-Wert nach links abtrennt. Das bedeutet, dass der von SPSS ausgegebene zweiseitige p-Wert immer doppelt so groß ist wie der in der t-Tabelle verzeichnete einseitige: $p_{zweiseitig} = 2 \cdot p_{einseitig}$
Ein empirischer t-Wert ist bei einer ungerichteten zweiseitigen Hypothese signifikant, wenn die von SPSS angegebene Auftretenswahrscheinlichkeit kleiner als 5% ist.

3.2.2 Gerichtete Hypothesen

Aufgrund inhaltlicher Überlegungen kann in den meisten Untersuchungen bereits die erwartete Richtung der Mittelwertsdifferenz genau spezifiziert werden. Es liegt dann eine einseitige

Fragestellung vor. In einem solchen Fall umfasst die Alternativhypothese alle Differenzen in der vorhergesagten Richtung. Ist die vorhergesagte Differenz positiv, so nimmt die Nullhypothese an, dass die Differenz Null oder kleiner Null ist. In der mathematischen Schreibweise sieht das so aus:

Hypothesenpaar einer gerichteten Fragestellung

$$H_0: \mu_1 - \mu_2 \leq 0$$

$$H_1: \mu_1 - \mu_2 > 0$$

Ein signifikantes Ergebnis bei einer gerichteten Fragestellung spricht also nur dann für eine Annahme der Alternativhypothese, wenn die Mittelwertsdifferenz in der vorhergesagten Richtung auftritt.

Die aufgestellte Hypothese für den Vergleich der Gruppen "bildhaft"-"strukturell" ist eine gerichtete Alternativhypothese. Da die Versuchspersonen in der Bedingung „bildhaft" mehr Wörter erinnerten als in der Bedingung „strukturell" und die ermittelte Mittelwertsdifferenz signifikant ist, bestätigt das Ergebnis die Vorhersage.

Abb. 3.16. Einseitige Fragestellung

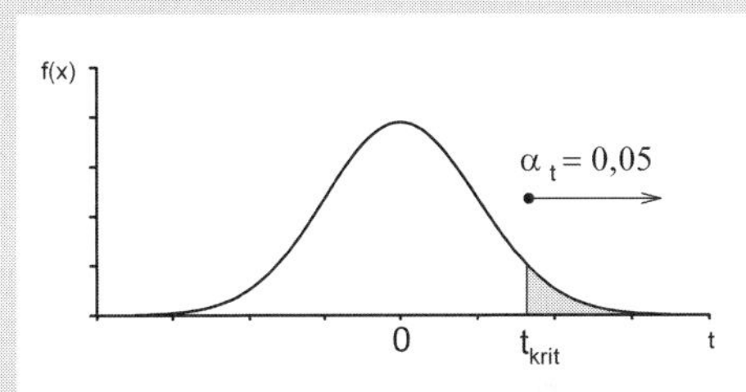

Die Bestimmung der Signifikanz bei einseitigen Fragestellungen (Abb. 3.16) mit Hilfe der t-Tabelle ist im Anhang bei den Tabellen beschrieben. Beim Arbeiten mit SPSS muss die angegebene zweiseitige Auftretenswahrscheinlichkeit für gerichtete Fragestellungen halbiert werden. Ist die halbierte Wahrscheinlichkeit kleiner als z.B. 5%, so ist das Ergebnis bei einer einseitigen Hypothese signifikant. Dies ist nur beim t-Test und wenigen weiteren Spezialfällen möglich.

3.2.3 Vergleich von ein- und zweiseitigen Fragestellungen

Abb. 3.17. Vergleich der Ablehnungsbereiche der Nullhypothese bei ein- und zweiseitiger Fragestellung

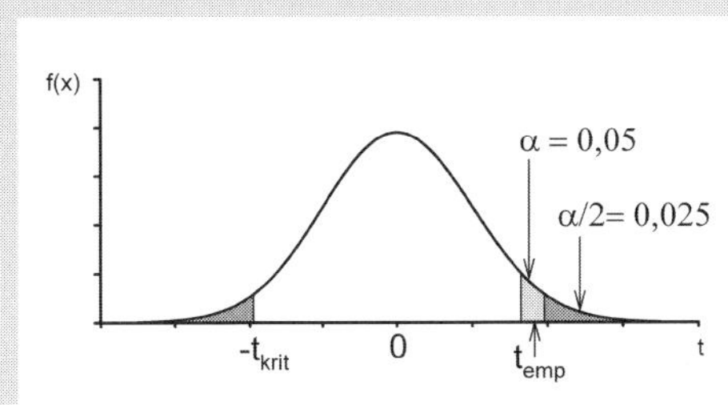

Welche Folgen hat die Wahl einer einseitigen oder zweiseitigen Fragestellung für die Signifikanz eines empirischen Ergebnisses? Die gleiche empirische Mittelwertsdifferenz wird bei einseitigen Hypothesen leichter signifikant, da bei einer gerichteten Hypothese der Betrag des kritischen t-Werts kleiner ist bzw. der empirische t-Wert eine Auftretenswahrscheinlichkeit von $p_{\text{einseitig}} < \alpha$ haben darf (siehe Abb. 3.17). Bei ungerichteten Hypothesen wird ein t-Wert erst signifikant, wenn gilt:

$$p_{\text{einseitig}} < \frac{\alpha}{2} \qquad \text{bzw.} \qquad p_{\text{zweiseitig}} = 2 \cdot p_{\text{einseitig}} < \alpha$$

Die Aufstellung gerichteter Hypothesen sollte also nur vorgenommen werden, sofern eine zugrunde liegende begründete und anerkannte Theorie es zulässt. Die ist allerdings bei genauerer Betrachtung der Theorien nur selten gegeben. Häufig existieren Theorien für beide Richtungen der Mittelwertsdifferenz. In den meisten Fällen sollte fairerweise zweiseitig getestet werden.

Die allgemeine Vorhersage eines Unterschieds in der mittleren Laufgeschwindigkeit zweier Sportlergruppen entspricht einer zweiseitigen Fragestellung. Für $n_1 = n_2 = 8$ und $\alpha = 0{,}05$ ergeben sich zwei kritische t-Werte: $t_{krit1(df=14)} = 2{,}145$ und $t_{krit2(df=14)} = -2{,}145$. Das Ergebnis $t_{(df=14)} = 1{,}9$ ist nicht signifikant: $p_{einseitig} > 0{,}025$ und damit $p_{zweiseitig} > 0{,}05$.

Ist die bessere Leistung der einen Gruppe bereits vorher bekannt oder wird sie auf der Basis einer Theorie vorhergesagt, so kann die Alternativhypothese auf die Differenzen in der erwarteten Richtung eingeschränkt werden. Bei gleichen Bedingungen ergibt sich:
$t_{krit(df=14)}=1{,}761$, $t_{emp(df=14)}=1{,}9$ ist signifikant, $p_{einseitig} < 0{,}05$.

3.2.4 Der systematische Effekt

Der systematische Effekt beschreibt den Unterschied zwischen den Populationen der untersuchten Stichproben.

Die Alternativhypothese trifft die Annahme, dass die Stichproben aus Populationen mit verschiedenen Mittelwerten gezogen werden. Sie geht von einer Differenz der Populationsmittelwerte aus. Anders ausgedrückt: Sie nimmt einen systematischen Effekt zwischen den Populationen an. Erlaubt die empirisch gefundene Mittelwertsdifferenz eine Aussage über die Größe des Effekts? Ja, denn Stichprobenkennwerte sind die besten Schätzer für Populationswerte, welche meist nicht bekannt sind. Die empirische Mittelwertsdifferenz entspricht somit einem geschätzten, unstandardisierten Effekt.

Der Vergleich der Verarbeitungsgruppen ergab eine signifikante Mittelwertsdifferenz von 3,8. Der geschätzte Populationseffekt ist daher ebenfalls 3,8. Unter gleichen experimentellen Bedingungen erinnern also Gruppen, die bildhaftes Material bearbeiten, schätzungsweise ca. 4 Wörter mehr als Gruppen der strukturellen Verarbeitungsbedingung. Diese generelle Differenz ist eine Schätzung für die Größe des systematischen Effekts. Kapitel 3.3 führt ein in die Thematik standardisierter Effektgrößen.

3.2.5 Die nonzentrale Verteilung

Die Annahme eines Effekts erlaubt die Konstruktion einer Stichprobenkennwerteverteilung für die Alternativhypothese. Diese Verteilung heißt nonzentrale Verteilung. Die Konstruktion erfolgt genauso wie die der zentralen Verteilung für die Nullhypothese, nur entstammen die beiden gezogenen Stichproben jetzt unterschiedlichen Populationen. Da die Alternativhypothese allgemein alle Möglichkeiten umfasst, die nicht der Nullhypothese entsprechen, existieren theoretisch unendlich viele nonzentrale Verteilungen: alle die, deren Mittelwerte nicht Null betragen (deshalb nonzentrale Verteilungen). Die Festlegung eines Populationseffekts spezifiziert die Alternativhypothese und greift eine bestimmte nonzentrale Verteilung heraus. Diese liegt soweit von Null entfernt, wie es der Effekt angibt. Auch die nonzentrale Verteilung kann einer empirisch gefundenen Mittelwertsdifferenz eine Auftretenswahrscheinlichkeit zuordnen, in diesem Fall also unter der Annahme eines Effekts einer bestimmten Größe.

Abb. 3.18. Die zentrale und die nonzentrale Verteilung

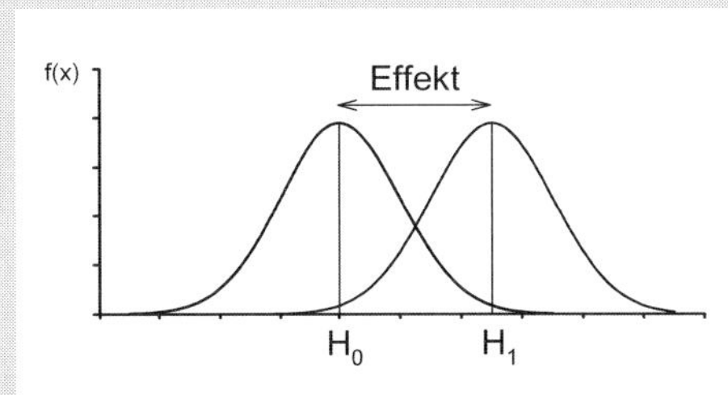

Im Gegensatz zur Verteilung unter der Nullhypothese ist die nonzentrale Verteilung meist nicht symmetrisch. Der Anschaulichkeit halber ist die nonzentrale Verteilung in den Abbildungen dieses Buches trotzdem symmetrisch gezeichnet (z.B. Abb. 3.18). Die Form bzw. die Schiefe der Stichprobenkennwerteverteilung unter der Alternativhypothese ist über den so genannten Nonzentralitätsparameter λ genau bestimmbar. Dieser errechnet sich zu:

$$\lambda = \Phi^2 \cdot n_{obs}$$

n_{obs} (observed) ist die Anzahl aller Versuchspersonen also n_1+n_2; Φ^2 ist ein Effektstärkenmaß (siehe folgendes Unterkapitel 3.3).

Der Nonzentralitätsparameter λ bestimmt die Form der nonzentralen Verteilung.

Diese Formel ist bei der Konstruktion eines t-Tests (Kap. 3.6) von entscheidender Bedeutung.

3.3 Effektgrößen

Generell unterscheiden wir Effekte auf zwei Ebenen: Empirische Effekte, die das Ergebnis einer Untersuchung beschreiben, und Populationseffekte, die entweder angenommen oder aus den empirischen Daten geschätzt werden müssen. Die Größe eines empirischen Effekts ist für die inhaltliche Bewertung eines signifikanten Ergebnisses wichtig, da durch eine Erhöhung des Stichprobenumfangs theoretisch jeder noch so kleine Effekt signifikant gemacht werden kann, aber inhaltlich möglicherweise völlig unbedeutend ist. Das Annahme und Schätzung von Populationseffekten ist für die Planung eines t-Tests erforderlich (Kap. 3.4.3).

Das Maß für einen Effekt sollte standardisiert sein, um die Effekte verschiedener Untersuchungen miteinander vergleichen zu können. Nur durch den Vergleich können in der praktischen Forschung Ergebnisse vernünftig interpretiert oder Theorien und Erklärungen weiterentwickelt und bestätigt werden. Es gibt zwei Möglichkeiten einen Effekt mathematisch auszudrücken: als Distanz zwischen den Populationsmittelwerten oder als Varianzquotient. Die Erklärung des Effekts als Varianzquotient erfordert einen Vorgriff auf varianzanalytische Überlegungen (Kap. 5).

3.3.1 Effekt als Distanz zwischen Populationsmittelwerten

Das Effektstärkenmaß δ ist die standardisierte Distanz zwischen zwei Mittelwerten.

Das vorherige Unterkapitel beschreibt den Effekt als eine absolute Größe: Der Effekt ist die Anzahl der erinnerten Adjektive, mit der sich die Mittelwerte der beiden Gruppen voneinander unterscheiden. Ein solches Maß erlaubt keinen Vergleich von Untersuchungen, weil sich aufgrund unterschiedlicher Versuchsbedingungen die Populationsstreuungen in den Untersuchungen unterscheiden können. Der absolute Effekt wird deshalb an der Streuung der Populationsverteilungen innerhalb einer Stichprobe bzw. Bedingung standardisiert. Dabei wird angenommen, dass die Populationsstreuungen der zwei Populationen aus denen die Stichproben stammen, theoretisch gleich groß sind (Varianzhomogenität) Die standardisierte Distanz kennzeichnet der Buchstabe δ (Delta):

δ ist wie ein Standardabweichungsmaß zu interpretieren.

$$\delta = \frac{\mu_1 - \mu_2}{\sigma_x}$$

$\mu_1; \mu_2$: Mittelwerte der Populationen, aus denen die Stichproben gezogen werden

σ_x : Streuung der Population innerhalb einer Bedingung

Die Formel für δ erinnert stark an die Definition des t-Werts (Kap. 3.1.3). Allerdings erfolgt die Standardisierung beim t-Wert am Standardfehler der Mittelwertsdifferenz und nicht an der Populationsstreuung.

Der empirische Effekt d ergibt sich durch Einsetzen der Werte aus der Untersuchung. Dabei wird das Mittel der beiden Stichprobenstreuungen als bester Schätzer der Populationsstreuung verwendet:

$$d = \frac{\bar{x}_1 - \bar{x}_2}{\hat{\sigma}_x} = \frac{\bar{x}_1 - \bar{x}_2}{\left(\frac{\hat{\sigma}_{x_1} + \hat{\sigma}_{x_2}}{2}\right)}$$

$\bar{x}_1, \bar{x}_2$	:	empirische Mittelwerte der Stichproben
$\hat{\sigma}_x$	:	aus den Daten geschätzte Populationsstreuung
$\hat{\sigma}_{x_1}$	:	geschätzte Streuung der Stichprobe 1
$\hat{\sigma}_{x_2}$	:	geschätzte Streuung der Stichprobe 2

δ bzw. d ist wie ein Maß für eine Standardabweichung zu interpretieren und wird in dem Programm GPower für die Teststärkenanalyse beim t-Test verwendet. Trotzdem benutzen nur wenige Forscher δ als Effektstärkenmaß, da es theoretisch jeden beliebigen Wert annehmen kann. Ein prozentuales Maß für den Effekt wäre weitaus besser zu interpretieren. Ein weiterer Grund für die relativ seltene Verwendung liegt darin, dass d ausschließlich einen Vergleich zwischen zwei Gruppen gestattet. Die im Folgenden vorgestellten Effektgrößenmaße können auch kompliziertere Situationen beschreiben und sind in der Literatur weiter verbreitet.

δ kann beliebige Werte annehmen und ist kein prozentuales Maß für den Effekt.

Anmerkung: Das Symbol δ steht ebenfalls für einen Nonzentralitätsparameter beim t-Test. Im Programm GPower wird dieser angegeben, hat aber mit dem hier besprochenen Populationseffekt δ nichts zu tun.

Link zum Download von GPower und Erläuterungen unter:

http://eeglab.uni-trier.de/teaching/statistikbuch.php

Die Beurteilung, ob ein Effekt eher als groß oder klein zu bewerten ist, unterliegt den inhaltlichen Überlegungen des Forschers. Diese sind stark abhängig von der untersuchten Thematik. Eine Möglichkeit besteht darin, sich an empirischen Effektgrößen bereits durchgeführter Studien in diesem Bereich zu orientieren. In der Forschergemeinde haben sich bestimmte Konventionen für die Größe von Effekten eingebürgert, die von Cohen (1988) publiziert wurden. Die Orientierung an generellen Konventionen, die unabhängig von bestimmten Forschungsbereichen gelten sollen, ist problematisch, denn sie lassen die Unterschiedlichkeit wissenschaftlicher Fragestellungen außer Acht. Trotzdem können sie in bestimmten Situationen, etwa bei explorativen Studien, Anhaltspunkte für die Bewertung der

Daten liefern. Die Frage, ob ein Effekt auch inhaltlich von Bedeutung ist, beantworten sie nicht. Diese Überlegungen gehen über die Fragen der Signifikanz und der statistischen Effektgröße hinaus.

Die Konventionen für die Effektgröße d nach Cohen (1988) lauten:

kleiner Effekt: $d = 0{,}20$

mittlerer Effekt: $d = 0{,}50$

großer Effekt: $d = 0{,}80$

Beispiel: Der empirische Effekt beträgt in der Untersuchung zur Erinnerungsleistung ($\bar{x}_1 = 11$; $\bar{x}_2 = 7{,}2$; $\hat{\sigma}_x = 3{,}651$):

$$d = \frac{11 - 7{,}2}{3{,}651} = 1{,}04$$

Es handelt sich also um einen großen Effekt im Sinne der Konventionen von Cohen (1988). Angenommen, ein Forscher an einer anderen Universität hätte bereits ein ähnliches Erinnerungsexperiment durchgeführt. Er ließ aber 120 an Stelle von 60 Wörtern erinnern und erhielt folgende Ergebnisse:

$$\bar{x}_1 = 30 \; ; \; \bar{x}_2 = 22 \; ; \; \hat{\sigma}_x = 8{,}6$$

Der absolute Effekt von 30 – 22 = 8 erscheint größer als 3,8 in der oberen Untersuchung. Nach der Standardisierung ergibt sich $d = 0{,}93$.

Die Effektgröße d hat Verteilungseigenschaften.

In beiden Untersuchungen handelt es sich um große Effekte. Allerdings wurde in der ersten Untersuchung sogar ein tendenziell größerer Effekt der Verarbeitungsbedingung gefunden, die Mittelwerte liegen mehr als eine Streuungseinheit auseinander. Die Streuungseinheit bezieht sich auf die Streuung der den Stichproben zu Grunde liegenden Populationen. Allerdings ist eine Umrechung in Prozent nicht möglich. Trotzdem bietet das standardisierte Effektmaß δ den großen Vorteil, dass empirische Effekte von unterschiedlichen Untersuchungen miteinander verglichen und bewertet werden können. Des Weiteren lässt sich für die Effektgröße d eine Verteilung konstruieren. Eine solche Stichprobenkennwerteverteilung erlaubt die Bestimmung der Genauigkeit der Schätzung des Populationseffekts δ durch den Stichprobenwert d. Dieses Maß heißt der Standardfehler von d. Innerhalb von $\pm$ 2 Standardfehlern von d liegen ca. 95% aller möglichen Populationseffektgrößen. Dieser Bereich heißt auch Vertrauensintervall bzw. Konfidenzintervall der Effektgröße d. Die exakte Berechnung eines 95% oder 99% Konfidenzintervalls ist in Kapitel 2.3 beschrieben.

3.3.2 Effektgrößen als Varianzquotient

Eine anschauliche inhaltliche Interpretation von Effekten benötigt ein prozentuales Maß. Um zu einem solchen Maß zu kommen, arbeitet dieser Abschnitt mit einem neuen Konzept, das ein grundlegendes Prinzip für sehr viele statistische Auswertungsmethoden darstellt: dem Vergleich von Varianzen. Mit Hilfe dieses Prinzips ist die Entwicklung zweier Effektstärkenmaße möglich, die auch in komplexeren Verfahren anwendbar sind, die mehr als zwei Mittelwerte miteinander vergleichen.

Das Prinzip des Varianzvergleichs betrachtet nicht mehr die Distanz oder den Abstand der Populationsmittelwerte voneinander, sondern bezieht sich auf den Abstand der Populationsmittelwerte von ihrem Mittelwert, dem so genannten Gesamtmittelwert. Dies entspricht der Varianzdefinition (Kap. 1.3.2). Wenn Populationsmittelwerte voneinander signifikant verschieden sind, so existiert ein systematischer Effekt. Anders gesagt: die Populationsmittelwerte variieren systematisch. Die Varianz der Mittelwerte heißt deshalb systematische Varianz. Diesen Namen erhält sie, weil die Variation im Idealfall allein durch die kontrollierte (systematische) Manipulation seitens des Versuchsleiters zustande gekommen ist. Sie wird berechnet durch die bekannte Varianzformel (Kap. 1.3.2), angewendet auf Populationsmittelwerte und für eine Anzahl von p Mittelwerten. Die hier verwendete Definition der systematischen Varianz bezeichnen wir mit dem Buchstaben θ^2 (Teta).

Die systematische Varianz θ^2

$$\Theta^2_{sys} = \frac{\sum_{i=1}^{p}(\mu_i - \bar{\mu})^2}{p}$$

μ_i : Populationsmittelwert der Bedingung i

$\bar{\mu}$: Gesamtmittelwert aller Bedingungen

p : Anzahl der Bedingungen bzw. Gruppen

Der t-Test selbst ist ein Spezialfall mit p = 2, weil er nur zwei Mittelwerte miteinander vergleicht. Wie bereits angedeutet wird Kapitel 5 auch komplexere Mittelwertsstrukturen miteinander vergleichen.

Die Standardisierung der systematischen Varianz erfolgt nun an der Populationsvarianz innerhalb einer Bedingung. Diese Populationsvarianz bekommt den Namen Residualvarianz. Dieses Verhältnis ist ein Maß für den Effekt, genannt Varianzquotient Φ^2 (Phi):

Der Varianzquotient Φ^2 ist ein Maß für den Effekt. Er ist das Verhältnis von systematischer zu unsystematischer Varianz.

$$\Phi^2 = \frac{\Theta_{sys}^{\ \ 2}}{\sigma^2_{\ x}}$$

Θ^2_{sys} : systematische Varianz

σ^2_x : Residualvarianz oder Varianz innerhalb einer Bedingung
Es gilt die Annahme der Varianzhomogenität: $\sigma^2_{\ x} = \sigma^2_{\ x_1} = \sigma^2_{\ x_2}$

Die Residualvarianz σ^2_x heißt unglücklicherweise häufig auch Fehlervarianz. In dieser Bezeichnung steckt die Überlegung, dass jede Abweichung der Werte von ihrem jeweiligen Populationsmittelwert einen Fehler zum Ausdruck bringt. Eine „fehlerfreie Messung" ist also nur bei einer Populationsstreuung von Null möglich. Die Psychologie betrachtet allerdings fast immer Populationen, in denen nicht alle Menschen denselben Wert aufweisen (z.B. Intelligenz). In diesem Fall die Abweichungen der einzelnen Werte von ihrem Populationsmittelwert "Fehler" zu nennen, ist sicherlich nicht zutreffend. Besser ist es deshalb, die Varianz innerhalb einer Bedingung als Residualvarianz („Restvarianz") zu bezeichnen.

Φ^2 variiert von 0 bis ∞. Wenn die unsystematische Varianz gegen Null geht, läuft Φ^2 gegen unendlich. Berechnungen, in die Effektgrößen eingehen, benutzen Φ^2 häufig deshalb, weil dieses Maß mathematische Vorteile bietet (siehe z.B. die Formel für den Nonzentralitätsparameter, Kap. 3.2.5). Allerdings mangelt es dem Maß an Anschaulichkeit.

Der Varianzquotient Ω^2

Ein anschaulicheres Maß für den Effekt in der Population ist der Varianzquotient Ω^2 (Omega). Anstatt durch die Residualvarianz wird die systematische Varianz durch die Gesamtvarianz geteilt. Auf Populationsebene entspricht letztere der Summe der systematischen und der Residualvarianz (vgl. Hays und Winkler, 1970):

Ω^2 bestimmt das Verhältnis von systematischer Varianz zur Gesamtvarianz.

$$\Omega^2 = \frac{\Theta^2_{sys}}{\sigma^2_{Gesamt}} = \frac{\Theta^2_{sys}}{\Theta^2_{sys} + \sigma^2_x}$$

Das Maß Ω^2 variiert nur zwischen 0 und 1, da der Zähler dieses Bruches nie größer werden kann als der Nenner, und Varianzen aufgrund der Quadrierung immer positiv sind. Ist die systematische Varianz $\Theta^2_{sys} = 0$, so ist auch der Effekt $\Omega^2 = 0$. Dieser Fall tritt dann auf, wenn die Populationsmittelwerte nicht variieren und kein systematischer Unterschied zwischen den Populationen besteht.

$\Omega^2 = 0$: kein systematischer Unterschied

Ein Effekt von $\Omega^2 = 1$ kann nur dann auftreten, wenn es keine Residualvarianz gibt, also bei $\sigma^2_x = 0$. Die Gesamtvarianz besteht demzufolge ausschließlich aus systematischer Varianz und die Variation der Werte ist allein auf die experimentellen Unterschiede der beiden Gruppen zurückzuführen. Innerhalb einer Bedingung hätten alle Versuchspersonen exakt denselben Wert erzielt. Diese Situation tritt in den Sozialwissenschaften nie auf, da immer noch andere Faktoren als die experimentelle Manipulation die gemessenen Werte beeinflussen. Theoretisch hätte die experimentelle Manipulation aber auf diese Weise die größte denkbare Auswirkung bzw. den größtmöglichen Effekt.

$\Omega^2 = 1$: keine unsystematischen Einflüsse

Insgesamt bestimmt das Effektstärkenmaß Ω^2, wie groß der Anteil der systematischen Varianz an der Gesamtvarianz ist. Multipliziert man den Wert für Ω^2 mit 100, so lässt sich dieser Anteil in Prozent angeben. Ω^2 ist dann ein Maß dafür, wie viel Prozent der Gesamtvarianz durch die systematische Varianz aufgeklärt wird. Der „Rest“ der Gesamtvarianz, die Residualvarianz, heißt deshalb auch unaufgeklärte Varianz.

Der Anteil der systematischen Varianz an der Gesamtvarianz lässt sich in Prozent angeben.

Da die systematische Varianz durch die experimentelle Variation entstanden ist, lautet die Interpretation des Effekts Ω^2 in Bezug auf ein Experiment: Der Effekt Ω^2 gibt an, wie viel Prozent der Gesamtvarianz durch die Verschiedenheit der experimentellen Bedingungen auf Populationsebene aufgeklärt werden. Ω^2 fungiert damit als ein prozentuales Maß, das die Größe des Einflusses der experimentellen Manipulation anschaulich erfasst. Inhaltliche Überlegungen bei Planung oder Bewertung von Experimenten arbeiten deshalb in der Regel mit Ω^2.

Der Effekt Ω^2 gibt an, wie viel Prozent der Gesamtvarianz durch die systematische Variation aufgeklärt werden.

Ob ein Effekt für groß oder klein befunden wird, hängt ausschließlich von inhaltlichen Überlegungen ab: So ist ein Medikament, dass nur eine 10%ige Linderung verspricht, im Regelfall sicherlich nicht

Die Bewertung der Größe eines Effekts ist von inhaltlichen Überlegungen abhängig.

attraktiv. Im Gegensatz dazu ist ein Verfahren, dass die Anzahl der Verkehrstoten pro Jahr um 10% reduziert, sehr wirkungsvoll. Ingesamt liefern bereits durchgeführte ähnliche Studien, vor allem Metaanalysen oder auch eigene Pilotstudien hilfreiche Hinweise zur inhaltlichen Bewertung der Größe eines Effekts. Liegen diese nicht vor, so greifen wir als Orientierungshilfe auf die von Cohen (1988) vorgeschlagenen Abstufungen für Effektstärken beim t-Test zurück:

kleiner Effekt: $\Omega^2 = 0{,}01$

mittlerer Effekt: $\Omega^2 = 0{,}06$

großer Effekt: $\Omega^2 = 0{,}14$

3.3.3 Zusammenhang der Effektstärkenmaße

Die Effektstärkenmaße lassen sich ineinander überführen.

Die einzelnen Maße hängen über folgende Formeln zusammen:

$$\Phi^2 = \frac{\Omega^2}{1-\Omega^2} \quad ; \quad \Omega^2 = \frac{\Phi^2}{1+\Phi^2} \quad ; \quad \delta = 2 \cdot \Phi$$

Umrechnungen für das Programm GPower

Das Programm GPower benutzt für die Berechnung der Teststärke eines t-Tests δ als Effektstärkenmaß. Die benötigten Umrechnungen sind noch einmal gesondert dargestellt:

Umrechnung von Ω^2 nach δ: $\delta = 2 \cdot \Phi = 2 \cdot \sqrt{\frac{\Omega^2}{1-\Omega^2}}$

Umrechnung von δ nach Ω^2 $\Omega^2 = \frac{\Phi^2}{1+\Phi^2} = \frac{(0{,}5 \cdot \delta)^2}{1+(0{,}5 \cdot \delta)^2}$

Link zum Download von GPower und Erläuterungen unter:

http://eeglab.uni-trier.de/teaching/statistikbuch.php

3.3.4 Schätzung und Interpretation von Effektgrößen

Empirisch ermittelte Daten erlauben die Schätzung eines Populationseffekts, wie bereits im Abschnitt 3.2.4 erwähnt. Die empirischen Mittelwerte sind die besten Schätzer für die Populationsmittelwerte. Im Unterschied zu den von Bortz (1999) verwendeten Effektgrößen erlauben die hier vorgestellten Maße eine Aussage über die Effektstärke auf der Populationsebene.

Das Distanzmaß δ wird durch d geschätzt: $d = \hat{\delta}$. Die oben aufgeführten Umrechnungen gelten ebenso für die geschätzten Werte.

Die Schätzung von Φ^2 erfolgt über den bereits standardisierten t-Wert eines Tests unter Berücksichtigung der Anzahl der Beobachtungen:

Die Schätzung des Populationseffekts erfolgt über den empirischen t-Wert.

$$f^2 = \frac{t^2 - 1}{n_{obs}}, \quad f^2 = \hat{\Phi}^2$$

Die Umrechnung zu ω^2 erfolgt analog zu den Populationseffektgrößen. Die empirischen Effektgrößen beziehen sich auf eine Stichprobe und erhalten zur Kennung Kleinbuchstaben, um sie von den Populationseffektgrößen unterscheiden zu können.

$$\omega^2 = \frac{f^2}{1+f^2} \quad \text{bzw.} \quad f^2 = \frac{\omega^2}{1-\omega^2}, \qquad \omega^2 = \hat{\Omega}^2$$

Als Beispiel für die Schätzung eines Effekts aus Daten dient wieder der Vergleich der Erinnerungsleistung „bildhaft"-„strukturell":

$$t_{(df=98)} = 5{,}16$$

Die Anzahl der Beobachtungen ergibt sich aus den Freiheitsgraden:

$$df = n_1 + n_2 - 2 \quad => \quad df + 2 = n_1 + n_2 = n_{obs}$$

$$f^2 = \frac{5{,}16^2 - 1}{100} = 0{,}256 \quad => \quad \omega^2 = \frac{0{,}256}{1 + 0{,}256} = 0{,}20 = 20\%$$

Der geschätzte Effekt zwischen den Verarbeitungsbedingungen „bildhaft"-„strukturell" beträgt 20%.

Bitte beachten Sie unbedingt, dass der errechnete Wert für f^2 bereits quadriert ist und bei der Umrechnung zu ω^2 nicht noch einmal quadriert werden darf! Weiterhin müssen Sie bei der Umrechnung von ω^2 oder f^2 mit dem Taschenrechner im Nenner Klam-mern setzen! Ein Tipp zur Kontrolle: ω^2 muss immer kleiner sein als f^2.

Insgesamt erinnern die Versuchspersonen zwar jeweils unterschiedlich viele Wörter, aber 20% dieser Variation verursacht die experimentelle Manipulation in den Verarbeitungsbedingungen „bildhaft" und „strukturell". Der Rest der Variation der Werte beruht auf individuellen Unterschieden in der Erinnerungsleistung und anderen Faktoren. Die experimentelle Bedingung der Verarbeitung klärt also 20% der Gesamtvarianz auf. Nach den Konventionen ist das ein großer Effekt.

3.4 Die Entscheidungsregel beim t-Test

Die Kenntnisse aus den vorherigen Unterkapiteln erlauben nun eine allgemeine Betrachtung des t-Tests. Folgende Fragen stellen sich: Welche Situationen können nach einer Entscheidung mit Hilfe eines t-Tests auftreten? Lässt sich bestimmen, wie wahrscheinlich diese verschiedenen Fälle sind? Der t-Test prüft aufgrund eines empirischen Ergebnisses, ob die Nullhypothese oder die Alternativhypothese angenommen werden kann und sollte (Bei ungeplanten t-Tests ist es sogar denkbar, dass überhaupt keine Entscheidung zu Gunsten einer der beiden Hypothesen möglich ist. Dazu mehr in Kapitel 3.4.1 und 3.7). Eine derart getroffene Entscheidung kann entweder richtig oder falsch sein. Insgesamt gibt es deshalb vier verschiedene Möglichkeiten, die nach einer Prüfung mittels eines t-Tests auftreten können (Tabelle 3.2)

Tabelle 3.2. Die vier verschiedenen Möglichkeiten einer Entscheidung beim t-Test

	In Wirklichkeit gilt die H_0	In Wirklichkeit gilt die H_1
Entscheidung zugunsten der H_0	Richtige Entscheidung	**Fehler!**
Entscheidung zugunsten der H_1	**Fehler!**	Richtige Entscheidung

Diese verschiedenen Möglichkeiten treten mit einer bestimmbaren Wahrscheinlichkeit auf. Der Fehler, die H_1 anzunehmen, obwohl die H_0 gilt, heißt Fehler 1. Art oder α-Fehler. Der Fehler, die H_0 anzunehmen, obwohl die H_1 gilt, heißt Fehler 2. Art oder ß-Fehler. Er tritt auf, wenn ein Ergebnis nicht signifikant geworden ist und die Entscheidung gegen die Alternativhypothese ausfällt. Die Wahrscheinlichkeiten der richtigen Entscheidungen ergeben sich jeweils aus $1 - \alpha$ bzw. $1 - \beta$ (siehe Tabelle 3.3). Das Verständnis der Entscheidungen und der Fehler ist für die weiteren Themen dieses Buches und die Anwendung der Statistik in der Praxis von höchster Wichtigkeit. Deshalb sollen die beiden Fehler noch einmal genau definiert werden.

Der α- Fehler

Der α-Fehler (Fehler 1. Art) ist die Entscheidung für die H_1, obwohl in Wirklichkeit die H_0 gilt. Die α-Fehler-Wahrscheinlichkeit ist $\alpha = p(H_1|H_0)$.

Der β –Fehler

Der β-Fehler (Fehler 2. Art) ist die Entscheidung für die H_0, obwohl in Wirklichkeit die H_1 gilt. Die β-Fehler-Wahrscheinlichkeit ist $\beta = p(H_0|H_1)$.

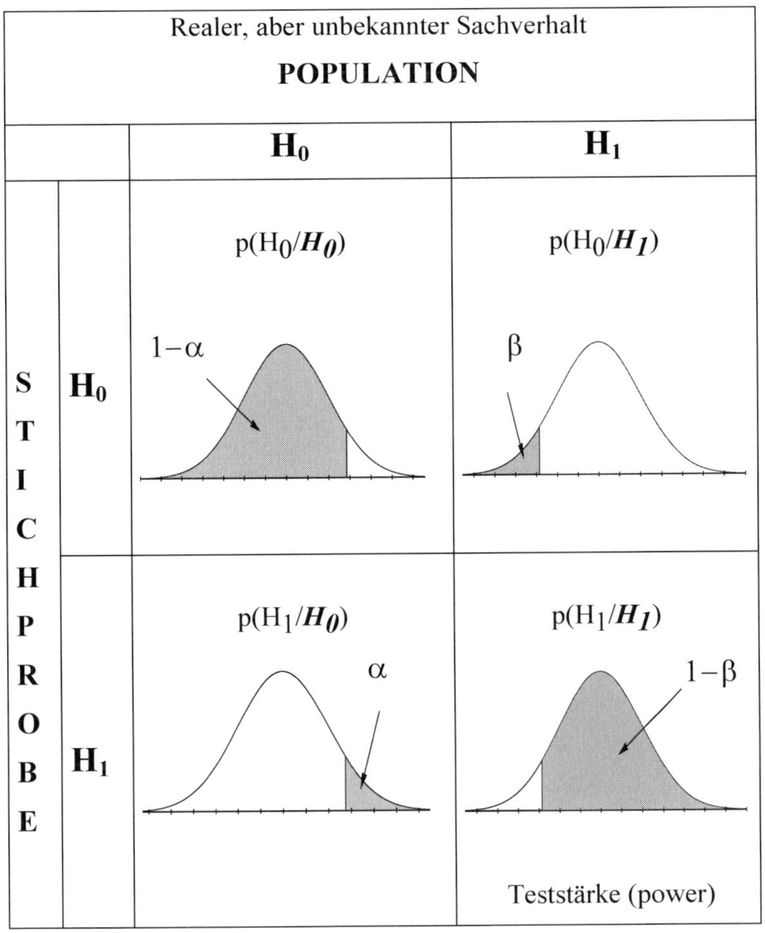

Tabelle 3.3. Die vier verschiedenen Möglichkeiten einer Entscheidung in einem t-Test und ihre Wahrscheinlichkeiten

Abb. 3.19. Fehlerwahrscheinlichkeiten unter der H_0 und H_1

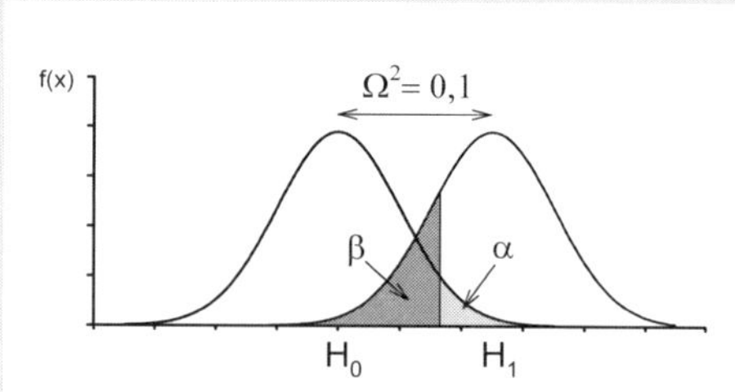

Die Konstruktion einer nonzentralen Verteilung unter der Annahme eines Effekts (H_1) eröffnet eine anschauliche Darstellung der Wahrscheinlichkeiten in einer einzigen Abbildung (Abb. 3.19). Es ist deutlich zu sehen, dass die frei gewählte Grenze des α-Fehlers in der zentralen Verteilung (H_0) gleichzeitig die Grenze des β-Fehlers in der nonzentralen Verteilung darstellt.

3.4.1 β-Fehler und Teststärke

Die Entscheidung für die Nullhypothese kann nur bei einem ausreichend kleinen β-Fehler getroffen werden.

Schließt ein nicht signifikantes Ergebnis nach einem t-Test die Alternativhypothese aus? Nicht unbedingt, denn die Entscheidung für die Nullhypothese könnte falsch sein, wenn in Wirklichkeit die H_1 gilt. Der β-Fehler beschreibt, wie wahrscheinlich diese Fehlentscheidung in einem statistischen Test ist. Um eine eindeutige Entscheidung für die H_0 treffen zu können, darf hier genauso wie bei der Entscheidung für die H_1 die Wahrscheinlichkeit einer Fehlentscheidung nicht zu groß sein. Erst bei einer ausreichend kleinen β-Fehler-Wahrscheinlichkeit erlaubt also ein nicht signifikantes Ergebnis die Entscheidung für die Nullhypothese. Diese Wahrscheinlichkeit für den Fehler 2. Art sollte bei 10% oder kleiner liegen. Ist sie größer, so spricht ein nicht signifikantes Ergebnis für keine der beiden Hypothesen. Es ist keine Entscheidung möglich. Die sich daraus ergebenden Folgen sind leicht vorstellbar. Die aufgewendete Zeit und Mühe waren umsonst, das investierte Geld hätte wesentlich sinnvoller verwendet werden können, denn eine solche Situation am Ende einer Studie hilft niemandem weiter. Sowohl die Null- als auch die Alternativhypothese ist noch immer möglich. Deshalb ist es sehr wichtig, bereits vor Beginn jeder Datenerhebung genaue Vorstellungen über die erwarteten Effekte zu haben, um so interpretierbare Ergebnisse am Ende der Untersuchung sicherzustellen (vgl. Kap. 3.4.3 und 3.7).

Abb. 3.20. β-Fehler und Teststärke

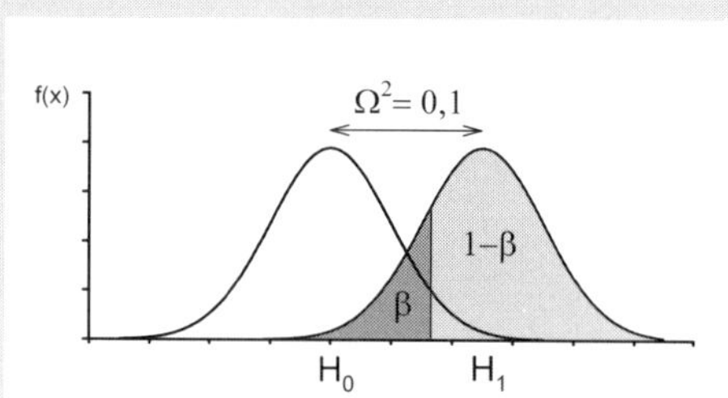

Mit Hilfe des β-Fehlers kann auch eine Aussage darüber getroffen werden, wie gut ein t-Test konstruiert ist. Dies erfolgt durch eine Betrachtung der Teststärke oder Power eines t-Tests. Die Teststärke ist die Wahrscheinlichkeit, die H_1 anzunehmen wenn sie auch in Wirklichkeit gilt. Sie wird mit $1-\beta$ bezeichnet, da sie die Gegenwahrscheinlichkeit zu der β-Fehlerwahrscheinlichkeit ist (Abb. 3.20).

Die Power eines t-Tests ist die Fähigkeit des Tests, einen Effekt zu finden, falls dieser tatsächlich existiert. Sie sollte mindestens $1 - \beta = 0{,}9$ betragen. Die Teststärke spielt bei der Planung und Beurteilung von t-Tests eine große Rolle. Ihre Bestimmung erfolgt entweder mit Hilfe des Nonzentralitätsparameters λ oder mit dem Computerprogramm GPower. Die Berechnung erfolgt nach der Formel aus Kap 3.2.5:

Die Teststärke ist die Wahrscheinlichkeit, einen Effekt einer bestimmten Größe zu finden, falls er wirklich existiert.

$$\lambda = \Phi^2 \cdot n_{obs}$$

Einem bestimmten Wert λ ist in den TPF-Tabellen (Tabelle C im Anhang) jeweils eine Wahrscheinlichkeit zugeordnet. Das gewählte Signifikanzniveau und die Art der Fragestellung (einseitig oder zweiseitig) bestimmen die Wahl der richtigen Tabelle. Die Zählerfreiheitsgrade sind hier noch nicht von Bedeutung, sie betragen bei einem t-Test immer Eins (Das Konzept der Zählerfreiheitsgrade wird Thema sein in Kap. 5, Band II). Die TPF-Tabellen erlauben nur eine Angabe von Wahrscheinlichkeitsbereichen, da nicht alle möglichen λ-Werte aufgeführt sind. Das Programm GPower ist in der Lage, die exakte Teststärke anzugeben.

Die Teststärke lässt sich über den Nonzentralitätsparameter λ bestimmen.

In der Anwendung existieren zwei Arten der Teststärkenbestimmung: Vor der Konstruktion eines t-Test ist es notwendig, eine gewünschte Teststärke eines t-Tests festzusetzen. Diese a priori Bestimmung (vorher) der Teststärke führt zusammen mit der Entscheidung für einen bestimmten inhaltlich relevanten Effekt zu der Berechnung des benötigten Stichprobenumfangs (Kap. 3.4.3). Die Festlegung eines relevanten Effekts sollte anhand inhaltlicher Überlegungen und bereits vorhandener Arbeiten oder eigener Pilotstudien erfolgen.

Teststärkenbestimmung:

- a priori
- a posteriori

Die Berechnung der Teststärke eines bereits durchgeführten t-Tests ist dann notwendig, wenn ein nicht signifikantes Ergebnis auftritt und der Stichprobenumfang nicht im Vorfeld geplant wurde. Die Annahme der Nullhypothese in einem ungeplanten t-Test ist nur möglich, wenn die Teststärke ausreichend hoch ist. Wie schon das Signifikanzniveau α ist die Festlegung der akzeptierten Fehlerwahrscheinlichkeit β von inhaltlichen Überlegungen abhängig. Als Richtlinie schlagen wir eine Teststärke von $1 - \beta = 0{,}9$ vor. Die Wahrscheinlichkeit, die Alternativhypothese abzulehnen obwohl sie in Wirklichkeit gilt, liegt dann bei $\beta = 0{,}1$. Die Bestimmung der

Wird bei einem nicht signifikanten Ergebnis die Alternativhypothese auf Grund der ausreichenden Teststärke abgelehnt, so spricht dies nur gegen Effekte ab einer bestimmten Größe.

Teststärke a posteriori erfordert neben der Anzahl der Beobachtungen immer die Festlegung eines inhaltlich relevanten Effekts. Wenn keine weiteren empirischen Arbeiten zu dem Thema vorliegen, ist diese Festlegung schwierig und meist nur mit Hilfe der Konventionen (Kap. 3.3.1 und 3.3.2) möglich. Es ist auch denkbar, die Teststärke für den empirischen Effekt der eigenen Studie zu bestimmen. Dies ist allerdings nur sinnvoll, wenn er eine inhaltlich relevante Größe erreicht hat.

An dieser Stelle sei betont, dass sich diese Berechnungen immer auf eine bestimmte Effektgröße beziehen. Die Teststärke eines Tests ist von der Größe des als relevant erachteten Effekts abhängig (Kap. 3.4.2). Aussagen über die Nullhypothese beziehen sich ebenfalls auf einen bestimmten Effekt. Angenommen, die Teststärke in einem Test mit einem nicht signifikanten Ergebnis ist ausreichend groß, zum Beispiel 90% für $\Omega^2 = 0{,}15$. In diesem Fall lautet die Interpretation wie folgt: Mit 90%iger Wahrscheinlichkeit gibt es keinen Effekt der Größe $\Omega^2 = 0{,}15$ oder mehr. Die Annahme der Nullhypothese umfasst also durchaus die Möglichkeit, dass kleinere Effekte vorliegen könnten.

Beispiel: Nach einem einseitigen t-Test mit $n_1 = n_2 = 15$ ergibt sich bei einem Signifikanzniveau von $\alpha = 0{,}05$ ein nicht signifikantes Ergebnis. Der Forscher erklärt einen mittleren Effekt von $\Omega^2 = 0{,}1$ als inhaltlich relevant. Die Berechnung des Nonzentralitätsparameters ergibt:

$$\lambda = \Phi^2 \cdot n_{obs} = \frac{\Omega^2}{1-\Omega^2} \cdot n_{obs} = \frac{0{,}1}{1-0{,}1} \cdot 30 = 3{,}33$$

Die Bestimmung der Teststärke verlangt TPF-Tabelle 7 (Tabelle C im Anhang), weil das Signifikanzniveau bei $\alpha = 0{,}05$ liegt und der t-Test einseitig ist. In der ersten Zeile liegt $\lambda = 3{,}33$ zwischen $\lambda_{min} = 2{,}7$ und $\lambda_{max} = 4{,}31$. Die Teststärke dieses t-Tests, den Effekt von $\Omega^2 = 0{,}1$ zu finden, falls er wirklich existiert, liegt zwischen $50\,\% < 1-\beta < 66{,}7\,\%$. Die Entscheidung für die Nullhypothese, dass kein Effekt von mindestens $\Omega^2 = 0{,}1$ vorliegt, wäre also mit einer β-Fehler-Wahrscheinlichkeit von 33,3% - 50% behaftet.

In einem solchen Fall erlaubt das Ergebnis keine eindeutige Entscheidung für eine der beiden Hypothesen. Der Test war sehr schlecht konstruiert, selbst bei einem existierenden Effekt von $\Omega^2 = 0{,}1$ hätte diese Untersuchung ihn nur mit einer Wahrscheinlichkeit von ungefähr 50% überhaupt finden können. Statt den Test durchzuführen hätte der Forscher also genauso gut eine Münze werfen können.

3.4.2 Die Determinanten des t-Tests

Es gibt vier Determinanten des t-Tests.

Die Größe des β-Fehlers und damit der Teststärke ist von drei Dingen abhängig: dem festgelegten Signifikanzniveau α, der Stichprobengröße und dem angenommenen Effekt. Zusammen mit dem β-Fehler bilden sie die vier Determinanten eines t-Tests. Werden drei dieser Determinanten durch einen bestimmten Wert festgelegt, so ist die vierte Determinante bereits automatisch mitbestimmt (Dies ist übrigens der Gedanke, der auch dem Konzept der Freiheitsgrade zu Grunde liegt). Für die Konstruktion eines t-Tests und die Beurteilung von Ergebnissen solcher Tests in der Literatur ist das Wissen über den gegenseitigen Einfluss der Determinanten von großer Bedeutung.

Sind drei Determinanten bestimmt, so ist die vierte automatisch mit festgelegt.

Die Fehlerwahrscheinlichkeiten

Nach der Bestimmung eines Signifikanzniveaus α ist auch die β-Fehlerwahrscheinlichkeit festgelegt, solange die Stichprobengröße und der angenommene Effekt nicht verändert werden (Abb. 3.21). Eine Verkleinerung von α bedingt eine Vergrößerung von β und damit eine Verkleinerung der Teststärke (Abb. 3.22). Es ist deshalb nicht immer sinnvoll, ein sehr niedriges Signifikanzniveau zu wählen, denn je nach Größe der Streuungen und des angenommenen Effekts kann so der β-Fehler sehr groß werden. Die Folge ist, dass ein nicht signifikantes Ergebnis u.U. keine eindeutige Interpretation zulässt.

Abb. 3.21. Das Signifikanzniveau α legt die Größe des β-Fehlers fest.

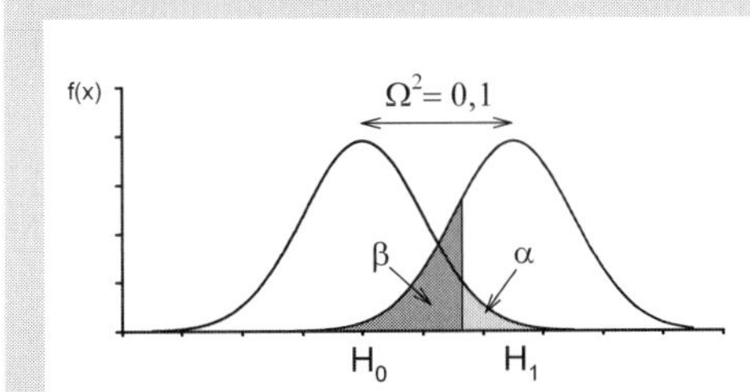

Abb. 3.22. Je kleiner das Signifikanzniveau, desto größer der β-Fehler

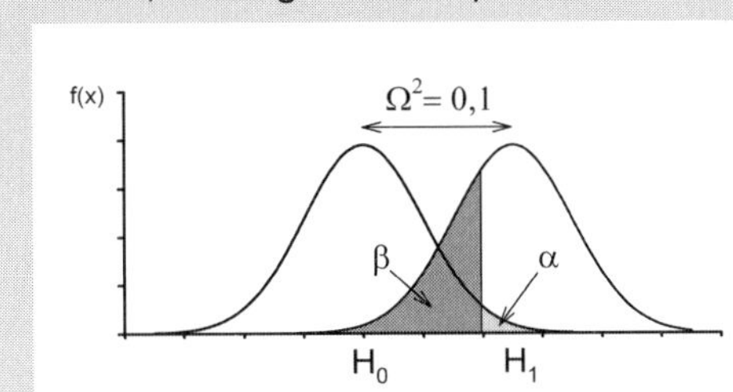

Der Einfluss des Effekts

Bei einem kleinen angenommenen Effekt liegen die Verteilungen der H_0 und H_1 eng zusammen, sie überschneiden sich in der Regel stark (Es sei denn, die Streuungen der Verteilungen sind extrem gering.). Ein Signifikanzniveau $\alpha = 0{,}05$ hat einen großen β-Fehler zur Folge, der t-Test hat eine geringe Teststärke. Bei einem größeren angenommenen Effekt wird die β-Fehler-Wahrscheinlichkeit bei gleichem $\alpha = 0{,}05$ und gleichen Streuungen kleiner, die Teststärke größer (Abb. 3.23). Wenn die übrigen Determinanten konstant bleiben, ist es

Abb. 3.23. Je größer der Effekt, desto kleiner β und desto größer die Teststärke

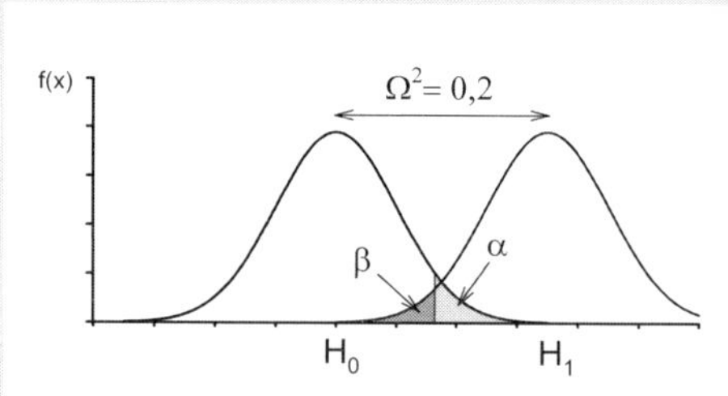

Je größer der Stichprobenumfang, desto kleiner ist t_{krit} und der β-Fehler.

Abb. 3.24. $n_1 = n_2 = 25$

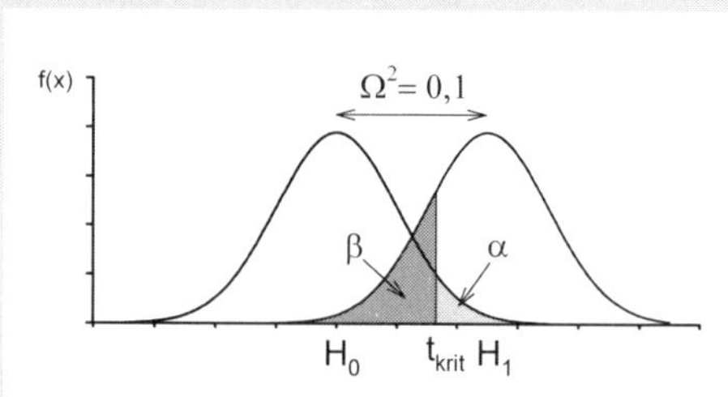

Je größer der Stichprobenumfang, desto größer ist der t-Wert bei gleicher Mittelwertsdifferenz.

Abb. 3.25. $n_1 = n_2 = 100$

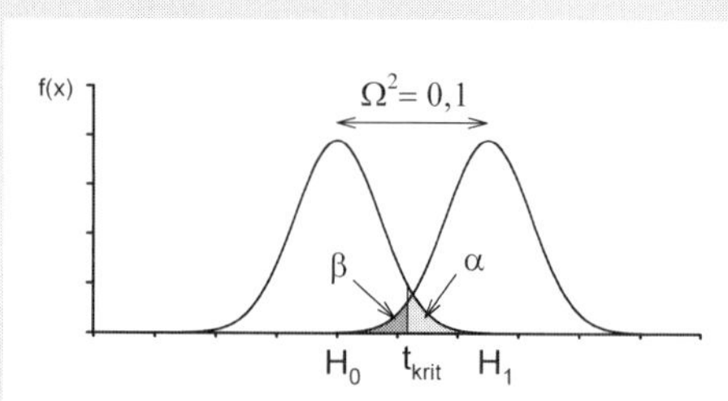

leichter, einen größeren Effekt zu finden, falls er wirklich existiert. Die Wahrscheinlichkeit, einen kleinen Effekt aufzudecken, ist geringer.

Einfluss der Stichprobengröße

Je größer die Anzahl an Werten bzw. Versuchspersonen ist, desto schmaler werden die Stichprobenkennwerteverteilungen der H_0 und H_1, ihre Streuungen werden kleiner. Das bedeutet, dass sie sich bei großen Stichproben und einem identischen angenommenen Effekt weniger überschneiden. Dies hat zur Folge, dass der kritische t-Wert bei konstantem Signifikanzniveau kleiner wird. Wie die Abbildungen 3.24 und 3.25 zeigen, verkleinert sich ebenfalls der β-Fehler, der Test hat eine höhere Power. Bei kleinen Stichproben sind die Verteilungen breiter und überlappen sich stärker. Der kritische t-Wert ist größer. Ein empirisches Ergebnis wird „schwieriger" signifikant, da die Teststärke kleiner ist.

Zusätzlich nimmt der Stichprobenumfang Einfluss auf die Berechnung des t-Werts für die empirische Mittelwertsdifferenz. Mit zunehmender Stichprobengröße wird der Standardfehler der Mittelwertsdifferenz kleiner (Kap. 2.3). Dieser Standardfehler steht bei der Berechnung des t-Werts im Nenner, der t-Wert wird bei gleicher empirische Mittelwertsdifferenz also größer. Ein größerer t-Wert ist unter der Annahme der Nullhypothese unwahrscheinlicher und wird leichter signifikant. Je größer die Stichprobe, desto eher ein signifikantes Ergebnis. Diese Einsicht hat weit reichende Folgen: Theoretisch kann jede noch so kleine empirische Mittelwertsdifferenz mit Hilfe ausreichend großer Stichprobenumfänge signifikant „gemacht" werden. Hier zeigen sich die Schwierigkeiten in der inhaltlichen Bewertung eines signifikanten Ergebnisses.

Beispiel: In einem experimentellen Vergleich zweier Gruppen bei einseitiger Fragestellung ergeben sich folgenden Daten:

$\bar{x}_1 - \bar{x}_2 = 0{,}4$ mit $\hat{\sigma}_1 = 2$ und $\hat{\sigma}_2 = 2{,}5$.

Bei $n_1 = n_2 = 25$ ist die geschätzte Streuung der Stichprobenkennwerteverteilung $\hat{\sigma}_{\bar{x}_1 - \bar{x}_2} = 0{,}64$. Daraus bestimmt sich der t-Wert:

$$t_{(df=48)} = \frac{\bar{x}_1 - \bar{x}_2}{\hat{\sigma}_{\bar{x}_1-\bar{x}_2}} = \frac{0,4}{0,64} = 0,63$$

Der t-Wert ist klein und nicht signifikant ($t_{krit(df=40)}=1,684$; $p > 0,25$).

Mit $n_1 = n_2 = 300$ ist die Streuung der Stichprobenkennwerteverteilung bei gleichen Populationsstreuungen kleiner: $\hat{\sigma}_{\bar{x}_1-\bar{x}_2} = 0,18$.

Es resultiert ein t-Wert von

$$t_{(df=598)} = \frac{\bar{x}_1 - \bar{x}_2}{\hat{\sigma}_{\bar{x}_1-\bar{x}_2}} = \frac{0,4}{0,18} = 2,22$$

Der t-Wert ist recht groß und die empirische Mittelwertsdifferenz von 0,4 wird mit dieser Stichprobengröße signifikant. ($t_{krit(df>120)}=1,645$; $p < 0,05^*$). Dieselbe empirische Differenz wird bei höherem Stichprobenumfang signifikant.

Des Weiteren beeinflussen die Stichprobenumfänge aber auch über die Freiheitsgrade die Auftretenswahrscheinlichkeit eines bestimmten t-Werts. Hier gilt ebenfalls: Je größer die Stichprobe ist, desto eher wird ein empirischer t-Wert signifikant, da der kritische t-Wert für ein bestimmtes Signifikanzniveau von der Freiheitsgradzahl abhängt. Dies trifft allerdings nur für Stichproben zu, die kleiner als 30 sind. Bei größeren Stichproben schmiegt sich die t-Verteilung bereits eng an eine Normalverteilung an und die Wahrscheinlichkeiten für t-Werte verändern sich nur noch geringfügig.

Je größer der Stichprobenumfang, desto größer ist die Zahl der Freiheitsgrade und desto kleiner ist die Wahrscheinlichkeit eines bestimmten t-Werts.

In einem Experiment mit den Gruppengrößen $n_1 = n_2 = 6$ ist bei einem Signifikanzniveau von $\alpha = 0,05$ der kritische t-Wert $t_{krit(df=10)} = 1,812$. Ein empirisch gefundener t-Wert von $t_{(df=10)} = 1,7$ ist also nicht signifikant ($p > 0,05$). Bei einer Gruppengröße von $n_1 = n_2 = 21$ ergibt sich für dasselbe Signifikanzniveau: $t_{krit(40)} = 1,684$. Der t-Wert $t_{(df=40)} = 1,7$ ist signifikant ($p < 0,05^*$). Sind die Stichproben noch größer ($n_1 = n_2 = 61$), so verringert sich der kritische t-Wert nur noch minimal: $t_{krit(120)} = 1,658$.

Große Stichproben führen also gleich aus drei genannten Gründen dazu, dass kleinere empirische Mittelwertsdifferenzen leichter signifikant werden als bei kleinen Stichproben. Die Bestätigung eines vorhergesagten, kleinen Effekts in einem Experiment erfordert demzufolge eine größere Anzahl an Versuchspersonen, bei

Bei größeren Stichproben wird eine empirische Mittelwertsdifferenz eher signifikant.

Ein statistisch signifikantes Ergebnis ist nicht automatisch auch inhaltlich bedeutsam.

angenommenen großen Effekten reicht eine im Vergleich kleinere Anzahl an Beobachtungen aus. Letztendlich könnte auch die kleinste gefundene Mittelwertsdifferenz signifikant „gemacht" werden, ausreichend große Stichproben vorausgesetzt. An dieser Stelle zeigt sich ganz deutlich der Unterschied zwischen statistischer Signifikanz und inhaltlicher Bedeutsamkeit: Es ist möglich, durch eine Erhöhung der Versuchspersonenanzahl für jede noch so kleine beobachtete Mittelwertsdifferenz statistische Signifikanz zu erreichen. Das heißt aber nicht, dass solche kleinen Unterschiede in den Sozialwissenschaften auch inhaltlich bedeutsam sind. Für die sinnvolle Anwendung des t-Tests ist eine inhaltliche Bewertung der Größe eines statistisch signifikanten Ergebnisses unerlässlich. Aus diesem Grund gehören Überlegungen über die Größe eines inhaltlich relevanten Effekts, eine a priori Bestimmung der Teststärke und eine Stichprobenumfangsplanung zur Konstruktion einer sauberen Untersuchung unbedingt dazu.

3.4.3 Die Stichprobenumfangsplanung

Vor der Durchführung eines Experiments muss der Stichprobenumfang geplant werden.

Um einen eindeutig interpretierbaren t-Test zu konstruieren, in denen der α- und β-Fehler hinreichend klein sind, dürfen die Stichprobengrößen nicht zu klein sein. Damit aber ein signifikantes Ergebnis nur auftritt, wenn ein inhaltlich bedeutsamer Effekt vorliegt, dürfen die Stichproben auch nicht zu groß sein. Man sagt, sie seien „optimal". Dazu müssen sie vor Durchführung des Experiments berechnet werden. Eine solche Stichprobenumfangsplanung erfordert die Festlegung eines Signifikanzniveaus, einer Teststärke und eines inhaltlich bedeutsamen Effekts. Auch hier bestimmen inhaltliche Überlegungen die Wahl der drei Größen. Der erforderliche Umfang der Stichprobe hängt von der Größe der Teststärke und des Effekts ab. Die TPF-Tabellen (Tabelle C im Anhang) geben für die gewünschte Teststärke einen λ-Wert an.

Die Anzahl an Versuchspersonen ist von der gewünschten Teststärke und dem geschätzten Populationseffekt abhängig.

$$n_{obs} = \frac{\lambda_{\alpha;\text{Teststärke}}}{\Phi^2} = \frac{\lambda_{\alpha;\text{Teststärke}}}{\left(\frac{\Omega^2}{1-\Omega^2}\right)}$$

Beim t-Test für unabhängige Stichproben entspricht die Anzahl der Beobachtungen (n_{obs}) der Anzahl an benötigten Versuchspersonen, weil jede Versuchsperson einen Wert abgibt. Am günstigsten ist es, wenn die Anzahl pro Gruppe gleich ist, also:

$$n_{Vpn} = n_{obs}; \; n_1 = n_2 = \frac{n_{obs}}{2}$$

Nur wenn eine Untersuchung mit dem auf diese Weise berechneten Stichprobenumfang durchgeführt wird, ist bei der Auswertung immer eine eindeutige Interpretation des Ergebnisses eines t-Tests möglich.

Anmerkung: Der Begriff „optimale" Stichprobenumfänge bezieht sich auf die hier vorgestellte Herangehensweise. Natürlich ist es prinzipiell immer gut, so viele Vpn wie möglich zu erheben. Erstens erhöht sich die Teststärke und zweitens verbessern sich die Eigenschaften der Stichprobenwerte als Populationsschätzer. Allerdings ist eine nachträgliche inhaltliche Bewertung des signifikanten Ergebnisses über die Effektgröße in diesem Fall unausweichlich.

3.4.4 Konfidenzintervall für eine Mittelwertsdifferenz

Als Ergänzung zu der entwickelten Entscheidungsregel beim t-Test stellen wir zusätzlich die Konstruktion von Konfidenzintervallen bei Mittelwertsdifferenzen vor. Solche Konfidenzintervalle basieren auf denselben Berechnungen wie der t-Test, ermöglichen aber zusätzlich eine anschauliche Angabe der Präzision des empirischen Ergebnisses. Im Mittelpunkt steht bei den Konfidenzintervallen die Frage, aus welchem Bereich von „wahren" Mittelwertsdifferenzen in der Population die empirisch beobachtete Mittelwertsdifferenz mit einer Irrtumswahrscheinlichkeit von α stammt. Um die untere und obere Grenze des Intervalls zu bestimmen, gehen wir im Prinzip wie in Kapitel 2.3 vor.

Die beobachtete Mittelwertsdifferenz dient als erwartungstreuer Schätzer der Populationsmittelwertesdifferenz. Das Konfidenzintervall wird symmetrisch um diesen Wert konstruiert. Die untere bzw. obere Grenze des Intervalls wird durch die Irrtumswahrscheinlichkeit α sowie durch den Standardfehler der Mittelwertsdifferenz festgelegt (Kap. 3.1.2). Da Mittelwertsdifferenzen t-verteilt sind (Kap. 3.1.3), ziehen wir zur Konstruktion des Konfidenzintervalls anders als bei einfachen Mittelwerten (Kap. 2.3) die t-Verteilung unter $n_1 + n_2 - 2$ Freiheitsgraden heran. Aus Tabelle B im

Schließt das Konfidenzintervall einer Mittelwertsdifferenz den Wert Null aus, so entspricht dies dem Ablehnen der Nullhypothese beim Signifikanztest, wobei die Fehlerwahrscheinlichkeit α des Konfidenzintervalls gilt.

Anhang lässt sich derjenige t-Wert bestimmen, welcher $\alpha/2$ % der Fläche unter der Verteilung nach oben bzw. unten abschneidet. Die obere und untere Grenze des Intervalls berechnet sich damit wie folgt.

untere Grenze: $(\bar{x}_1 - \bar{x}_2) - t_{(\alpha/2;df=n_1+n_2-2)} \cdot \hat{\sigma}_{\bar{x}_1-\bar{x}_2}$

obere Grenze: $(\bar{x}_1 - \bar{x}_2) + t_{(\alpha/2;df=n_1+n_2-2)} \cdot \hat{\sigma}_{\bar{x}_1-\bar{x}_2}$

$$\hat{\sigma}_{\bar{x}_1-\bar{x}_2} = \sqrt{\frac{\hat{\sigma}_1^2}{n_1} + \frac{\hat{\sigma}_2^2}{n_2}}$$: Standardfehler der Mittelwertsdifferenz (Kap. 3.1.2)

Beispiel: Ein Forscher erhebt die Intelligenz von Stadt und Landkindern (n pro Gruppe = 21) und erhält folgendes Ergebnis:

$$\bar{x}_{Stadt} = 104{,}5$$
$$\bar{x}_{Land} = 98{,}2$$
$$\bar{x}_{Stadt} - \bar{x}_{Land} = 6{,}8$$
$$\hat{\sigma}_{(\bar{x}_{Stadt}-\bar{x}_{Land})} = 4{,}6$$

Wie lautet das 95% Konfidenzintervall für diese Differenz? Tabelle B im Anhang entnehmen wir bei $df = n_1 + n_2 - 2 = 40$ und $\alpha/2 = 0{,}025$ (entspricht der Spalte „0,975“) einen t-Wert von 2,021.

untere Grenze:

$$(\bar{x}_1 - \bar{x}_2) - t_{(\alpha/2;df=n_1+n_2-2)} \cdot \hat{\sigma}_{\bar{x}_1-\bar{x}_2} = 6{,}8 - 2{,}021 \cdot 4{,}6 = -2{,}5$$

obere Grenze:

$$(\bar{x}_1 - \bar{x}_2) + t_{(\alpha/2;df=n_1+n_2-2)} \cdot \hat{\sigma}_{\bar{x}_1-\bar{x}_2} = 6{,}8 + 2{,}021 \cdot 4{,}6 = 16{,}1$$

Das 95% Konfidenzintervall lautet [-2,5;16,1]. Der gefundenen Mittelwertsdifferenz von 6,8 liegt mit 95%iger Sicherheit eine „wahre“ Mittelwertsdifferenz im Bereich von –2,5 bis 16,1 zugrunde.

Aus einem Konfidenzintervall einer Mittelwertsdifferenz kann stets ein herkömmlicher t-Test problemlos herausgelesen werden. Beinhaltet das 95% Konfidenzintervall um eine Mittelwertsdifferenz den Wert Null, so kann eine „wahre“ Mittelwertsdifferenz von Null in der Population nicht ausgeschlossen werden. Ein entsprechender t-Test wäre dann nicht signifikant. Schließt das Konfidenzintervall den Wert Null dagegen nicht mit ein, so liegt der empirischen

Mittelwertsdifferenz mit 95%iger Sicherheit keine Populationsmittelwertsdifferenz von Null zu Grunde. Dies entspricht dem Ablehnen der Nullhypothese bei einem zweiseitigen t-Test mit $\alpha = 0{,}05$.

In dem obigem Beispiel beinhaltet das 95% Konfidenzintervall [-2,5;16,1] den Wert Null. Der empirisch gefundenen Differenz der Intelligenzwerte von 6,8 zwischen Stadt und Landkinder könnten also auch keine Unterschiede in der Population oder sogar Unterschiede in entgegen gesetzter Richtung zu Grund liegen. Ein zweiseitiger Signifikanztest auf dem 5%-Niveau wäre also nicht signifikant.

3.5 Weitere Formen des t-Tests

Die bisherigen Erklärungen bezogen sich auf den Vergleich von Mittelwerten zweier unabhängiger Stichproben. Dieses Unterkapitel stellt zwei weitere Formen des t-Tests vor: den t-Test für abhängige Stichproben und den t-Test für eine einzelne Stichprobe. Die Erkenntnisse aus den vorangegangenen Abschnitten lassen sich fast ausnahmslos übertragen.

3.5.1 Der t-Test für abhängige Stichproben

Die Art der Abhängigkeit der betrachteten Stichproben entscheidet über die Wahl des richtigen t-Tests. Stichproben werden als voneinander unabhängig bezeichnet, wenn die Werte der einen Gruppe keinen Einfluss auf die Werte der anderen Gruppen haben. Dies trifft z.B. zu, wenn sich in den einzelnen Gruppen unterschiedliche Versuchspersonen befinden. Allerdings gibt es Fälle, in denen der direkte Vergleich von Messwerten derselben Person in unterschiedlichen experimentellen Bedingungen oder zu unterschiedlichen Zeitpunkten wichtig ist. Jede Versuchsperson gibt also zwei Werte ab. Diese Methode der Datenaufnahme heißt Messwiederholung. Bei einer Messwiederholung sind die einzelnen Werte in den beiden Gruppen voneinander abhängig, da sie von denselben Versuchspersonen stammen. Diese Art der Datenerhebung erfordert ein neues Auswertungsverfahren: den t-Test für abhängige Stichproben. Die Variablen, mit denen dieser t-Test rechnet, unterscheiden sich zwar von denen des t-Tests für unabhängige Stichproben, das zugrunde liegende Prinzip ist jedoch dasselbe.

Der t-Test für abhängige Stichproben wird bei Messwiederholung eingesetzt.

Der t-Test für abhängige Stichproben betrachtet die Differenz der Werte jeder einzelnen Versuchsperson:

$d_i = x_{i1} - x_{i2}$ i ist die Nummer der Vp, 1 oder 2 die jeweilige Bedingung

Der Stichprobenkennwert des t-Tests für abhängige Stichproben ist der Mittelwert der einzelnen Differenzen.

Der Stichprobenkennwert des t-Tests für abhängige Stichproben ist der Mittelwert der Differenzen aller erhobenen Versuchspersonen:

$$\bar{x}_d = \frac{\sum_{i=1}^{n} d_i}{n}$$

n ist in diesem Fall nicht die Anzahl aller Werte, sondern die Anzahl aller Messwertepaare, also die Anzahl der Versuchspersonen.

Geschätzte Streuung der Stichprobenkennwerteverteilung im t-Test für abhängige Stichproben

Da dieser t-Test die Verteilung der Mittelwerte von Differenzen betrachtet, ergibt sich eine andere Schätzung der Streuung der Stichprobenkennwerteverteilung als bei unabhängigen Stichproben:

$$\hat{\sigma}_{\bar{x}_d} = \frac{\hat{\sigma}_d}{\sqrt{n}}$$

Wobei $\hat{\sigma}_d = \sqrt{\frac{\sum_{i=1}^{n} (d_i - \bar{x}_d)^2}{n-1}}$: geschätzte Populationsstreuung der Differenzen

Die Formel zur Berechnung des t-Werts ist ähnlich der für unabhängige Stichproben: An der Stelle zweier Differenzen von Mittelwerten stehen hier zwei Mittelwerte von Differenzen.

Allgemeine Definition des t-Werts für abhängige Stichproben

$$t_{\text{abhängig}} = \frac{\bar{x}_d - \mu_d}{\hat{\sigma}_{\bar{x}_d}}$$

Unter der Nullhypothese ist die Differenz der Populationsmittelwerte $\mu_d = 0$, deshalb vereinfacht sich die Formel zu:

Definition des t-Werts für abhängige Stichproben unter der Nullhypothese

$$t_{\text{abhängig}} = \frac{\bar{x}_d}{\hat{\sigma}_{\bar{x}_d}}$$

Die Bewertung des t-Werts erfolgt analog zur Bewertung nach einem t-Test für unabhängige Stichproben. Die Freiheitsgradzahl berechnet sich aus df = n - 1 (Anzahl Messwertepaare bzw. Versuchspersonen minus Eins).

Die statistischen Hypothesen eines t-Tests für abhängige Stichproben lauten bei einer einseitigen bzw. zweiseitigen Fragestellung:

Statistische Hypothesen des t-Tests für abhängige Stichproben

H_0: $\mu_d \leq 0$ bzw. $\mu_d = 0$

H_1: $\mu_d > 0$ bzw. $\mu_d \neq 0$

Bei der Stichprobenumfangsplanung bezeichnet n_{obs} in der Formel von λ (siehe Kap. 3.4.3) die Anzahl der erhobenen Messwerte. Im t-Test für abhängige Stichproben gibt jede Versuchsperson zwei Werte ab, die Anzahl der Beobachtungen ist deshalb doppelt so groß wie die Zahl der benötigten Versuchspersonen. Bei gleicher Teststärke und demselben Effekt erfordert dieser Test nur halb so viele Versuchspersonen wie ein t-Test für unabhängige Stichproben:

In einem t-Test für abhängige Stichproben wird unter gleichen Bedingungen nur die Hälfte der Versuchspersonen benötigt.

$$n_{Vpn} = \frac{n_{obs}}{2}$$

Um den Aufwand und die Kosten einer Untersuchung gering zu halten, ist es günstig, die Anzahl der Versuchspersonen so klein wie möglich zu halten. Auch deshalb ist die Methode der Messwiederholung in der praktischen Forschung sehr beliebt. Allerdings gibt es auch Nachteile: Die Versuchspersonen können bei der Wiederholung einer Aufgabe geübter oder bereits gelangweilt sein. Oder sie könnten zu einem späteren Zeitpunkt das Experiment besser durchschaut haben und nicht mehr so gut in der gewünschten Weise manipuliert werden. Messwiederholungen sollten deshalb nur bei geeigneten Fragestellungen verwendet werden, etwas dann, wenn Veränderungen über die Zeit von Interesse sind.

Die Methode der Messwiederholung kann nicht bei allen Fragestellungen angewendet werden.

Hätte unser Vergleich zwischen struktureller und bildhafter Verarbeitung mit Messwiederholung konzipiert werden können? Jede Versuchsperson hätte dann zweimal hintereinander Wörter erinnern müssen, einmal unter der Verarbeitungsbedingung „strukturell", danach „bildhaft" (oder umgekehrt). Zwar wären nur die Hälfte der Versuchspersonen nötigt gewesen, aber sie hätten im zweiten Durchgang wahrscheinlich gemerkt, dass sie die Wörter später wiedergeben müssen und hätten sich im zweiten Durchgang von Beginn an auf das Lernen der Wörter und weniger auf die gestellte Aufgabe konzentriert. Aus diesen Gründen ist die Methode der Messwiederholung für dieses Experiment nicht geeignet.

3.5.2 Der t-Test für eine Stichprobe

Der t-Test für eine Stichprobe prüft, ob eine Stichprobe aus einer bestimmten Population stammt oder nicht.

Das Verfahren des t-Tests gestattet nicht nur die Bewertung eines möglichen Unterschiedes zwischen zwei Populationen. Der t-Tests für eine Stichprobe (Einstichprobentest, englisch: one sample t-test) prüft, ob eine Stichprobe von einer Populationsverteilung mit einem bestimmten Populationsmittelwert abweicht bzw. ob die Stichprobe einer speziellen Referenzpopulation entstammt. Dieses Verfahren ist immer dann sinnvoll, wenn entweder der Populationsmittelwert bekannt ist (z.B. durch Normierungsstichproben bei Intelligenztests) oder Annahmen über die Größe eines Populationsmittelwerts getestet werden sollen.

Der Stichprobenkennwert des t-Tests für eine Stichprobe ist der Mittelwert.

Der Stichprobenkennwert für den t-Test für eine Stichprobe ist der Mittelwert. Dieser Mittelwert ist ein Schätzer für den Populationsmittelwert, aus der diese Stichprobe stammt. Der Einstichproben-t-Test berechnet, mit welcher Wahrscheinlichkeit ein empirischer Mittelwert (oder ein größerer/kleinerer) unter einer festgelegten Populationsverteilung auftritt. Mit anderen Worten: Wie groß ist die Wahrscheinlichkeit, dass die Stichprobe aus der Referenzpopulation stammt? Ist die Wahrscheinlichkeit kleiner als das Signifikanzniveau, so weicht der empirische Mittelwert signifikant vom bekannten oder theoretisch angenommenen Populationsmittelwert ab. Bei einem vorliegenden Populationsmittelwert bedeutet ein signifikantes Ergebnis, dass die Stichprobe nicht zu der herangezogenen Referenzpopulation gehört oder zumindest eine eigene Subpopulation mit einem anderen Mittelwert bildet. Bei der Prüfung eines theoretischen Populationsmittelwerts spricht ein signifikantes Ergebnis gegen die angenommene Größe.

Der t-Wert errechnet sich aus dem empirischen Mittelwert durch Einsetzen des Populationsmittelwerts einer Referenzpopulation und dem Standardfehler des Mittelwerts in folgende Formel:

Definition des t-Werts für eine Stichprobe

$$t_{df} = \frac{\bar{x} - \mu_0}{\hat{\sigma}_{\bar{x}}} \qquad \text{mit } df = n - 1$$

$\bar{x}$: Mittelwert der Stichprobe

μ_0 : Populationsmittelwert der Referenzpopulation

$\hat{\sigma}_{\bar{x}}$: Standardfehler des Mittelwerts

Die Nullhypothese nimmt an, dass die Population, aus der die Stichprobe stammt, mit der Referenzpopulation identisch ist. Die Populationsmittelwerte wären dann identisch (Varianzhomogenität vorausgesetzt). Die Alternativhypothese dagegen postuliert einen Unterschied zwischen der Population der Stichprobe und der Referenzpopulation.

Statistische Hypothesen des t-Tests für eine Stichprobe

H_0: $\mu_0 = \mu_1$

H_1: $\mu_0 \neq \mu_1$

Es ist auch einseitiges Testen denkbar. Die Alternativhypothese würde bei der einseitigen Testung eine bestimmte Richtung vorgeben

Der t-Wert ist hier ein standardisiertes Maß für den Abstand des Stichprobenmittelwerts von dem betrachteten Populationsmittelwert. Ist die Wahrscheinlichkeit, diesen t-Wert oder einen vom Betrag her größeren unter der Annahme des Populationsmittelwerts zu erhalten, kleiner als das Signifikanzniveau, so entstammt die Stichprobe wahrscheinlich nicht der angenommenen Population. Der Stichprobenmittelwert weicht signifikant von dem zu Grunde gelegten Populationsmittelwert ab. Der Vergleich mit einem kritischen t-Wert ist ebenfalls möglich. Die Konzepte der Effektberechnung, Teststärke und Stichprobenumfangsplanung können direkt auf den t-Test für eine Stichprobe übertragen werden.

Beispiel: Ein Lehrer hat die Vermutung, dass in seiner Klasse überdurchschnittlich intelligente Schüler sitzen. Er lässt seine 25 Schüler einen normierten Intelligenztest durchführen und vergleicht den Mittelwert seiner Stichprobe mit dem angegebenen Populationsmittelwert $\mu_0 = 100$ für die Alterstufe. Er erhält folgendes Ergebnis:

$$\bar{x} = 106\,;\ \hat{\sigma}_x = 14 \quad \Rightarrow \hat{\sigma}_{\bar{x}} = \frac{\hat{\sigma}_x}{\sqrt{n}} = \frac{14}{\sqrt{25}} = 2{,}8$$

$$t_{df=24} = \frac{\bar{x} - \mu_o}{\hat{\sigma}_{\bar{x}}} = \frac{106 - 100}{2{,}8} = 2{,}14 \qquad => \qquad p < 0{,}025$$

Das Ergebnis ist auf dem 5% Niveau signifikant, in der Klasse sitzen wirklich überdurchschnittlich intelligente Schüler. Die Effektberechnung sollten Sie zur Übung selbstständig durchführen.

Anmerkung: Die Formel des Einstichproben-t-Tests erinnert stark an die z-Standardisierung. Allerdings erfolgt hier wiederum eine Division zweier Schätzer: Stichprobenmittelwert und geschätzte Populationsstreuung. Deshalb ist die resultierende Verteilung keine z-Verteilung, sondern eine von Freiheitsgraden abhängige t-Verteilung. Die Verfahren sind aber trotzdem vom Prinzip her identisch: Mittels der z-Standardisierung lässt sich die Wahrscheinlichkeit eines einzelnen Messwerts (oder eines größeren/kleineren) unter einer bestimmten Verteilung berechnen. Der t-Test für eine Stichprobe liefert die Wahrscheinlichkeit eines Mittelwerts (oder eines größeren/kleineren) unter der Annahme eines Populationsmittelwerts. Und die t-Tests für zwei Stichproben berechnen die Wahrscheinlichkeit einer Mittelwertsdifferenz (oder einer größeren/kleineren) unter der Nullhypothese.

3.6 Die Konstruktion eines t-Tests

Das folgende Kapitel setzt sich zum Ziel, eine Anleitung für die Planung und die Durchführung eines t-Tests zu geben. In diesem Rahmen soll eine Strategie entwickelt werden, die die Interpretation jedes theoretisch möglichen Ergebnisses erlaubt. Nach dieser Strategie erfolgt die Konstruktion eines t-Tests in acht Schritten:

- Erster Schritt: Aufstellen einer Hypothese
- Zweiter Schritt: Prüfung der Voraussetzungen
- Dritter Schritt: Festlegung eines Populationseffekts
- Vierter Schritt: Festlegung des Signifikanzniveaus
- Fünfter Schritt: Stichprobenumfangsplanung
- Sechster Schritt: Bestimmung von t_{krit}
- Siebter Schritt: Prüfung des t_{emp} auf Signifikanz
- Achter Schritt: Interpretation des Ergebnisses

Jedem Schritt dieser Anleitung folgt die Anwendung auf das Beispiel des Vergleichs der Mittelwerte der Gruppen „bildhafte" vs. „strukturelle" Verarbeitung aus dem in der Einleitung beschriebenen Gedächtnisexperiment.

Erster Schritt: Aufstellen einer Hypothese

Bevor überhaupt irgendetwas untersucht oder berechnet wird, sollten Sie sich über die genaue inhaltliche Fragestellung im Klaren sein und eine möglichst spezifische Hypothese aufstellen. Aus einer solchen Hypothese folgt dann die genaue Definition der Nullhypothese und einer Alternativhypothese. Die Präzisierung der Hypothesen macht die Bewertung des Ergebnisses eines t-Tests leichter. Dank der mathematischen Schreibweise ist gut zu erkennen, ob es sich um eine ein- oder zweiseitige Fragestellung handelt. In der Praxis haben die meisten Experimente das Ziel, einen Effekt zu finden und die Alternativhypothese zu bestätigen. Die Testung verläuft „gegen die Nullhypothese". Es gibt aber auch Untersuchungen, in denen die inhaltliche Hypothese der statistischen Nullhypothese entspricht (z.B. bei dem Vergleich der Bedingungen bildhaft vs. emotional). Die Durchführung des t-Tests ändert sich dabei nicht. Ein signifikantes Ergebnis spricht in diesem Fall gegen die inhaltliche Hypothese.

Achtung: Ist die inhaltliche Vorhersage mit der Nullhypothese verknüpft, so handelt es sich sehr häufig um eine zweiseitige Fragestellung. Dementsprechend folgt ihr auch ein zweiseitiger t-Test.

Die inhaltliche Hypothese des Erinnerungsexperimentes besagt, dass Versuchspersonen bei einer bildhaften Verarbeitung mehr Wörter erinnern als bei einer strukturellen Verarbeitung. Hierbei handelt es sich um eine einseitige Fragestellung, denn die Theorie zur Verarbeitungstiefe sagt die Richtung der Differenz voraus (siehe Einführung):

H_1: $\mu_1 - \mu_2 > 0$

H_0: $\mu_1 - \mu_2 \leq 0$

Populationsmittelwerte: bildhafte Verarbeitung: μ_1; strukturelle Verarbeitung: μ_2

Zweiter Schritt: Prüfung der Voraussetzungen

Vor der Durchführung eines t-Tests als Auswertungsmethode stellen sich drei Fragen:

1.) Sind die Daten intervallskaliert? Bei rang- oder nominalskalierten Daten ist die Anwendung des t-Tests nicht möglich. Für diese Art von Daten gibt es spezielle nichtparametrische Auswertungstechniken, die in Kapitel 7, Band II besprochen werden.

2.) Sind die Stichproben voneinander unabhängig oder abhängig? Liegt eine Messwiederholung vor, so ist der t-Test für abhängige Stichproben zu verwenden (Kap. 3.5.1).

3.) Ist der Levene-Test der Varianzgleichheit signifikant? Wenn ja, dann ist eine Freiheitsgradkorrektur erforderlich (in SPSS angegeben). Bei einem nicht signifikanten Ergebnis des Levene-Tests liegt Varianzhomogenität vor.

Theoretisch erfordert die sinnvolle Anwendung eines t-Tests auch die Prüfung der Voraussetzung der Normalverteilung des untersuchten Merkmals in der Population. Allerdings erweist sich der t-Test auch bei einer Verletzung dieser Bedingung als robust. Dies gilt allerdings nur bis zu einem gewissen Punkt, an dem die Verletzungen der Voraussetzungen zu stark werden. Genügend große Stichproben und gleich große Gruppen vermeiden in der Regel dieses Problem. Als Faustregel sollte jede Bedingung mindestens 30 Versuchspersonen umfassen (siehe Kapitel 3.1.9 und Bortz, 1999).

In dem Erinnerungsexperiment ist das zu messende Konstrukt Gedächtnisleistung eine kontinuierliche Variable. Wir gehen davon aus, dass die Operationalisierung durch die Anzahl der erinnerten Wörter die relativen Abstände des Merkmals korrekt abbildet. Ein Beweis für die Intervallskalenqualität dieses Messinstruments ist das allerdings nicht (Kap. 1.2).

Dritter Schritt: Festlegung eines Populationseffekts

Die Festlegung der Größe eines relevanten Populationseffekts ist von inhaltlichen Überlegungen abhängig. Dabei ist es besonders sinnvoll, sich an bereits vorliegenden Studien oder Metaanalysen zu einer vergleichbaren Fragestellung zu orientieren. Liegen diese nicht vor, so kann auf die Konventionen von Cohen (1988) zurückgegriffen werden (Kap. 3.3.4).

Ein Vergleich mit bereits durchgeführten Studien zu Erinnerungsleistungen von Wörtern ergibt die Erwartung eines großen Effekts:

$\Omega^2 = 0{,}2$

Vierter Schritt: Festlegung des Signifikanzniveaus

Das Signifikanzniveau liegt per Konvention meistens bei $\alpha = 0{,}05$. Abhängig von der Fragestellung sind auch andere Niveaus denkbar. In der Literatur finden sich durchaus Signifikanzniveaus von $\alpha = 0{,}01$ und $\alpha = 0{,}1$.

Die Entscheidung in unserem Beispiel fällt auf $\alpha = 0{,}05$.

Fünfter Schritt: Stichprobenumfangsplanung

Für die Konstruktion eines guten t-Tests ist dies ein sehr wichtiger Schritt, dem leider nur selten Beachtung geschenkt wird. Nur bei optimalen Stichprobengrößen sind signifikante und nichtsignifikante Ergebnisse eindeutig interpretierbar. Die Berechnung des optimalen Stichprobenumfangs erfordert neben dem Effekt noch die Festlegung der gewünschten Teststärke. Die Größe der gewählten Teststärke hängt von inhaltlichen Überlegungen ab. Die Berechnung des Stichprobenumfangs erfolgt mit Hilfe des Nonzentralitätsparameters λ. Bitte beachten Sie, dass n_{obs} die Anzahl der Beobachtungen ist und nicht automatisch die Anzahl der Versuchspersonen.

Nach der Durchführung dieser fünf Schritte kann die Datenerhebung erfolgen.

Beispiel: Die Teststärke soll $1 - \beta = 0{,}9$ betragen.

$=> \lambda_{90\%} = 8{,}56$

$$n_{obs} = \frac{8{,}56}{\left(\frac{0{,}2}{1-0{,}2}\right)} = 34{,}24 \approx 36$$

Der optimale Stichprobenumfang beträgt insgesamt 36, also sollten in beiden Gruppen $n_1 = n_2 = 18$ Versuchspersonen sein. Die Stichproben in unserer Studie zur Erinnerungsleistung hätten also kleiner sein dürfen. Die weitere Beispielrechnung erfolgt mit $n_{obs} = 36$.

Sechster Schritt: Bestimmung von t_{krit}

Die Bestimmung des t_{krit} ist erst nach Durchführung einer Datenerhebung sinnvoll, weil erst jetzt wirklich sicher ist, wie viele Werte der Versuchspersonen in die Auswertung eingehen. Es passiert sehr häufig, dass einige Versuchspersonen ihren Fragebogen nicht vollständig ausgefüllt haben oder Daten aus anderen Gründen nicht verwertbar sind.

In unserem Beispiel können die Daten aller 36 Versuchspersonen verwertet werden. Bei $\alpha = 0{,}05$ und einer einseitigen Fragestellung ist t_{krit}: $t_{krit(df=34)} \approx t_{krit(df=30)} = 1{,}697$

Siebter Schritt: Prüfung des t_{emp} auf Signifikanz

Jetzt erfolgt die Berechnung der empirischen Mittelwertsdifferenz. Nach Schätzung der Populationsstreuung ergibt sich ein empirischer t-Wert unter der Annahme der Nullhypothese. Ist der empirische t-Wert größer als t_{krit}, so ist das Ergebnis signifikant. Ist t_{emp} kleiner als t_{krit}, hat der Unterschied keine statistische Bedeutsamkeit. Natürlich ist auch ein Vergleich der Wahrscheinlichkeit $p(t_{emp})$ mit dem Signifikanzniveau α möglich (Kap. 3.1.7).

Das Beispiel benutzt den gerade ermittelten Stichprobenumfang und die eingangs vorgestellten Werte:

$$n_{obs} = 36\,;\; \bar{x}_1 = \bar{x}_{bildhaft} = 11\,;\; \bar{x}_2 = \bar{x}_{strukturell} = 7{,}2\,;\; t_{krit} = 1{,}697$$

Die Berechnung der Stichprobenstreuungen aus den Daten ergibt:

$$\hat{\sigma}_1 = 4{,}14\,;\; \hat{\sigma}_2 = 3{,}162$$

Schätzung der Streuung der Stichprobenkennwerteverteilung:

$$\hat{\sigma}_{\bar{x}_1 - \bar{x}_2} = \sqrt{\frac{\hat{\sigma}_1^2}{n_1} + \frac{\hat{\sigma}_2^2}{n_2}} = \sqrt{\frac{4{,}14^2}{18} + \frac{3{,}162^2}{18}} = 1{,}23$$

Auf Grund der veränderten Stichprobengröße ergibt sich ein anderer Wert als in Kapitel 3.1.2.

Berechnung des empirischen t-Werts:

$$t_{(df=34)} = \frac{\bar{x}_1 - \bar{x}_2}{\hat{\sigma}_{\bar{x}_1 - \bar{x}_2}} = \frac{11 - 7{,}2}{1{,}23} = 3{,}1$$

$t_{emp} > t_{krit}$; $p < 0{,}005$

=> Das Ergebnis ist auf dem 1% Niveau signifikant ($t_{(df=34)} = 3{,}1^{**}$).

Achter Schritt: Interpretation des Ergebnisses

Ein auf die beschriebene Weise konstruierter Test erlaubt die eindeutige Interpretation jeder bei der Auswertung auftretenden Mittelwertsdifferenz. Ein signifikantes Ergebnis spricht für die Annahme der Alternativhypothese und für die Existenz des erwarteten Effekts in der Population. Die Wahrscheinlichkeit, dass diese Entscheidung falsch ist und in den Populationen kein Effekt der angenommenen Größe existiert, ist kleiner als 5% (bei einem Signifikanzniveau von $\alpha = 0{,}05$). In unserem Beispiel könnten wir annehmen, das ein Effekt von $\Omega^2 = 0{,}2$ mit einer Wahrscheinlichkeit von 95% existiert.

Bei einem nicht signifikanten Ergebnis erfolgt die Annahme der Nullhypothese: Es gibt keinen Effekt in der erwarteten Größe zwischen den Populationen. Die Wahrscheinlichkeit, dass diese Entscheidung falsch ist und ein solcher Effekt doch existiert, beträgt 10% (bei einer festgelegten Teststärke von $1\text{-}\beta = 0{,}9$). Wäre der t-Test in unserem Beispiel nicht signifikant geworden, dann würde die Interpretation lauten, das ein Effekt der Größe $\Omega^2 = 0{,}2$ mit einer Wahrscheinlichkeit von 90% nicht existiert.

Die Beachtung und genaue Anwendung der vorgestellten Schritte sind Bedingungen für die Konstruktion eines methodisch „sauberen“ t-Tests. Leider finden häufig die Schritte der Abschätzung eines Effektes und der Stichprobenumfangsplanung bei vielen Forschern keine Beachtung. Es bleibt deshalb zu hoffen, dass die Notwendigkeit dieser Überlegungen in Zukunft von mehr Forschern als bislang erkannt und umgesetzt wird.

Der Fairness halber sei erwähnt, dass es durchaus (in diesem Rahmen nicht weiter spezifizierte) Fragestellungen und Experimente gibt, in denen eine Stichprobenumfangsplanung entweder nicht zwingend notwendig oder aber nicht durchführbar ist. Dies ändert jedoch nichts an der Tatsache, dass eine solche grundsätzlich zu jeder Planung einer guten Untersuchung dazugehören sollte.

3.7 Ungeplante t-Tests

Wie erfolgt die Beurteilung des Ergebnisses eines Tests, der nicht nach den vorgestellten Schritten konstruiert wurde? Dieser Fall tritt leider in der praktischen Forschung viel zu häufig auf. In den meisten veröffentlichten Untersuchungen wurde nur das Signifikanzniveau festgelegt. Eine Effektstärkenschätzung, die Festlegung der Teststärke und eine Stichprobenumfangsplanung geschehen nur in Ausnahmefällen. Die Herausgeber der sozialwissenschaftlichen Zeitschriften halten eine genaue Planung von Experimenten oft nicht für nötig oder sind sich deren Wichtigkeit nicht bewusst.

So fand Cohen (1962) bei der Durchsicht eines Jahrgangs der anerkannten psychologischen Fachzeitschrift *Journal of Abnormal Psychology* eine durchschnittliche Teststärke von 35%! Leider fanden Sedlmaier und Gigerenzer 1989 die von Cohen 1962 beklagten Zustände noch immer vor.

Dabei ergeben sich in einer ungeplanten Untersuchung sowohl beim Auftreten eines signifikanten sowie eines nicht signifikanten Ergebnisses Probleme.

Bei signifikanten Ergebnissen muss der empirische Effekt aus den Daten berechnet werden.

Bei einem signifikanten Ergebnis ist nicht klar, ob es sich um einen inhaltlichen bedeutsamen oder weniger bedeutsamen Effekt handelt. Um ein signifikantes Ergebnis wirklich beurteilen zu können, ist deshalb die Berechnung des empirischen Effekts (Kap. 3.3.4) aus den Daten erforderlich.

Bei nicht signifikanten Ergebnissen muss die Teststärke a posteriori bestimmt werden.

Eine Nichtsignifikanz macht die Situation noch schwieriger: Da die Teststärke und der β-Fehler unbekannt sind, schließt ein nicht signifikantes Ergebnis die Alternativhypothese nicht aus. Das Ergebnis spricht also nicht eindeutig für die Annahme der Nullhypothese. Für diese Beurteilung ist eine Teststärkenberechnung notwendig. Eine nachträgliche Berechnung wird als a posteriori Berechnung bezeichnet (im Gegensatz zu a priori). Dies geschieht über den Nonzentralitätsparameter λ, die zugehörige Teststärke ist von den Freiheitsgraden abhängig und in Tabelle C abzulesen.

$$\lambda = \Phi^2 \cdot n_{obs}$$

Die Festlegung der Größe des Populationseffekts erfolgt nach inhaltlichen Kriterien sowie mit Hilfe der Konventionen. Eine weitere Möglichkeit besteht in der Schätzung des Populationseffekts aus den vorliegenden Daten. Dies ist allerdings nur sinnvoll, wenn sich ein inhaltlich relevanter Effekt ergibt.

Unterschreitet die Teststärke die Toleranz des Wissenschaftlers, so ist das Ergebnis nicht interpretierbar. Die Wahrscheinlichkeit, die Nullhypothese anzunehmen, obwohl die Alternativhypothese gilt, ist zu groß (β-Fehler). Ein nicht signifikantes Ergebnis erlaubt nur dann die Annahme der Nullhypothese, wenn der β-Fehler klein genug und die Teststärke damit groß genug ist. Beträgt z.B. in einer Studie bei einem nicht signifikanten Ergebnis die Teststärke 90%, einen Effekt von $\Omega^2 = 0{,}07$ zu finden, so ergibt sich folgende Interpretation:

Ein nicht signifikantes Ergebnis spricht nur dann für die Nullhypothese, wenn die Teststärke groß genug ist.

Mit einer Wahrscheinlichkeit von 90% liegt zwischen den untersuchten Stichproben kein Effekt der Größe $\Omega^2 = 0{,}07$ oder größer vor. Die Alternativhypothese („es existiert ein Effekt von $\Omega^2 = 0{,}07$ oder größer“) kann mit einer Fehlerwahrscheinlichkeit von $\beta = 0{,}1$ abgelehnt werden. Diese Interpretation schließt allerdings nicht aus, dass trotzdem kleinere Effekte vorliegen. Um diese aufzudecken, war die Teststärke u.U. einfach nicht hinreichend groß genug (Kap. 3.4.2).

Bei einer Entscheidung für die Nullhypothese können trotzdem kleinere Effekte als angenommen vorliegen.

Noch einmal: Nichtsignifikante Ergebnisse sind nur bei ausreichend großer Teststärke bzw. ausreichend kleinem β-Fehler interpretierbar. Nur dann sprechen sie für die Nullhypothese. Außerdem schließt die Bestätigung der Nullhypothese nur Effekte einer bestimmten Größe mit der als Teststärke angegebenen Wahrscheinlichkeit aus. Über kleinere Effekte lassen sich keine Aussagen treffen.

Lesen eines t-Tests in der Literatur

In der Forschungspraxis finden die hier vorgestellten Konstruktionsbedingungen leider noch sehr wenig Anwendung. In vielen veröffentlichten Untersuchungen kommt es trotz sehr zweifelhafter Daten zu weit reichenden Erklärungen, Interpretationen und Entwicklungen von Theorien. Die Argumentationen in diesen Artikeln erscheinen dabei meistens recht logisch und nachvollziehbar, deshalb sollten Sie beim Lesen einer Untersuchung die Ergebnisse immer eigenhändig nachprüfen. Viele signifikante Ergebnisse erscheinen nach der Berechnung des Effekts plötzlich gar nicht mehr so bedeutend.

Auf der anderen Seite ist aber in der sozialwissenschaftlichen Forschung nicht nur die Suche nach möglichst großen Effekten wünschenswert. Große Effekte können bei der Erforschung des menschlichen Verhaltens und Denkens nicht immer auftreten, weil in diesem Forschungsgebiet sehr viele Faktoren eine Rolle spielen. Jeder Faktor für sich macht da oft nur einen kleinen, aber durchaus nicht zu vernachlässigenden Effekt aus. Die Interpretation der Größe eines Effekts ist deshalb stark von dem Inhalt der Untersuchung abhängig.

Sehr problematisch ist der Umgang mit nicht signifikanten Ergebnissen in der praktischen Forschung: Obwohl in den meisten Untersuchungen keine Stichprobenumfangsplanung gemacht wurde, nehmen Wissenschaftler bei einem nicht signifikanten Ergebnis oft die Nullhypothese an und behaupten, es gäbe keinen Effekt. Das kann zu sehr widersprüchlichen Befunden in der Literatur führen, obwohl vielleicht einfach die Power eines Tests nicht groß genug war, um den Effekt zu finden. Grundsätzlich gilt, dass nie eine Argumentation auf der Nichtsignifikanz eines Ergebnisses aufgebaut werden darf, es sei denn, die Teststärke ist genügend hoch oder der β-Fehler ist a priori auf einem inhaltlich sinnvollen Niveau festgelegt worden. Unterschätzen Sie bitte die Relevanz dieser Aussagen nicht und behalten sie diese im Kopf beim Lesen wissenschaftlicher Literatur. Selbst in hochklassigen Zeitschriften finden sich häufig Artikel, deren Argumentationsbasis nicht signifikante Ergebnisse ohne Angabe der Teststärke sind. In vielen Fällen sind die Schlussfolgerungen aus diesen Ergebnissen trotz der Qualität des Publikationsorgans schlicht nicht haltbar. Sie sind in der Lage, solche Argumentationen zu identifizieren und die Daten seriöser zu interpretieren.

Es kommt vor, dass die Angaben in einem Artikel nicht zur Berechnung des Effekts oder der Teststärke ausreichen. Solche Lücken sprechen nicht gerade für die Güte einer Arbeit. Ein kritisches Betrachten von Zeitschriftenartikeln ist deshalb immer unbedingt notwendig. Zusätzlich sollten Sie bedenken, dass statistische Ergebnisse in den allermeisten Fällen den Eindruck von Objektivität vermitteln. Um solchen Verzerrungen nicht zu erliegen ist eine gute methodische Ausbildung unerlässlich. Wirklich herausragende Ergebnisse kann auch nur derjenige als solche erkennen, der in der Lage ist, sie angemessen kritisch zu interpretieren.

Im folgenden Diagramm ist zusammenfassend dargestellt, wie die Ergebnisse eines t-Tests zu bewerten sind:

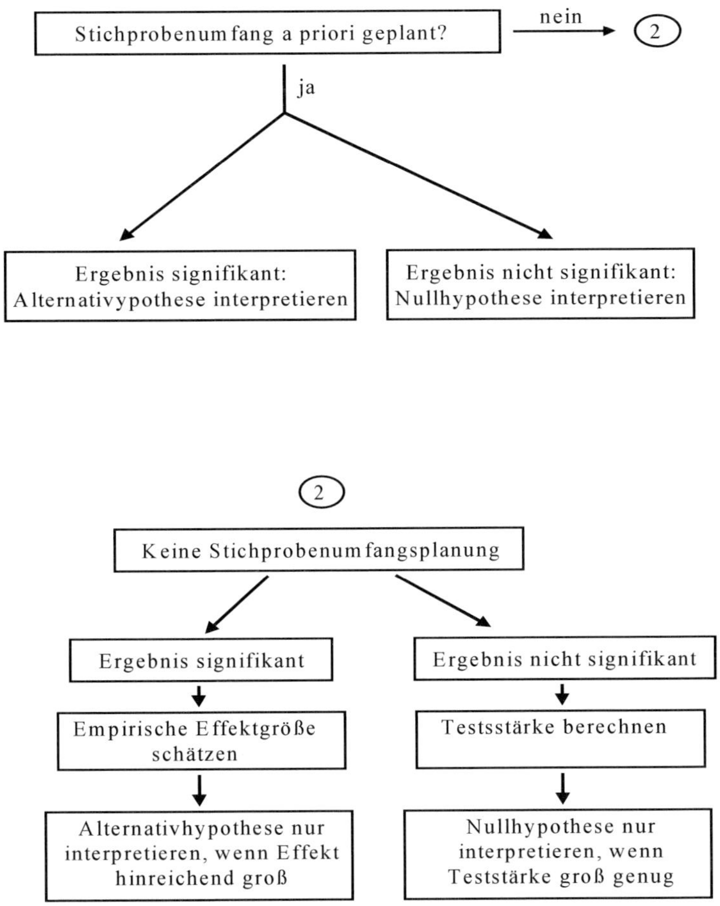

Abb. 3.26. Entscheidungsdiagramm für die Bewertung eines t-Tests

Die Ausführungen der letzten Abschnitte über Konstruktion oder Bewertung sowie oben stehendes Diagramm beschränken sich nicht nur auf den t-Test, sondern gelten allgemein für fast alle statistischen Verfahren in der empirischen Sozialforschung.

Zusammenfassung

Der t-Test ist ein wichtiges statistisches Auswertungsverfahren für den Vergleich zweier Gruppenmittelwerte. Er ist nur bei Daten mit Intervallskalenqualität anwendbar. Der t-Test liefert eine Entscheidungsgrundlage dafür, ob es einen systematischen Unterschied zwischen den beiden Gruppen gibt oder ob sich der gefundene Unterschied zufällig ergeben hat.

Die Annahme, daß kein Unterschied zwischen zwei Gruppen vorliegt, heißt Nullhypothese. Die Alternativhypothese dagegen nimmt an, dass die Gruppen systematisch voneinander verschieden sind. Der t-Test für unabhängige Stichproben bestimmt die Wahrscheinlichkeit der Differenz der Stichprobenmittelwerte unter Annahme der Nullhypothese.

Dies geschieht mit Hilfe eines standardisierten Maßes, dem t-Wert. Die Auftretenswahrscheinlichkeit eines t-Werts unter Annahme der Nullhypothese kann anhand der t-Verteilung bestimmt werden. Die Wahrscheinlichkeiten von einzelnen t-Werten sind abhängig von den Freiheitsgraden der t-Verteilung.

Ist die Wahrscheinlichkeit des t-Werts unter der Annahme der Nullhypothese kleiner als das vorher festgelegte Signifikanzniveau oder im Betrag größer als ein kritischer t-Wert, so wird die empirische Mittelwertsdifferenz als signifikant bezeichnet. Es folgt eine Entscheidung gegen die Nullhypothese und für eine Alternativhypothese. Alternativhypothesen sind bei zweiseitigen Fragestellungen ungerichtet, bei einseitigen Fragestellungen gerichtet.

Wird der zu untersuchende Unterschied zwischen zwei Gruppen durch die Annahme eines zu erwartenden systematischen Effekts spezifiziert, so kann eine nonzentrale Verteilung in Abhängigkeit des Nonzentralitätsparameters λ bestimmt werden. Der systematische Effekt läßt sich entweder als standardisierte Differenz der Populationsmittelwerte δ oder als Varianzquotient Φ^2 bzw. Ω^2 ausdrücken. Das prozentuale Effektstärkenmaß Ω^2 ist inhaltlich am anschaulichsten: Es gibt an, wie viel Varianz durch die unterschiedlichen experimentellen Bedingungen aufgeklärt werden kann.

Eine auf der Grundlage eines t-Tests getroffene Entscheidung ist mit einer bestimmbaren Wahrscheinlichkeit falsch. Die zwei möglichen Fehlentscheidungen werden als α- und β-Fehler bezeichnet. Die Wahrscheinlichkeiten dieser Fehler sind von ihrer gegenseitigen Bedingtheit, der Größe des Effekts und der Stichprobengröße abhängig. Der Effekt, der Stichprobenumfang, α- und β-Fehler bilden die vier Determinanten des t-Tests.

Wenn keine Stichprobenumfangsplanung vorgenommen wurde, so ist die Bewertung eines signifikanten Ergebnisses von der Größe des empirischen Effekts abhängig. Denn es ist durchaus möglich, daß ein t-Test ein Ergebnis liefert, das zwar statistisch signifikant, aufgrund eines sehr kleinen Effekts aber inhaltlich unbedeutend ist.

Ein nicht signifikantes Ergebnis spricht nur dann gegen die Alternativhypothese, wenn der β- Fehler klein genug und damit die Teststärke sehr hoch ist. Um eine eindeutige Interpretation zu gewährleisten, muss vor der Durchführung eines t-Tests die gewünschte Teststärke festgelegt und eine Stichprobenumfangsplanung (a priori) vorgenommen werden. Liegt keine a priori Stichprobenumfangsplanung vor, so müssen für eine sinnvolle Bewertung des Ergebnisses nachträglich entweder der Effekt oder die Teststärke des t-Tests aus den Daten berechnet werden (a posteriori).

Der Signifikanztest kann auch anhand eines Konfidenzintervalls der Mittelwertsdifferenz durchgeführt werden: Schließt das Konfidenzintervall den Wert Null aus, so entspricht dies dem Ablehnen der Nullhypothese, wobei die Fehlerwahrscheinlichkeit α des Konfidenzintervalls gilt. Zusätzlich liefert das Konfidenzintervall einen anschaulichen Eindruck von der Präzision des Ergebnisses.

Hängen die Werte in den beiden Stichproben zusammen und beeinflussen sich wie z. B. bei einer Messwiederholung, so ist die Anwendung des t-Tests für abhängige Stichproben erforderlich. Er bestimmt die Wahrscheinlichkeit des Mittelwerts der Differenzen der Stichprobenwerte unter Annahme der Nullhypothese.

Der t-Test für eine Stichprobe prüft, ob eine untersuchte Stichprobe aus einer Population mit einem bestimmten Populationsmittelwert stammt oder nicht. Dieses Verfahren findet Anwendung, wenn ein möglicher Populationsmittelwert für diesen Vergleich vorliegt.

Die Berechnungsformeln dieser Tests unterscheiden sich zwar von denen des t-Tests für unabhängige Stichproben, ansonsten können die Konzepte aber problemlos übertragen werden.

Aufgaben zu Kapitel 3

Verständnisaufgaben

Aufgabe 1

Beantworten Sie folgende Fragen:

a) Wie lauten – jeweils in einem Satz – die Annahmen der Nullhypothese und der Alternativhypothese?
b) Wodurch unterscheidet sich die ebenfalls standardisierte t-Verteilung von der z-Verteilung?
c) Wozu dient die Festlegung eines Signifikanzniveaus?
d) Was sind die mathematischen Voraussetzungen für die Anwendung eines t-Tests?
e) Was ist der Unterschied zwischen einer ungerichteten und einer gerichteten Alternativhypothese?
f) Was ist der Varianzquotient Ω^2?

Aufgabe 2

Beschreiben Sie...

a) den α-Fehler.
b) den β-Fehler.
c) den Zusammenhang zwischen dem β-Fehler und der Teststärke.
d) die gegenseitige Abhängigkeit der Fehlerwahrscheinlichkeiten.

Aufgabe 3

Ergänzen Sie die fehlenden Satzteile im nachfolgenden Text (bei Satzteilen, die mit * gekennzeichnet sind, ist die falsche Alternative zu streichen)!

Der β-Fehler ist die Wahrscheinlichkeit, sich fälschlicherweise für*/gegen* die Alternativhypothese zu entscheiden. Um den β-Fehler zu erhalten, muss man zunächst eine(n) ______________________ festlegen. Je weniger Versuchspersonen man erhebt, desto __________________ wird der β-Fehler bei sonst gleichen Größen, denn um so __________________ wird auch die Streuung der _______________________________-verteilung. Je größer der interessierende Populationseffekt, desto __________________ wird die Teststärke. Die Teststärke gibt die Wahrscheinlichkeit an, mit der man ein signifikantes Ergebnis findet*/nicht findet*, falls ein Populationseffekt einer bestimmten Größe existiert*/nicht existiert*. Auch das α-Niveau spielt hier eine Rolle, denn je strenger man dieses festlegt, desto __________________ wird die Teststärke.

Anwendungsaufgaben

Aufgabe 1

Ein Persönlichkeitspsychologe glaubt, dass die Leistung in einem Intelligenztest steigt, wenn man die Versuchspersonen für richtige Antworten belohnt. Um diese Hypothese zu überprüfen, führt er eine Untersuchung mit 60 Personen durch: Der einen Hälfte ($n_1 = 30$) verspricht er für jede gelöste Aufgabe im Intelligenztest 1 Euro Belohnung (der Test umfasst 50 Aufgaben), die andere Hälfte ($n_2 = 30$) erhält keine Belohnung für gelöste Aufgaben. Die Mittelwerte der jeweils erreichten Gesamtpunktzahl sollen mit einem t-Test für unabhängige Stichproben verglichen werden.

a) Muss hier ein ein- oder ein zweiseitiger Test durchgeführt werden?

b) Welche statistische Hypothese ist relevant für die inhaltliche Fragestellung?

c) Wenn die Annahme des Psychologen stimmt, müsste die empirische Mittelwertsdifferenz ($\bar{x}_1 - \bar{x}_2$) dann eher positiv, negativ oder Null sein?

d) Wie würde sich die Streuung der Stichprobenkennwerteverteilung verändern, wenn der Psychologe den Test mit $n_1 = n_2 = 40$ durchgeführt hätte?

Aufgabe 2

In der Klinik für Psychosomatik in H. wurde kürzlich eine Therapie zur Linderung von Migräne entwickelt, die im Gegensatz zu herkömmlichen Therapien mehr als 10% der angesetzten Behandlungsstunden einspart. Nun soll der Erfolg der Therapie mittels eines speziell dafür entwickelten Messinstruments, das intervallskalierte Daten liefert, untersucht werden. Die Entwickler der neuen Therapie glauben, dass der Therapieerfolg trotz der kürzeren Behandlungszeit der gleiche ist.

a) Welcher statistische Kennwert wird hier auf Signifikanz geprüft (bitte genau angeben)?

b) Welchen Wert sollte dieser Kennwert gemäß der inhaltlichen Hypothese der Entwickler in der Population haben?

Aufgabe 3

Ein Soziologe führt ein Experiment durch (zwei unabhängige Gruppen, $n_1 = n_2 = 65$), in dem die inhaltliche Hypothese mit der Alternativhypothese des statistischen Tests verknüpft ist und besagt: $\mu_1 - \mu_2 > 0$. Er findet eine Mittelwertsdifferenz von $\bar{x}_1 - \bar{x}_2 = -26$. Die geschätzten Populationsstreuungen betragen $\hat{\sigma}_1 = 290$ und $\hat{\sigma}_2 = 280$. Welchen Schluss kann der Soziologe aufgrund seines empirischen Ergebnisses ziehen?

Aufgabe 4

Eine Psychologiestudentin möchte, dass die Versuchspersonen nach der Teilnahme an seinen Experimenten glücklich und zufrieden sind. Sie will ihnen deshalb eine Belohnung für die Teilnahme zukommen lassen. Aber wie viel? Hängt die Zufriedenheit überhaupt von der Höhe der Belohnung ab? Sie beschließt, diese Frage an einigen Versuchspersonen zu untersuchen. Ihre Ergebnisse stehen in der nebenstehenden Tabelle. Höhere Werte zeigen eine höhere Zufriedenheit an.

Gruppe 1 5 Euro	**Gruppe 2 20 Euro**
4	6
2	4
3	7
5	8
4	8

a) Berechnen Sie Mittelwerte und Streuungen.

b) Ist das Ergebnis signifikant?

c) Geben Sie die Daten in SPSS ein und führen Sie einen t-Test für unabhängige Stichproben durch.

Aufgabe 5

Ein Sozialpsychologe möchte die Stimmung von Versuchspersonen mit Filmen beeinflussen. Er zeigt den Versuchspersonen entweder Ausschnitte aus einem traurigen Film („Schindlers Liste“) oder einem lustigen Film („Die Nackte Kanone $2^1/_2$“) und lässt sie dann auf einer 9-stufigen Skala ihre Stimmung angeben (Intervallskalenniveau). Der Forscher nimmt an, dass ein lustiger Film im Vergleich zu einem traurigen Film die Stimmung hebt.

a) Gibt es einen Einfluss der Filme auf die Stimmung?

b) Wie groß ist dieser Einfluss?

c) Wie viele Personen hätte der Forscher untersuchen müssen, um einen Populationseffekt der Größe $\Omega^2 = 0{,}05$ mit 90%iger Wahrscheinlichkeit zu finden?

Ergebnisse:

$\bar{x}_{pos} = 6{,}8$ $\quad\hat{\sigma}^2_{pos} = 3{,}2$ $\quad n_{pos} = 25$

$\bar{x}_{neg} = 5{,}9$ $\quad\hat{\sigma}^2_{neg} = 3{,}8$ $\quad n_{neg} = 28$

Aufgabe 6

In einer Zweigruppen-Untersuchung wird die Mittelwertsdifferenz auf Signifikanz getestet. Dabei erhält man einen t-Wert von $t_{(df=158)} = 4{,}88$.

a) Welche statistische Entscheidung fällt man, wenn das α-Niveau 5% beträgt (ungerichtete Fragestellung)?

b) Welche inhaltliche Entscheidung fällt man, wenn der mindestens interessierende Populationseffekt $\Omega^2 \geq 0{,}1$ betragen soll?

Aufgabe 7

Eine Entwicklungspsychologin will überprüfen, ob das Körpergewicht einer Person auch einem genetischen Einfluss unterliegt. Dazu untersucht sie 21 Zwillingspaare (eineiig; Gruppe 1) und 21 „normale" Geschwisterpaare (Nicht-Zwillinge; Gruppe 2) und bildet für jedes Paar die „Gewichtsdifferenz" Δ_G. Anschließend mittelt sie diese Werte pro Gruppe und testet die Differenz der beiden so entstandenen Gruppenmittelwerte auf Signifikanz. Ihre Hypothese lautet: „Die Gewichtsdifferenz ist bei eineiigen Zwillingen kleiner (d.h. die Körpergewichte der Geschwister sind ähnlicher) als bei Nicht-Zwillingen". Sie erhält das folgende Ergebnis:

Zwillingspaare: durchschnittliches $\Delta_{G(1)} = 2855$g Streuung: $\hat{\sigma}_1 = 780$g

Nicht-Zwillinge: durchschnittliches $\Delta_{G(2)} = 4012$g Streuung: $\hat{\sigma}_2 = 820$g

Mit diesen Werten rechnet er einen t-Test für unabhängige Stichproben.

a) Wie lautet das formale statistische Hypothesenpaar dieses Tests und welche der Hypothesen ist mit der inhaltlichen Fragestellung verknüpft?

b) Rechnen Sie den entsprechenden t-Test (sinnvolles Runden ist erlaubt)!

c) Zu welchem Ergebnis kommen Sie und warum ($\alpha = 0{,}05$)?

Aufgabe 8

In einem Gedächtnisexperiment mit zwei Gruppen wird die Mittelwertsdifferenz auf Signifikanz geprüft. Man erhält einen t-Wert von $t_{(df=132)} = 3{,}2$ (einseitiger Test; signifikant auf dem 5%-Niveau). Wie groß ist die empirische Effektgröße dieses Experiments?

Aufgabe 9

Ein Wissenschaftler erhält in einem Zweigruppen-Experiment einen empirischen t-Wert von $t_{(df=60)} = 1{,}4$. Dieser Wert ist auf einem 5%-igen α-Niveau (einseitig) *nicht* signifikant. Er legt fest, dass der Populationseffekt mindestens $\Omega^2 \geq 0{,}2$ betragen sollte, um inhaltlich bedeutsam zu sein.

a) Wenn er sich schon nicht für die H_1 entscheiden kann: Was muss der Wissenschaftler tun, um sich eventuell für die H_0 zu entscheiden (bitte ausführliche Rechnung)?

b) Beurteilen Sie das Ergebnis.

c) Wie würde sich das Ergebnis dieses Tests verändern, wenn der Wissenschaftler einen Populationseffekt von $\Omega^2 \geq 0{,}4$ angenommen hätte (nicht rechnen)?

d) Wie würde sich das Ergebnis verändern, wenn der Forscher ein α-Niveau von 10% akzeptiert hätte?

Aufgabe 10

Ein zweiseitiger t-Test wird entgegen der Annahmen des Wissenschaftlers auf dem 5%-Niveau nicht signifikant. Der Forscher hat den Verdacht, dass dieses Ergebnis vielleicht auf Grund seines geringen Stichprobenumfangs zu Stande gekommen sein könnte. Wie viele Versuchspersonen hätte der Forscher insgesamt untersuchen müssen, um mit 95%-iger Wahrscheinlichkeit ein signifikantes Ergebnis zu erhalten, wenn er davon ausgeht, dass der Effekt in der Population mindestens $\Omega^2 \geq 0{,}15$ beträgt?

Aufgabe 11

Eine Forscherin führt mit einer gefundenen Mittelwertsdifferenz ($n_1 = n_2 = 40$) einen zweiseitigen t-Test durch, wobei die inhaltliche Hypothese mit der statistischen Nullhypothese verknüpft ist. Der Test wird erwartungsgemäß nicht signifikant (α-Niveau: 1%). Der Forscher legt nun fest, dass der Effekt in der Population maximal 5% betragen darf, um die Nullhypothese nicht zu verletzen. Wenn der Effekt tatsächlich $\Omega^2 \leq 0{,}05$ betragen würde, wie groß ist dann die Teststärke?

Aufgabe 12

Ein Forscher hat die Wirksamkeit eines neuen Medikaments untersucht. Dafür hat er die Linderung der Krankheit durch das Medikament mit einem Placebo verglichen. Er erhält ein signifikantes Ergebnis mit $t_{(df=298)}=1{,}96$ und bietet den Ärzten nun sein Medikament zum Kauf an. Ein Freund von Ihnen ist Arzt und überlegt, ob er das angebotene Medikament verwenden soll. Was können Sie Ihrem Freund empfehlen?

Aufgabe 13

Ein Therapeut behauptet, dass eine von ihm entwickelte Meditation die Zufriedenheit von Menschen positiv beeinflusst. Er möchte dies mit wissenschaftlichen Methoden zeigen und misst die Zufriedenheit vor und nach der Meditation (Daten mit Intervallskalenqualität). Es ergeben sich folgende Werte:

a) Stellen Sie die statistischen Hypothesen auf.

b) Berechnen Sie den Kennwert des Tests und seine Streuung.

c) Führen Sie einen t-Test durch. Wirkt die Meditation auf die Zufriedenheit?

vorher	**nachher**
4	6
6	7
3	8
7	7
2	4
8	7
3	6
5	6
6	8
4	5

4 Merkmalszusammenhänge

Die Suche nach Zusammenhängen ist ein zentrales Anliegen wissenschaftlicher Tätigkeit. Die meisten Hypothesen über einen empirischen Sachverhalt beinhalten offen oder verdeckt formulierte Annahmen über Kausalbeziehungen. Das Aufdecken solcher Kausalzusammenhänge erlaubt uns, über das bloße Beschreiben der phänomenologischen Umwelt hinauszugehen und Erklärungen für empirische Sachverhalte anzubieten. Die Kenntnis von Zusammenhängen ermöglicht überdies Vorhersagen über künftige Ereignisse. Der Physik gelingt es beispielsweise, beobachtbare Zustände, Veränderungen und Reaktionen der unbelebten Materie aufgrund von Kräften zu erklären und mittels exakter, allgemein gültiger Funktionsgleichungen auszudrücken und vorherzusagen.

Die eben beschriebenen funktionalen Zusammenhänge sind in der sozialwissenschaftlichen Forschung allerdings kaum vertreten. Das liegt vor allem an der Vielzahl möglicher Einflüsse auf ein Versuchsergebnis und der Schwierigkeit, diese Störeinflüsse bei der „Messung am Menschen" auszuschalten. Weiterhin ist es außerordentlich schwierig, Messinstrumente zu konstruieren, die das interessierende Merkmal zuverlässig messen. Das Wort „zuverlässig" steht hier stellvertretend für die Eigenschaft der Reliabilität einer Messung, die bei der Testkonstruktion von entscheidender Bedeutung ist.

Die gefundenen Zusammenhänge in den Sozialwissenschaften sind aufgrund dieser Messproblematik selten so hoch, dass sie perfekte Vorhersagen ermöglichen. Stattdessen implizieren sie je nach ihrer Höhe unterschiedliche Grade der Vorhersagegenauigkeit. Diese „nicht perfekten" Beziehungen zwischen Variablen lassen sich als stochastische Zusammenhänge bezeichnen.

Trotz dieses Mangels an Perfektion gibt es eine Vielzahl sozialwissenschaftlicher Fragestellungen, die den Zusammenhang von Merkmalen betreffen. So untersucht beispielsweise die

Sozialpsychologie, inwieweit eine berichtete Einstellung mit dem tatsächlich gezeigten Verhalten korrespondiert. Wie aber lassen sich derartige Zusammenhänge für die Wissenschaft brauchbar überprüfen?

In den Sozialwissenschaften haben sich Methoden durchgesetzt, die es erlauben, die Höhe des Zusammenhangs zweier Variablen zu spezifizieren. Das Skalenniveau der untersuchten Variablen bestimmt dabei, welche Methode zur Anwendung kommt. Im Folgenden werden drei verschiedene Verfahren dargestellt: Der Schwerpunkt liegt auf der Produkt-Moment-Korrelation, die Aussagen über den Zusammenhang zweier intervallskalierter Merkmale macht. Zusätzlich werden die punktbiseriale Korrelation für eine intervallskalierte und eine zweistufige, nominalskalierte Variable sowie die Rangkorrelation für zwei ordinalskalierte Variablen besprochen. Der Abschnitt 4.2 befasst sich mit der linearen Regression, einer Methode zur Vorhersage einer Merkmalsausprägung auf Grund der Ausprägung in einem anderen Merkmal. Diese Methode ist nur bei intervallskalierten Daten anwendbar.

4.1 Kovarianz und Korrelation

Der Grad des Zusammenhangs zwischen zwei intervallskalierten Variablen kann mathematisch durch die Kovarianz und die auf ihr aufbauende Produkt-Moment-Korrelation beschrieben werden. Beides sind Maße der bivariaten Deskriptivstatistik. Bevor diese beiden Maße und ihre Besonderheiten eingehend besprochen werden, soll eine entscheidende Frage beantwortet werden: Was genau impliziert der Begriff des Zusammenhangs?

4.1.1 Der Begriff des Zusammenhangs

Hängen zwei Variablen auf bestimmte Weise zusammen, so bedeutet das folgendes: Die Ausprägung, die eine Versuchsperson auf der einen Variable aufweist, bestimmt mit, welche Ausprägung diese Person auf der anderen Variable erreicht. Beide Variablen variieren demnach systematisch miteinander. So stehen beispielsweise die Intelligenz einer Versuchsperson und deren Kreativität in Beziehung zueinander: Überdurchschnittlich intelligente Menschen weisen in der

Regel eine höhere Kreativität auf als weniger intelligente Menschen. Mit anderen Worten: je höher die Intelligenz, umso größer die Kreativität. Aussagen dieser Form postulieren einen Zusammenhang. Dessen Höhe ist davon abhängig, wie zwingend von der einen Variablen auf die andere geschlossen werden kann. Wären alle überdurchschnittlich intelligenten Personen kreativer als alle weniger intelligenten, so würde das auf einen hohen Zusammenhang hindeuten. Wenn es dagegen unter den Hochintelligenten auch unkreative Personen gäbe, sowie unter den weniger Intelligenten sehr kreative, so wäre der Zusammenhang weniger stark.

Ein Zusammenhang kann in zwei „Richtungen" vorliegen: positiv oder negativ. Wenn wie im obigen Beispiel hohe Werte auf der einen Variablen hohen Werten auf der anderen entsprechen und für niedrige Werte dasselbe gilt, so ist der Zusammenhang positiv (Abb. 4.1). Gehen dagegen hohe Werte auf der einen Variablen mit niedrigen Werten auf der anderen einher und umgekehrt, so liegt ein negativer Zusammenhang vor: Je mehr Menschen arbeitslos sind, desto geringer fallen die Steuereinnahmen des Staates aus (Abb. 4.2). Kein Zusammenhang existiert dagegen, wenn die Werte der Personen auf der einen Variable mal mit hohen und mal mit niedrigen Werten auf der anderen Variablen einhergehen. In diesem Fall sind beide Merkmale voneinander stochastisch unabhängig (Abb. 4.3).

Am Rand sind die verschiedenen Arten von Zusammenhängen in so genannten Scattergrammen graphisch dargestellt. Ein Merkmal ist auf der x-Achse, das zweite auf der y-Achse abgebildet. Jeder Punkt im Scattergramm entspricht dem Messwertepaar einer Versuchsperson. Die Einzelpunkte ergeben zusammen eine Punktewolke, deren Form die Stärke und die Richtung eines Zusammenhangs skizziert. Ist die Punktewolke kreisförmig, besteht kein Zusammenhang. Je enger die elliptische Form eines Punkteschwarms ist, umso stärker ist der Zusammenhang. Die obere Abbildung lässt einen positiven, die zentrale einen negativen und die untere gar keinen Zusammenhang vermuten. Die graphische Interpretation des Zusammenhangs zweier Variablen trägt viel zur ersten Orientierung bei, erlaubt aber lediglich seine grobe Klassifizierung. Der Grad des Zusammenhangs ist mit bloßem Auge nicht ersichtlich. Diesen zu quantifizieren ist die Aufgabe der Kovarianz und der Korrelation.

Ein Zusammenhang zeigt sich darin, dass beide Variablen systematisch miteinander variieren.

Abb. 4.1. Positiver Zusammenhang

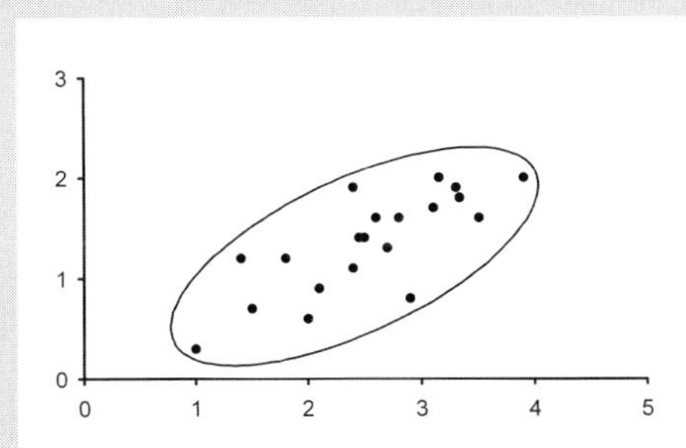

Abb. 4.2. Negativer Zusammenhang

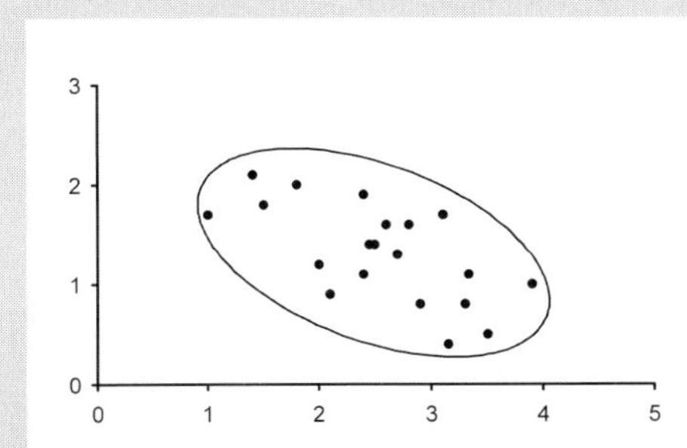

Abb. 4.3. Kein Zusammenhang

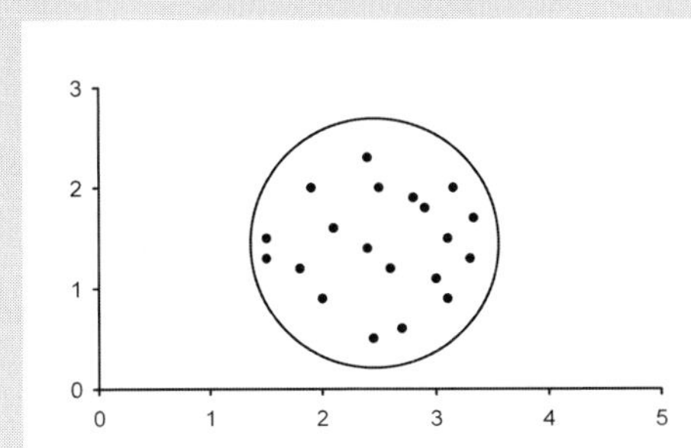

Die Kovarianz zweier Variablen ist das durchschnittliche Abweichungsprodukt aller Messwertepaare von ihrem jeweiligen Mittelwert.

4.1.2 Die Kovarianz

Die Kovarianz ist ein unstandardisiertes Maß, welches den Zusammenhang zweier Variablen erfasst. Zwei Merkmale x und y hängen dann hoch (positiv) zusammen, wenn hohe Werte auf dem Merkmal x mit hohen Werten auf dem Merkmal y einhergehen und niedrige Werte des Merkmals x mit niedrigen Werten des Merkmals y einhergehen. Wie hoch oder niedrig ein Wert innerhalb einer Verteilung ist, zeigt seine Abweichung vom Verteilungsmittelwert.

Die Formel macht deutlich, dass die Kovarianz im Gegensatz zur Varianz Aussagen über die gemeinsame Variation zweier Merkmale macht:

$$\text{cov}(x, y) = \frac{\sum_{i=1}^{n} (x_i - \bar{x}) \cdot (y_i - \bar{y})}{n - 1}$$

Die Kovarianz ist das durchschnittliche Produkt aller korrespondierenden Abweichungen der Messwerte von den Mittelwerten der beiden Merkmale x und y.

Für jedes Wertepaar wird die Abweichung des x-Werts vom Mittelwert der x-Werte mit der Abweichung des y-Werts vom Mittelwert der y-Werte multipliziert. Die Summe der einzelnen Abweichungsprodukte wird als Kreuzproduktsumme zweier Variablen bezeichnet. Diese Kreuzproduktsumme wird über alle Beobachtungen gemittelt. Allerdings wird analog zur Varianz im Nenner durch n - 1 geteilt, um einen erwartungstreuen Schätzer der Populationskovarianz zu erhalten (Kap. 1.3).

Hervorzuheben ist die starke Ähnlichkeit der Formel zur Varianz mit dem Unterschied, dass die Varianz die Abweichungen einer Variablen um ihren Mittelwert erfasst, während die Kovarianz die gleichgerichtete Abweichung zweier Variablen berechnet. Die Varianz liefert aufgrund der Quadrierung ausschließlich positive Ergebnisse, wohingegen die Kovarianz auch negative Werte annehmen kann. Dies führt uns zu den verschiedenen Arten von Zusammenhängen (Kap. 4.1.1).

Eine positive Kovarianz resultiert, wenn die beiden Variablen weitgehend gemeinsam in die gleiche Richtung von ihrem Mittelwert abweichen, d.h. positive Abweichungen der einen Variable werden mit positiven Abweichungen der anderen multipliziert, bzw. negative mit negativen. Der Zusammenhang ist positiv.

Die Kovarianz ist positiv, wenn positive Abweichungen vom Mittelwert mit positiven einhergehen und umgekehrt.

Dagegen ergibt sich eine negative Kovarianz, wenn viele entgegengesetzt gerichtete Abweichungen vom jeweiligen Mittelwert auftreten, d.h. eine positive Abweichung auf der einen Variable korrespondiert mit einer negativen Abweichung auf der anderen und umgekehrt. Die Kreuzproduktsumme und somit auch die Kovarianz werden negativ. Die Merkmale weisen einen negativen oder inversen Zusammenhang auf.

Die Kovarianz ist negativ, wenn positive Abweichungen vom Mittelwert mit negativen einhergehen und umgekehrt.

Sind die Abweichungen mal gleich, mal entgegengesetzt gerichtet, so heben sich die Abweichungsprodukte gegenseitig auf und es resultiert eine Kovarianz nahe Null. In diesem Fall besteht kein systematischer Zusammenhang zwischen den Variablen x und y. Die Ausprägung des Merkmals x sagt also nichts über die Ausprägung des Merkmals y aus.

Eine Kovarianz von Null besagt, dass beide Variablen in keinem Zusammenhang zueinander stehen.

Der Betrag der Kovarianz zwischen zwei Variablen kann beliebige Werte zwischen Null und einer festgelegten maximalen Kovarianz annehmen. Diese gibt an, wie hoch die Kovarianz im konkreten Fall höchstens werden kann. Der Betrag der maximalen Kovarianz ist für positive wie auch negative Zusammenhänge identisch. Er ist definiert als das Produkt der beiden Merkmalsstreuungen:

Die maximale Kovarianz zweier Variablen entspricht dem Produkt ihrer Streuungen.

$$|\text{cov}(\max)| = \hat{\sigma}_x \cdot \hat{\sigma}_y$$

Die maximale numerische Kovarianz zwischen zwei Variablen ist abhängig von den Streuungen der beiden Verteilungen und von der Maßeinheit der erhobenen Daten. Entsprechendes gilt für die empirisch gefundene Kovarianz. Die Abweichungen, die in die Formel zur Berechnung des Zusammenhangs eingehen, sind abhängig vom gewählten Maßstab. Somit ergibt sich beispielsweise für ein- und dieselbe Erhebung eine viel höhere Kovarianz, wenn als Längenmaß die Einheit Zentimeter an Stelle von Meter verwendet wird. Die Kovarianz ist also kein standardisiertes Maß und folglich zur quantitativen Kennzeichnung des Zusammenhangs zweier

Die Kovarianz ist ein unstandardisiertes Maß für den Zusammenhang.

Merkmale nur bedingt geeignet. Sie kann allerdings in ein standardisiertes Maß überführt werden: den Korrelationskoeffizienten.

Bevor wir zu diesem Schritt übergehen, wollen wir die Berechnung der Kovarianz anhand eines Beispiels durchführen. Dieses Beispiel wird auch in den folgenden Abschnitten weitere Beachtung finden.

Ein Forscher glaubt, dass zwischen Extraversion und Humor ein positiver Zusammenhang besteht. Den Grad der Extraversion erhebt er mit einem Persönlichkeitstest, der einen Wertebereich von 0 bis 30 hat, wobei hohe Werte eine hohe Extraversion anzeigen. Den Humorwert einer Versuchsperson operationalisiert er anhand der Häufigkeit des Lachens während der Präsentation eines Films. Die Stichprobe ($n = 15$) ergibt die folgende Tabelle 4.1:

Tabelle 4.1. Extraversion und Humor

Vp-Nr.	Extraversionswerte	Lachen
1	7	11
2	12	14
3	23	32
4	13	22
5	7	10
6	18	22
7	11	21
8	22	23
9	8	12
10	19	29
11	26	35
12	13	16
13	5	7
14	20	28
15	6	18
Mittelwerte	14	20

Die Kovarianz von Extraversion und Humor in dieser Stichprobe berechnet sich wie folgt:

$$\mathrm{cov}(x,y) = \frac{(7-14)\cdot(11-20)+\ldots+(6-14)\cdot(18-20)}{15-1}$$

$$\mathrm{cov}(x,y) = \frac{738}{14} = 52{,}71$$

Der Zusammenhang zwischen Extraversion und Humor ist also positiv. Über die relative Höhe des Zusammenhangs sagt dieser Wert allerdings nichts aus. Das leistet erst ein standardisiertes Maß wie der Korrelationskoeffizient.

4.1.3 Die Produkt-Moment-Korrelation

Die Produkt-Moment-Korrelation nach Pearson ist das gebräuchlichste Maß für die Stärke des Zusammenhangs zweier Variablen. Sie drückt sich aus im Korrelationskoeffizienten r. Er stellt die Standardisierung der im vorherigen Abschnitt behandelten Kovarianz dar. Dabei wird die empirisch ermittelte Kovarianz an der maximalen Kovarianz relativiert. Durch diesen einfachen Rechenschritt wird die Kovarianz von der Streuung der Merkmale bereinigt. Der resultierende Korrelationskoeffizient r ist somit maßstabsunabhängig.

Der Korrelationskoeffizient r ist ein standardisiertes Maß für den Zusammenhang zweier Variablen.

$$r_{xy} = \frac{\mathrm{cov}_{emp}}{\mathrm{cov}_{max}} = \frac{\mathrm{cov}(x,y)}{\hat{\sigma}_x \cdot \hat{\sigma}_y}$$

Definition der Produkt-Moment-Korrelation

Die Formel gibt zu erkennen, dass der Korrelationskoeffizient niemals größer als 1 oder kleiner als –1 werden kann, denn die empirisch gefundene Kovarianz kann die maximal mögliche Kovarianz zwischen den beiden Variablen in ihrem Wert nicht übersteigen. Der Wertebereich der Korrelation ist somit im Gegensatz zu dem der Kovarianz begrenzt zwischen –1 und +1.

Der Korrelationskoeffizient kann nur Werte im Bereich von –1 bis +1 annehmen.

Ein perfekter positiver Zusammenhang würde für r den Wert 1, ein perfekter negativer Zusammenhang den Wert –1 liefern. Besteht zwischen den Variablen kein Zusammenhang (cov = 0), so ist r ebenfalls Null, man spricht von einer Nullkorrelation.

Eine Umwandlung der Formel der Korrelation ist sehr aufschlussreich:

Die Korrelation entspricht der Kovarianz zweier z-standardisierter Variablen.

$$r = \frac{\sum_{i=1}^{n}(x_i - \bar{x}) \cdot (y_i - \bar{y})}{(n-1) \cdot \hat{\sigma}_x \cdot \hat{\sigma}_y} = \frac{1}{n-1} \cdot \sum_{i=1}^{n} \left(\frac{x_i - \bar{x}}{\hat{\sigma}_x} \cdot \frac{y_i - \bar{y}}{\hat{\sigma}_y} \right)$$

Es ist zu erkennen, dass die Quotienten in der Klammer genau der Formel für die z-Standardisierung entsprechen (Kap. 1.4). Die z-Standardisierung übernimmt dabei die Funktion, die unterschiedlichen Streuungen der beiden Verteilungen aus der Kovarianz heraus zu rechnen. Die Korrelation ist also im Grunde genommen nichts anderes als die Kovarianz zweier z-standardisierter Variablen mit den Mittelwert 0 und der Streuung 1:

$$r = \frac{\sum_{i=1}^{n}(z_{xi} - 0) \cdot (z_{yi} - 0)}{n-1} = cov(z_{xi}, z_{yi})$$

Um die Korrelation im Rechenbeispiel zum Zusammenhang von Extraversion und Humor bestimmen zu können, müssen zuerst die Merkmalsstreuungen $\hat{\sigma}_x$ und $\hat{\sigma}_y$ berechnet werden.

Die Ergebnisse (bitte rechnen Sie nach):

$\hat{\sigma}_x = 8{,}46$ und $\hat{\sigma}_y = 6{,}87$

Daraus folgt für den Korrelationskoeffizienten:

$$r_{xy} = \frac{cov(x, y)}{\hat{\sigma}_x \cdot \hat{\sigma}_y} = \frac{52{,}71}{8{,}46 \cdot 6{,}87} = 0{,}91$$

Selbstverständlich resultiert dasselbe Ergebnis, wenn wir die Messwerte vorher z-standardisieren und anschließend die Kovarianz der z-Werte bilden. Wir schließen aus diesem hohen Wert für die Korrelation, dass der in der Untersuchung gefundene Zusammenhang zwischen Extraversion und Humor sehr stark ist. Ein Signifikanztest dieser Korrelation folgt weiter unten.

Der Korrelationskoeffizient r macht den Anschein, als wäre er als Prozentmaß des Zusammenhangs zu verstehen, etwa dergestalt, dass eine Korrelation von 0,8 einen doppelt so hohen Zusammenhang beschreibt wie eine Korrelation von 0,4. Aussagen diesen Typs sind aber mit Korrelationswerten nicht zulässig, da die hierfür erforderliche Äquidistanz nicht gegeben ist. Allerdings macht sich dies erst bei hohen Korrelationen rechnerisch bemerkbar. Für viele Anwendungen ist die Korrelation daher ein äußerst nützlicher Kennwert und wird auch überall in den Sozialwissenschaften eingesetzt. Sie ist aber eben kein hundertprozentig perfektes Maß; wenn es darum geht, Korrelationen aus verschiedenen Untersuchungen miteinander zu vergleichen und zusammenzufassen. Eine Möglichkeit, mit diesem Problem umzugehen ist die Fishers Z-Transformation. Sie wird im folgenden Kapitel (Kap. 4.1.4) erklärt.

Der Korrelationskoeffizient ist nicht intervallskaliert. Er ist demnach nicht als Prozentmaß des Zusammenhangs interpretierbar.

Ab welcher Höhe eine Korrelation zwischen zwei Variablen als inhaltlich bedeutsam angesehen werden kann, hängt stark vom jeweiligen Forschungsgegenstand ab. Weiterhin spielt es eine Rolle, ob die Untersuchung Labor- oder Feldcharakter hat. Allgemein werden bei Laborexperimenten wegen der Kontrollierbarkeit von Störeinflüssen höhere Zusammenhänge erwartet, wohingegen bei Feldstudien der Anspruch an die Höhe der Korrelation in der Regel niedriger ist.

Exkurs: Korrelation und Kausalität

An dieser Stelle sei darauf hingewiesen, dass man eine Korrelation nicht vorschnell als Beweis für Kausalitätsbeziehungen betrachten darf. Ist eine Korrelation zwischen zwei Variablen vorhanden, so sagt diese noch nichts über zugrunde liegende Ursache-Wirkungs-Beziehungen zwischen den beteiligten Merkmalen aus. Grundsätzlich sind mehrere Möglichkeiten denkbar:

Ein bestehender Zusammenhang gibt keine Auskunft über etwaige Kausalitätsrelationen zwischen den untersuchten Merkmalen.

Variable x verursacht Variable y oder umgekehrt Variable y bewirkt Variable x. Ein viel zitiertes Beispiel bilden die empirisch ermittelten Zusammenhänge zwischen dem Konsum gewaltverherrlichender Filme und erhöhter Aggressionsbereitschaft der Filmkonsumenten. Führt die Darstellung von Gewalt in den Medien zu erhöhter Aggressionsbereitschaft, oder sehen sich aggressive Kinder einfach lieber aggressive Filme an? Nicht immer ist klar, in welche Richtung die Kausalität verläuft.

Darüber hinaus ist eine hohe Korrelation kein Garant dafür, dass überhaupt ein direkter ursächlicher Zusammenhang zwischen den untersuchten Merkmalen besteht. Beide Variablen x und y können von einer dritten gemeinsamen Ursache abhängen. Dieses Phänomen

Eine Scheinkorrelation tritt auf, wenn zwei Variablen von einer dritten gemeinsamen Ursache abhängen.

wird als Scheinkorrelation bezeichnet. So nahmen beispielsweise nach dem 1. Weltkrieg in Deutschland sowohl die Anzahl der Störche als auch die Geburtenrate ab. Hier einen direkten Zusammenhang zu vermuten ist offensichtlich falsch. Plausibler ist es, beide Rückgänge als Folgen der zunehmenden Industrialisierung zu erklären.

Es sollte deutlich geworden sein, dass ein korrelativer Zusammenhang nicht als Beweis für kausale Abhängigkeit angesehen werden darf. Auch hier gilt, dass die Mathematik nicht in der Lage ist, zwischen sinnvollen und unsinnigen Aussagen zu unterscheiden. Letztendlich ist es dem Forscher selbst auferlegt, unter den möglichen Erklärungen die Treffendste auszuwählen.

4.1.4 Die Fishers Z-Transformation

Für die Berechnung eines Mittelwerts von Korrelationen müssen diese vorher in Fishers Z-Werte transformiert werden.

Die Fishers Z-Transformation bildet Korrelationen auf annähernd Intervallskalenniveau ab.

Liegen zu einem untersuchten Merkmalszusammenhang mehrere Ergebnisse in Form von Korrelationen vor, so ist es sinnvoll, einen Mittelwert aus den Einzelergebnissen zu bilden. Ein Mittelwert aus mehreren Korrelationen ist aber stets mit einem Fehler behaftet und mit einem Fehler behaftet, da Korrelationskoeffizienten nicht intervallskaliert sind. Diesem Problem schafft die Fishers Z-Transformation Abhilfe (Fisher, 1925). Sie ist unter keinen Umständen mit der z-Standardisierung aus Kapitel 1.4 zu verwechseln. Die Aufgabe dieser Transformation ist es, Korrelationen in annähernd Intervallskalenniveau zu überführen so dass die Bildung des arithmetischen Mittels zulässig ist. Dazu sind drei Schritte notwendig:

1. Transformation der einzelnen Korrelationen in Fishers Z-Werte
2. Bildung des arithmetischen Mittels der Fishers Z-Werte
3. Rücktransformation des arithmetischen Mittels der Fishers Z-Werte in eine Korrelation

Die Berechnungsvorschrift zur Transformation der Korrelationen in Fishers Z-Werte lautet:

$$Z = \frac{1}{2} \cdot \ln\left(\frac{1+r}{1-r}\right)$$

Aus den Fishers Z-Werten kann nun ein Mittelwert gebildet werden.

Die Rücktransformation des Mittelwerts der Fishers Z-Werte in eine mittlere Korrelation folgt der Berechnungsvorschrift:

$$\bar{r} = \frac{e^{2 \cdot \bar{Z}} - 1}{e^{2 \cdot \bar{Z}} + 1}$$

Ein praktischer Hinweis zur Formel: e ist der Index für die Eulersche Zahl (2,7182818). Die Funktion e^x ist auf den meisten Taschenrechnern als „Invers"- bzw. „Shift"-Funktion zur ln-Funktion zu finden. Wer die Rechenarbeit scheut, sei auf Tabelle D im Anhang verwiesen.

Fishers Z-Werte sind zwar annähernd intervallskaliert, ihr Wertebereich ist im Gegensatz zu dem der Korrelation aber nicht begrenzt (er geht gegen unendlich). Somit stellen auch sie kein prozentuales Maß für den Zusammenhang zweier Variablen dar. Noch einmal: Korrelationen sind nicht äquidistant, Unterschiede können streng genommen nur als Größer-Kleiner-Relationen interpretiert werden. Fishers Z-Werte dagegen sind so gut wie äquidistant, es lassen sich Mittelwerte bilden und die Größe von Abständen interpretieren.

Der Wertebereich der Fishers Z-Werte ist nicht begrenzt.

Die Fishers Z-Transformation eignet sich neben der Produkt-Moment-Korrelation auch für die punktbiseriale (Kap. 4.1.9) und die Rangkorrelation (Kap. 4.1.10).

Beispiel: Der Forscher aus der obigen Untersuchung ($r_1 = 0{,}91$) führt diese Studie noch zwei weitere Male durch, um ein valideres Ergebnis zu erhalten. Dabei findet er die Korrelationen $r_2 = 0{,}75$ und $r_3 = 0{,}82$. Wie lautet der Mittelwert aus den drei Korrelationen?

Schritt 1: Transformation der Korrelationen in Fishers Z-Werte:

$r_1 = 0{,}91 \rightarrow Z_1 = 1{,}53$

$r_2 = 0{,}75 \rightarrow Z_2 = 0{,}97$

$r_3 = 0{,}82 \rightarrow Z_3 = 1{,}16$

Schritt 2: Bildung des Mittelwerts aus den drei Fishers Z-Werten: $\bar{Z} = 1{,}22$

Schritt 3: Rücktransformation dieses Mittelwerts anhand der entsprechenden Formel in eine Korrelation.

$$\bar{r} = \frac{e^{2 \cdot 1,22} - 1}{e^{2 \cdot 1,22} + 1} = \frac{10,473}{12,473} = 0,84$$

Die mittlere Korrelation aus den drei Studien beträgt 0,84.

4.1.5 Signifikanz von Korrelationen

Der Signifikanztest für Korrelationen verläuft analog zum t-Test.

Es wird geprüft, mit welcher Wahrscheinlichkeit eine empirische Korrelation aus einer Population mit einer Korrelation von Null stammt.

Auch die Korrelation lässt sich einem Signifikanztest unterziehen. Dieser verläuft analog zum t-Test (Kap. 3.1) mit einem Unterschied: Der Stichprobenkennwert der Testverteilung besteht aus der Korrelation zweier Stichproben, und nicht aus einer Mittelwertsdifferenz (Kap. 3.1.1). Die Nullhypothese des Signifikanztests für Korrelationen besagt, dass eine empirisch ermittelte Korrelation r zweier Variablen aus einer Grundgesamtheit stammt, in der eine Korrelation ρ (rho) von Null besteht. Die Alternativhypothese behauptet, dass die tatsächliche Korrelation der Population von Null verschieden ist. Das Hypothesenpaar lautet:

statistische Hypothesen der Korrelation

H_0: $\rho = 0$

H_1: $\rho \neq 0$

Auch bei Korrelationen ist das gerichtete Testen von Hypothesen möglich. Dafür muss die Richtung des postulierten Zusammenhangs a priori feststehen (Kap. 3.2). Das Hypothesenpaar verändert sich dadurch entsprechend.

Aus Kapitel 3.1.3 ist die zugehörige Prüfstatistik, die t-Verteilung (Tabelle B im Anhang), bereits bekannt. Der t-Wert aus der empirischen Korrelation r und dem Stichprobenumfang n lässt sich wie folgt berechnen:

Definition des t-Werts für die Korrelation

$$t_{df} = \frac{r \cdot \sqrt{n-2}}{\sqrt{1-r^2}} \qquad \text{mit df} = \text{n- 2}$$

n : Anzahl der Versuchspersonen

Freiheitsgrade: df = n - 2

Diese Formel zur Überführung eines empirischen Korrelationskoeffizienten in einen t-Wert gilt für alle in Abschnitt 4.1 besprochenen Arten von Korrelationen gleichermaßen.

Für den Signifikanztest gilt, dass gegen ein vorher festgelegtes Fehlerniveau α bzw. gegen einen kritischen t-Wert getestet wird.

Übertrifft der empirische t-Wert diese Grenzmarke, so ist die Korrelation statistisch signifikant. Die Nullhypothese wird abgelehnt, die Alternativhypothese angenommen.

Beispiel: In einer Untersuchung zum Zusammenhang von Intelligenz und Kreativität ergibt sich bei einer Stichprobe von 20 Probanden eine Korrelation von r = 0,41. Ist diese Korrelation auf dem 5%-Niveau statistisch bedeutsam?

Der zugehörige t-Wert berechnet sich zu

$$t_{df=18} = \frac{0{,}41 \cdot \sqrt{20-2}}{\sqrt{1-0{,}41^2}} = 1{,}907 .$$

Aus Tabelle B lässt sich der kritische t-Wert von $t_{krit\ (df\ =\ 18)} = 1{,}734$ entnehmen. Die Korrelation ist folglich knapp signifikant.

4.1.6 Effektstärkenmaße für eine Korrelation

Da eine Korrelation an den Streuungen der beteiligten Variablen standardisiert ist (vgl. Kap. 4.1.3), kann man die Korrelation r als ein Effektstärkenmaß interpretieren. Allerdings empfiehlt es sich aufgrund der fehlenden Äquidistanz zur besseren Vergleichbarkeit Fishers Z-transformierte Korrelationen zu verwenden (Rosenthal, 1994). Viele Metaanalysen fassen korrelative Befunde unter Anwendung der Z-Transformation zusammen.

Korrelationen können als Effektstärkenmaße interpretiert werden.

Als alternatives Effektstärkenmaß lässt sich der so genannte Determinationskoeffizient r^2 bilden. Allerdings geht durch die Quadrierung die Information über die Richtung des Zusammenhangs (positiver vs. negativer Zusammenhang) verloren. Der Determinationskoeffizient steht für den Anteil der Varianz einer Variablen, der durch die Varianz der anderen Variablen aufgeklärt wird. Anders ausgedrückt: Er gibt an, wie viel Varianz der einen Variablen Kovarianz mit der anderen Variablen bildet. In diesem Sinne ist r^2 auch als Effektstärkenmaß einer Korrelation zu verstehen. Je mehr Varianz die beiden untersuchten Variablen gemeinsam haben, je stärker sie also kovariieren, desto größer ist der Effekt. Im Gegensatz zu r liefert der Determinationskoeffizient r^2 intervallskalierte Werte und darf als Prozentmaß interpretiert werden.

Der Determinationskoeffizient r^2 gibt an, wieviel Prozent Varianz der einen Variable durch die andere aufgeklärt wird.

Der Determinationskoeffizient ist ein Effektstärkenmaß für den Zusammenhang zweier Variablen.

Liefert eine empirische Untersuchung einen Korrelationskoeffizienten von r = 0,50 zwischen den Variablen A und B, so liegt der Determinationskoeffizient bei $r^2 = 0{,}25$. Dieser Wert ist so zu interpretieren, dass die Variable B 25% der Varianz von Variable A aufklärt. 75% der Varianz werden durch andere Faktoren verursacht.

r^2 nimmt stets kleiner Werte an als r (abgesehen von r = 1). Deshalb müssen die Korrelationskoeffizienten groß sein, um für einen beträchtlichen Anteil der Varianz aufkommen zu können. Beispielsweise ist eine Beziehung von r = ± 0,71 notwendig, um die Hälfte der Varianz der beiden Merkmale erklären zu können. Der Gültigkeitsbereich des Determinationskoeffizienten r^2 als Effektstärkenmaß bleibt nicht auf die Produkt-Moment-Korrelation beschränkt, sondern gilt für alle in diesem Abschnitt behandelten Korrelationstechniken gleichermaßen. Zusätzlich ist er ein Gütemaß für die Lineare Regression. In Kapitel 4.2.4 folgt seine Darstellung aus regressionsanalytischer Sicht.

4.1.7 Konfidenzintervall für eine Korrelation

Die Bestimmung des Konfidenzintervalls für eine Korrelation läuft im Prinzip analog zu dem Falle eines Mittelwertes ab (Kap. 2.3). Dabei ist zu beachten, dass Korrelationen in ihrer Grundverteilung nicht normalverteilt sind. Sie lassen sich jedoch durch die Fisher Z-Transformation (siehe Kap. 4.1.4) annähernd in eine Normalverteilung überführen. Unter Zuhilfenahme der Formel für die Standardabweichung von Fishers Z-Werten (Bortz, 1999) lässt sich so ein symmetrisches Konfidenzintervall um den zugehörigen Fisher Z-Wert der Korrelation bilden. Die ermittelten Grenzwerte können anschließend per Rücktransformation in r-äquivalente Grenzwerte übergeführt werden. Diese sind dann natürlich nicht mehr symmetrisch um r angeordnet.

Beispiel: Wie lautet das 95% Konfidenzintervall für r = 0,55 (N = 120)?

1. r in Fishers Z umwandeln:

$$r_Z = \frac{1}{2}\ln\left(\frac{1+r}{1-r}\right) = \frac{1}{2}\ln\left(\frac{1+0{,}55}{1-0{,}55}\right) = 0{,}62$$

2. Standardfehler für Fishers Z berechnen:

$$\sigma_Z = \sqrt{\frac{1}{n-3}} = \sqrt{\frac{1}{120-3}} = 0{,}092$$

3. Konfidenzintervall um Z bestimmen: Ein Konfidenzintervall von 95% wird durch einen Bereich von 1,96 Standardfehlereinheiten (siehe 2.3.2) um den Z-Wert herum aufgespannt.

   untere Grenze: $Z - z_{(\alpha/2)} \cdot \sigma_Z = 0{,}62 - 1{,}96 \cdot 0{,}092 = 0{,}440$

   obere Grenze: $Z + z_{(\alpha/2)} \cdot \sigma_Z = 0{,}62 + 1{,}96 \cdot 0{,}092 = 0{,}800$

4. Rücktransformation der Fishers Z Werte in Korrelationen:

$$r_{\text{untereGrenze}} = \frac{e^{2Z}-1}{e^{2Z}+1} = \frac{e^{2 \cdot 0{,}440}-1}{e^{2 \cdot 0{,}440}+1} = 0{,}414$$

$$r_{\text{obereGrenze}} = \frac{e^{2Z}-1}{e^{2Z}+1} = \frac{e^{2 \cdot 0{,}800}-1}{e^{2 \cdot 0{,}800}+1} = 0{,}664$$

Das 95% Konfidenzintervall um die empirische Korrelation 0,55 (bei N=120) beträgt [0,414; 0,664]. Die gefundene Stichprobenkorrelation stammt mit einer Wahrscheinlichkeit von 95% aus einer Populationskorrelation in diesem Bereich.

4.1.8 Stichprobenfehler

Bei der Rekrutierung einer Stichprobe ist zwingend darauf zu achten, dass sie für die interessierende Population repräsentativ ist. Gilt dies nicht, so verbietet sich eine Übertragung der durch die Stichprobe gewonnenen Ergebnisse auf die Population. Jede irgendwie geartete Selektion kann entscheidenden Einfluss auf die Ergebnisse und damit auf die Schlussfolgerungen nehmen. Auf diese Weise entstehen leicht folgenreiche Fehlinterpretationen. Auch der Signifikanztest einer Korrelation umgeht dieses Problem nicht.

Beispielsweise ist es möglich, dass bei der Zusammenstellung einer Stichprobe nicht die gesamte Variationsbreite der Population berücksichtigt wurde. Dadurch kann die Erkenntnis über den real existierenden Zusammenhang verloren gehen. Die in Abbildung 4.4 gezeigte Stichprobe (dicke Umrandung) deutet auf eine Nullkorrelation hin, während in der Population ein positiver

Abb. 4.4. Positive Populationskorrelation, Nullkorrelation in der Stichprobe

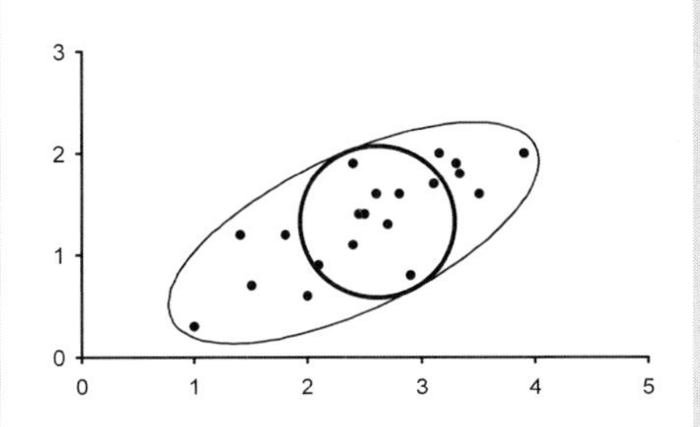

Abb. 4.5. Nullkorrelation in der Population, positive Korrelation in der Stichprobe

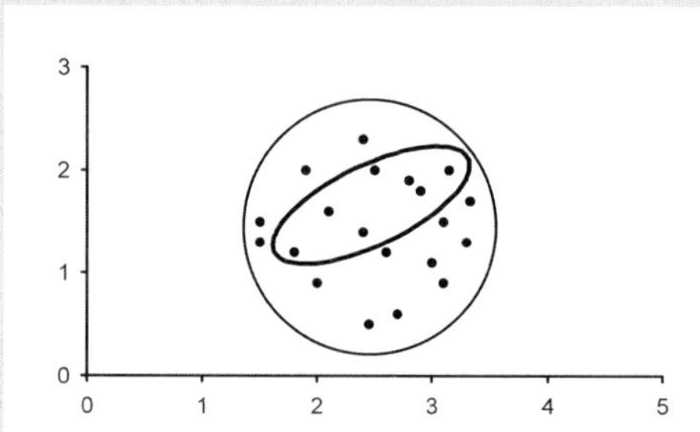

Abb. 4.6. Negative Populationskorrelation, positive Korrelation in der Stichprobe

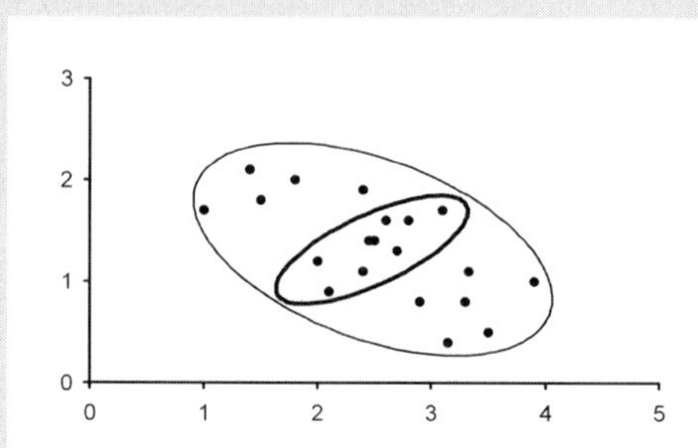

Die punktbiseriale Korrelation bestimmt den Zusammenhang zwischen einer dichotomen und einer intervallskalierten Variable.

Zusammenhang zwischen den beiden Merkmalen herrscht. Auch andere Fälle sind vorstellbar: Eine Nullkorrelation auf Populationsebene, aber durchaus bedeutsame Zusammenhänge für einzelne Subgruppen (Abb. 4.5); oder sogar Fälle, bei denen der Zusammenhang in der Stichprobe entgegengesetzt zum Zusammenhang in der Population verläuft (Abb. 4.6).

In solchen Fällen handelt es sich häufig um Effekte von so genannten Moderatorvariablen, die beide untersuchten Merkmale beeinflussen und dadurch deren rechnerischen Zusammenhang verändern. Eine Lösung dieses Problems ist die hier nicht behandelte Partialkorrelation (siehe Bortz, 1999). An dieser Stelle ist es primär wichtig, auf die Problematik aufmerksam zu machen.

Auch das Ergebnis eines Signifikanztests ändert an der Problematik nichts, denn es ist möglicherweise unbekannt, was diese Signifikanz oder Nichtsignifikanz bedingt. Deshalb ist es wichtig, schon bei der Planung einer Untersuchung mögliche Moderatorvariablen zu identifizieren und deren Einfluss so weit wie möglich zu kontrollieren.

4.1.9 Die punktbiseriale Korrelation

Die punktbiseriale Korrelation ist das geeignete Verfahren, um den Zusammenhang zwischen einem intervallskalierten und einem dichotomen, nominalskalierten Merkmal zu bestimmen. Ein Merkmal ist dann dichotom, wenn es in genau zwei Ausprägungen auftreten kann. Als Beispiele seien das Geschlecht oder die Kategorien „Ausführen" und „Unterlassen" einer Handlung genannt. Die Formel für die punktbiseriale Korrelation lautet:

$$r_{pb} = \frac{\bar{y}_1 - \bar{y}_0}{\hat{\sigma}_y} \cdot \sqrt{\frac{n_0 \cdot n_1}{n^2}}$$

x	:	dichotome Variable in den Ausprägungen x_0 und x_1 (nicht in der Formel)
y	:	intervallskalierte Variable
$\bar{y}_0$	:	Mittelwert der y-Werte in x_0
$\bar{y}_1$	:	Mittelwert der y-Werte in x_1
n_0	:	Stichprobengröße in x_0
n_1	:	Stichprobengröße in x_1
n	:	$n_0 + n_1$ (Anzahl aller Untersuchungseinheiten)
$\hat{\sigma}_y$	:	geschätzte Populationsstreuung aller y-Werte (Kap. 1.3)

Die Formel der punktbiserialen Korrelation hat zwar ein anderes Erscheinungsbild als die der Produkt-Moment-Korrelation, aber beide sind direkt ineinander überführbar. Obiger Ausdruck ergibt sich, wenn in die Berechnungsvorschrift der Produkt-Moment-Korrelation für das dichotome Merkmal die gewählten Kodierungen eingesetzt werden. Die distinkte Formel vereinfacht lediglich die Berechnung der Korrelation per Hand.

Die punktbiseriale Korrelation hat wie der Korrelationskoeffizient der Produkt-Moment-Korrelation einen Wertebereich von -1 bis $+1$ (Kap. 4.1.3). Dabei steht $r = -1$ für einen perfekten negativen und $r = +1$ für einen perfekten positiven Zusammenhang. Kein Zusammenhang besteht bei $r = 0$.

Die Formel ist so konzipiert, dass eine positive Korrelation dann resultiert, wenn die y-Werte unter x_0 im Durchschnitt kleiner sind als die y-Werte unter x_1, d.h. die Merkmalsausprägung nimmt von x_0 nach x_1 zu. Entsprechend resultiert eine negative punktbiseriale Korrelation, wenn die durchschnittlichen Merkmalsausprägungen der y-Werte in x_0 über den Ausprägungen in x_1 liegen.

Der zugehörige Signifikanztest erfolgt wie bei der Produkt-Moment-Korrelation über die t-Verteilung mit der bekannten Formel aus Abschnitt 4.1.5:

$$t_{df} = \frac{r_{pb} \cdot \sqrt{n-2}}{\sqrt{1-r_{pb}^{2}}} \qquad \text{mit } df = n - 2$$

n : Anzahl der Versuchspersonen

Betrachten wir als Beispiel den Zusammenhang zwischen Körpergröße und Geschlecht. In Tabelle 4.2 ist die Körpergröße (in cm) von 13 Versuchspersonen (7 Frauen, 6 Männer) eingetragen.

Die Mittelwerte der y-Werte belaufen sich auf 170 cm für die weiblichen, auf 179 cm für die männlichen Versuchspersonen und auf $y_{ges} = 174{,}15$ für die Gesamtstichprobe. Die geschätzte Populationsstreuung von y liegt bei 9,38 (bitte nachrechnen).

Tabelle 4.2. Zusammenhang zwischen Körpergröße und Geschlecht

Weiblich	**Männlich**
y_0	y_1
171	180
155	184
178	191
182	174
168	178
166	167
170	-

Abb. 4.7. Darstellung von Mittelwertsunterschieden beim t-Test

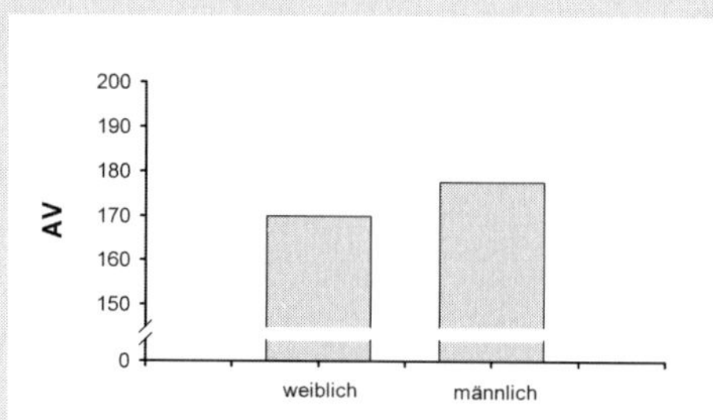

Abb. 4.8. Darstellung einer punktbiserialen Korrelation

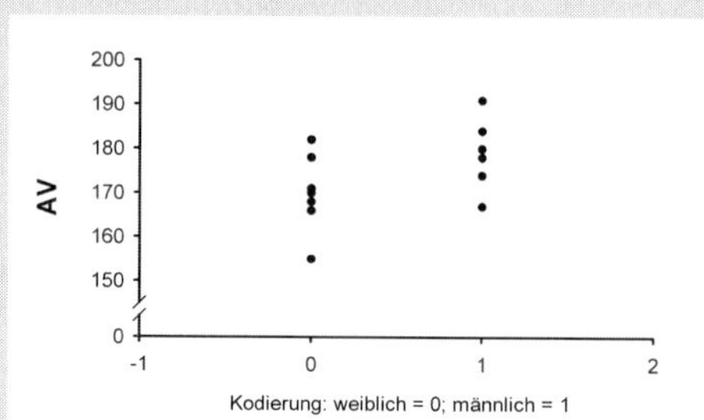

Nun lässt sich die punktbiseriale Korrelation berechnen.

$$r_{pb} = \frac{\bar{y}_1 - \bar{y}_0}{\hat{\sigma}_y} \cdot \sqrt{\frac{n_0 \cdot n_1}{n^2}} = \frac{179 - 170}{9{,}38} \cdot \sqrt{\frac{7 \cdot 6}{13^2}} = 0{,}48$$

Die punktbiseriale Korrelation zwischen der Körpergröße und dem Geschlecht beträgt $r_{pb} = 0{,}48$. Zwischen diesen beiden Merkmalen herrscht also ein Zusammenhang dergestalt, dass Männer größer sind als Frauen.

Die Richtung des Zusammenhangs lässt sich sowohl aus den Mittelwerten als auch aus dem Vorzeichen der Korrelation erschließen. Wären die Frauen mit y_1 und die Männer mit y_0 kodiert, so würde die negative Korrelation $r_{pb} = -.48$ resultieren.

Ist der gefundene Zusammenhang statistisch signifikant?

$$t_{df=11} = \frac{r_{pb} \cdot \sqrt{n-2}}{\sqrt{(1-r^2)}} = \frac{0{,}48 \cdot \sqrt{13-2}}{\sqrt{1 - 0{,}48^2}} = 1{,}81$$

Der kritische t-Wert für $\alpha = 0{,}05$ und $df = 11$ lautet $t_{krit} = 1{,}796$ (siehe Tabelle B im Anhang). Die Korrelation ist knapp signifikant.

Punktbiseriale Korrelation und t-Test

Konzeptuell entsprechen sich punktbiseriale Korrelation und t-Test, mit nur einer Ausnahme: Korrelationen erfassen Zusammenhänge, der t-Test untersucht Mittelwertsunterschiede. Die Unterscheidung ist allerdings eine rein oberflächliche, wie die Abbildungen 4.7 und 4.8 zeigen. Die Daten stammen aus dem Beispiel im vorherigen Abschnitt. Aus den Abbildungen geht hervor, dass ein Mittelwertsvergleich, wie ihn der t-Test betreibt, ohne Einschränkungen auch als eine punktbiseriale Korrelation zu verstehen ist. Beide Konzepte sind direkt ineinander überführbar. Die genauere Begründung dieser Zusammenhänge liegt im Allgemeinen Linearen Modell (ALM, vgl. Kap. 5, vertiefend in Bortz, 1999).

4.1.10 Die Rangkorrelation

Zur Berechnung der Korrelation zweier ordinalskalierter Merkmale bietet sich die Rangkorrelation nach Spearman an. Der Rangkorrelationskoeffizient r_s stellt eine Analogie zur Produkt-Moment-Korrelation dar, wobei an Stelle intervallskalierter Messwerte die jeweiligen Rangplätze der ordinalskalierten Daten eingesetzt werden. Die Rangkorrelation erfasst, inwieweit zwei Rangreihen systematisch miteinander variieren. Ihre Berechnungsvorschrift lautet:

Die Korrelation zweier rangskalierter Merkmale berechnet sich mit der Rangkorrelation nach Spearman.

$$r_s = 1 - \frac{6 \cdot \sum_{i=1}^{n} d_i^2}{n \cdot (n^2 - 1)}$$

d_i stellt die Differenz der Rangplätze einer Untersuchungseinheit i bezüglich der Variablen x und y dar, n die Anzahl der Untersuchungseinheiten.

Genau wie bei der Produkt-Moment-Korrelation erstreckt sich der Wertebereich der Rangkorrelation von –1 bei einem perfekten negativen Zusammenhang aufgrund einer gegenläufigen Reihenfolge bis +1 bei einem perfekten positiven Zusammenhang aufgrund einer identischen Reihenfolge.

Für $n \geq 30$ kann der Rangkorrelationskoeffizient durch den folgenden t-Test näherungsweise auf Signifikanz überprüft werden. Wieder hat der Test $df = n - 2$ Freiheitsgrade.

$$t_{df} = \frac{r_s \cdot \sqrt{n-2}}{\sqrt{1 - r_s^2}}$$

Beispiel: Zehn Teilnehmer eines Karaoke-Wettbewerbs werden sowohl von einer fachkundigen Jury als auch von einer Laien-Jury aus dem Publikum bewertet und in eine Rangreihe gebracht (Tabelle 4.3).

Tabelle 4.3. Bewertungen von Kandidatinen an einem Karaoke-Wettbewerb von zwei Jurys

Die Frage lautet, ob beide Parteien trotz unterschiedlicher Fachkenntnis zu einer vergleichbaren Einschätzung der Teilnehmer gelangen.

Kandidaten-Nummer	**Rangplatz x_i Experten-Jury**	**Rangplatz y_i Laien-Jury**	**$d_i = (x_i - y_i)$**
1	8	6	2
2	10	10	0
3	3	1	2
4	1	4	-3
5	6	7	-1
6	7	9	-2
7	2	3	-1
8	5	2	3
9	9	8	1
10	4	5	-1

Eingesetzt in die Spearman Rangkorrelationsformel resultiert für r:

$$r_s = 1 - \frac{6 \cdot \sum_{i=1}^{n} d_i^{\,2}}{n \cdot (n^2 - 1)} = 1 - \frac{6 \cdot \left[2^2 + 0 \ + 2^2 + \ldots + (-1)^2\right]}{10 \cdot \left(10^2 - 1\right)}$$

$$= 1 - \frac{204}{990} = 0{,}79$$

Die Ratings der Experten-Jury und der Laien-Jury korrelieren also stark miteinander. Ist die Korrelation statistisch signifikant?

$$t_{df=8} = \frac{r_s \cdot \sqrt{n-2}}{\sqrt{\left(1 - r_s^2\right)}} = \frac{0{,}79 \cdot \sqrt{10-2}}{\sqrt{\left(1 - 0{,}79^2\right)}} = \frac{2{,}23}{0{,}61} = 3{,}66$$

Der zugehörige t-Wert übertrifft den kritischen t-Wert von 1,860 ($\alpha = 0{,}05$; df = 8) bei weitem. Dieses Beispiel hat allerdings lediglich rechnerischen Nutzen, denn die Anzahl der Untersuchungseinheiten reicht nicht aus, um eine zuverlässige Signifikanzprüfung durchführen zu können. Auch hier wäre eine vorangehende Stichprobenumfangsplanung notwendig.

Ausblick:

Somit haben wir die drei wichtigsten Korrelationstechniken, Produkt-Moment-Korrelation, punktbiseriale Korrelation und Rangkorrelation kennen gelernt. Damit sind aber nicht alle Kombinationsmöglichkeiten von Skalenniveaus der beteiligten Variablen abgedeckt. In der folgenden Tabelle findet sich ein Überblick über alle Fälle. Die hier nicht besprochenen Techniken der punktbiserialen Rangkorrelation und des Phi-Koeffizienten können bei Bedarf im Lehrbuch von Bortz (1999) nachgeschlagen werden.

Übersicht 4.1. Die Korrelationstechniken

Übersicht über die Korrelationstechniken

	Intervallskala	**Rangskala**	**Nominalskala (dichotom)**
Intervallskala	Produkt-Moment-Korrelation	Rangkorrelation	Punktbiseriale Korrelation
Rangskala		Rangkorrelation	Punktbiseriale Rangkorrelation
Nominalskala (dichotom)			Phi-Koeffizient

Die lineare Regression liefert eine lineare Funktion, die der Vorhersage des Merkmals y (Kriterium) aus der Variable x (Prädiktor) dient.

4.2 Lineare Regression

Der Zusammenhang zweier Variablen lässt sich nach den bisherigen Kenntnissen durch die Korrelation mathematisch beschreiben. In den empirischen Sozialwissenschaften ist es oftmals darüber hinaus von Interesse, auch Vorhersagen über die Ausprägung von Variablen zu machen. Genau das leistet die Regression. Liegen für zwei Merkmale x und y eine Reihe von Wertepaaren vor, so lässt sich aufgrund dieser Daten eine Funktion zur Vorhersage von y aus x bestimmen. Diese Funktion heißt Regressionsgleichung. Dabei ist x die unabhängige Variable, genannt Prädiktor, und y die gesuchte abhängige Variable, das Kriterium. Schon hier wird deutlich, dass bei der Regression zwischen unabhängiger und abhängiger Variable unterschieden wird, wogegen bei der oben besprochenen Korrelation die beiden Merkmale gewissermaßen gleichberechtigt nebeneinander stehen und allein der Zusammenhang zwischen ihnen von Interesse ist.

Der Name Regression leitet sich von den Arbeiten Sir Francis Galtons her, welcher als erster über Funktionsgleichungen das Phänomen untersucht hat, dass Söhne von großen Vätern tendenziell etwas kleiner sind als ihre Väter, so dass ein Rückschritt (lat. regressus) zur Durchschnittsgröße vorliegt. Diese spezielle Entdeckung hat damals dem ganzen Gebiet seinen Namen gegeben.

Natürlich gibt es nicht nur lineare Zusammenhänge, sondern beispielsweise auch kurvilineare oder exponentielle. Wir beschränken uns in diesem Kapitel aber auf lineare Zusammenhänge. Zunächst werden die Berechnung und die Eigenschaften der Regressionsgeraden im Vordergrund stehen. Im Folgenden wird auf wichtige Einsichten und Besonderheiten hinsichtlich der Regressionsanalyse hingewiesen. Abschließend werden zwei Maße für die Güte einer Regression vorgestellt. Dabei soll deutlich werden, dass Regression und Korrelation eng miteinander verknüpft sind.

4.2.1 Die Regressionsgerade

Kehren wir nochmals auf den in der Einleitung dieses Kapitels erwähnten Unterschied zwischen einem funktionalen und einem stochastischen Zusammenhang zurück: Jeder kennt aus der Physik zahlreiche funktionale Zusammenhänge, etwa den Zusammenhang zwischen Masse und Gewichtskraft. Durch Einsetzen der Masse m in die Gleichung $G = g \cdot m$ ist für jede beliebige Masse die jeweilige

Gewichtskraft G bestimmbar, wobei die Konstante g den Wert g = 9,81 N/kg hat. Ein solcher linearer Zusammenhang kann durch eine Gerade graphisch wiedergegeben werden (Abbildung 4.9). Für jeden x-Wert lässt sich der zugehörige y-Wert ablesen. Ist es möglich, solche Vorhersagen auch bei den stochastischen Zusammenhängen in der Psychologie vorzunehmen?

Abb. 4.9. Eine Gerade mit der Gleichung $G = g \cdot m$

Stochastische Zusammenhänge sind unvollkommene Zusammenhänge, die sich graphisch in einer Punktewolke zeigen (siehe Kap. 4.1.1). Je höher der tatsächliche Zusammenhang ist, desto enger wird die Punktewolke. Bei maximalem Zusammenhang geht die Punktewolke schließlich in eine Gerade über. In diesem rein theoretischen Fall liegt ein funktionaler Zusammenhang vor.

An diesem Punkt setzt die Regressionsanalyse an: Das Ziel dieses Verfahrens ist es, den stochastischen Zusammenhang zwischen zwei Variablen durch eine lineare Funktion wiederzugeben. Anschaulich bedeutet dies, dass die Punktewolke durch eine einzige, möglichst repräsentative Gerade ersetzt wird. Dies gelingt natürlich umso besser, je enger die Punktewolke ist, also je höher die beiden Merkmale tatsächlich miteinander korrelieren.

4.2.2 Berechnung der Regressionsgleichung

Die Regressionsgerade ist diejenige Gerade, die den Gesamttrend der Punkte am Besten wiedergibt. Die mathematischen Überlegungen, die zu ihrer Bestimmung führen und ihre konkrete Berechnung sind Thema dieses Abschnitts.

Die Regressionsgerade gibt den Gesamttrend der Einzelwerte am besten wieder.

Gesucht ist eine Gerade der Form $y = m \cdot x + b$. Die Steigung dieser Geraden wird mit b bezeichnet und heißt Regressionsgewicht, die Höhenlage (bzw. der y-Achsen-Abschnitt) wird mit a bezeichnet. Die Variable y der Funktion wird als Schätzer mit einem Dach ($\hat{y}$) gekennzeichnet, da hypothetische Werte vorhergesagt werden, die nicht unbedingt mit den tatsächlichen Werten übereinstimmen. Somit lautet die allgemeine Regressionsgleichung:

$$\hat{y} = b \cdot x + a$$

Diese Funktion, deren Parameter b und a es zu bestimmen gilt, liefert für jeden Wert x_i einen zugehörigen Wert $\hat{y}_i$. Dieser vorhergesagte Wert kann jedoch von dem empirischen Wert y_i abweichen.

Abb. 4.10. Abweichung der empirischen Werte von den vorhergesagten Werten

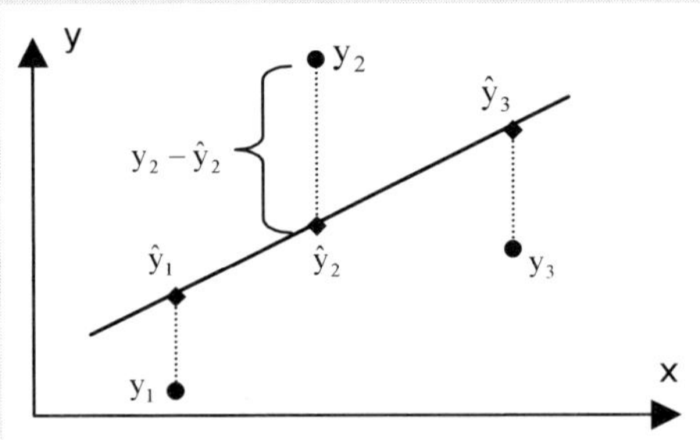

Die Regressionsgerade wird mit Hilfe des Kriteriums der kleinsten Quadrate ermittelt.

In der Abbildung 4.10 sind die empirischen und die vorhergesagten Werte dreier Versuchspersonen und eine willkürliche Regressionsgerade eingezeichnet. Die Klammer markiert die Abweichung des empirischen Werts y_2 vom theoretischen Wert $\hat{y}_2$. Diese Abweichung ist der Fehler, den die Regressionsgerade bei der Vorhersage von $\hat{y}_2$ macht.

Die Differenz $y_i - \hat{y}_i$ gibt allgemein für jede Versuchsperson an, wie stark ihr wahrer Wert von dem durch die Gerade vorhergesagten Wert abweicht. Die optimale Gerade, die diesen Punkteschwarm am besten wiedergibt, ist diejenige, bei der über alle Versuchspersonen dieser Vorhersagefehler am Kleinsten ist.

Zur Lösung dieser Aufgabe bemühen wir das Kriterium der kleinsten Quadrate: Die Gerade ist so zu legen, dass die Summe der Quadrate aller Abweichungen der empirischen y-Werte von den vorhergesagten y-Werten möglichst klein wird:

$$\sum_{i=1}^{n}(y_i - \hat{y}_i)^2 = \min$$

Die Quadrierung hat im Vergleich zu nicht quadrierten Werten den Vorteil, dass sie inhaltlich bedeutsamere Abweichungen stärker berücksichtigt. Zusätzlich fallen Irritationen durch unterschiedliche Vorzeichen weg.

Setzt man für $\hat{y}_i$ die allgemeine Geradengleichung $\hat{y} = b \cdot x + a$ ein, so ergibt sich ein Ausdruck, dessen Minimum über die Differentialrechnung bestimmt werden kann. In diesem Zusammenhang sind aber nur die Ergebnisse dieser Rechenarbeit von Bedeutung: Die beiden „idealen“ Parameter b (Steigung) und a (Höhenlage) der Regressionsgerade lassen sich wie folgt ermitteln:

$$b_{yx} = \frac{\text{cov}(x, y)}{\sigma_x^2} \qquad a_{yx} = \bar{y} - b_{yx} \cdot \bar{x}$$

Die Indizierung der Parameter a und b mit yx besagt, dass die y-Werte aus den x-Werten vorhergesagt werden. Der umgekehrte Fall, nämlich die Vorhersage der x-Werte aus den y-Werten, ist ebenso möglich. Hier sind das Regressionsgewicht b und der y-Achsenabschnitt a entsprechend definiert als:

$$b_{xy} = \frac{\text{cov}(x,y)}{\sigma_y^{\ 2}} \qquad a_{xy} = \bar{x} - b_{xy} \cdot \bar{y}$$

Aus diesen Definitionen ergibt sich eine zweite Geradengleichung und damit eine zweite Regressionsgerade, die im Normalfall eine etwas andere Vorhersage liefert als die erste Regressionsgerade (Abb. 4.11). Das liegt daran, dass bei der Berechnung der zweiten Regressionsgerade das Prinzip der kleinsten Quadrate auf die x-Werte an Stelle der y-Werte angewandt wird.

Prinzipiell lassen sich für zwei Variablen je nach Prädiktor- und Kriteriumswahl zwei unterschiedliche Regressionsgleichungen bestimmen.

Abb. 4.11. Zwei Regressionsgeraden

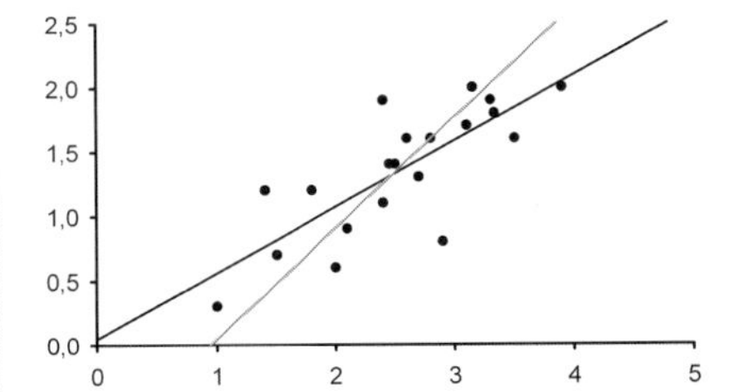

Die beiden Regressionsgeraden weisen stets einen gemeinsamen Schnittpunkt auf, dessen Koordinaten mit dem Mittelwert der beiden Merkmalsverteilungen identisch ist (vgl. hierzu Kap. 4.2.3). Die Bestimmung beider Regressionsgeraden ist in der Regel überflüssig, da meist im Vorhinein feststeht, welche Variable als Prädiktor und welche als Kriterium dient. Auf die Darstellung der zweiten Regressionsgerade wird deshalb im Folgenden verzichtet.

Ein wesentlicher Vorteil der Regressionsanalyse ist die Möglichkeit einer Vorhersage: Ist die Regressionsgleichung zwischen zwei Variablen bekannt, so lässt sich zu einem beliebigen Wert der Prädiktorvariable der zugehörige Kriteriumswert prognostizieren.

Beispielsweise beeinträchtigt Alkohol die Reaktionszeit negativ. In einer Untersuchung wird den Versuchspersonen eine bestimmte Menge Alkohol intravenös verabreicht. Die Alkoholkonzentration in Promille wird auf neun Stufen variiert. Jede Versuchsperson muss anschließend einen Reaktionstest am Computer durchführen, wobei die Reaktionszeit erfasst und abschließend über alle Durchgänge gemittelt wird. Pro Bedingung werden 20 Versuchspersonen untersucht. Die Bedingungsmittelwerte sind in der Tabelle 4.4 zusammengefasst. Gesucht ist die Regressionsgleichung zur Vorhersage von Reaktionszeiten aufgrund der Alkoholkonzentration im Blut. Diese Gleichung wäre etwa im Zusammenhang mit der Beeinträchtigung durch Alkohol im Straßenverkehr von Interesse.

Tabelle 4.4. Reaktionszeit und Alkoholkonzentration

Alkoholkonz. x (Promille)	Reaktionszeit y (ms)
0	554
0,2	581
0,5	589
0,7	628
1,0	623
1,4	687
1,8	692
2,25	734
2,5	812

Mit welcher Reaktionszeit ist zum Beispiel bei einer Konzentration von 0,8 Promille zu rechnen?

$$\overline{x} = 1{,}15 \qquad \overline{y} = 655{,}56$$

$$\sigma_x^2 = 0{,}80 \qquad \sigma_y^2 = 6883{,}28$$

Prädiktor- und Kriteriumsvariable haben eine Kovarianz von

$$\mathrm{cov}(x,y) = \frac{\sum_{i=1}^{n}(x_i - \overline{x})\cdot(y_i - \overline{y})}{n-1}$$

$$\mathrm{cov}(x,y) = 72{,}15$$

Der Zusammenhang ist positiv. Wir erwarten also eine Gerade mit positiver Steigung b.

$$b_{yx} = \frac{72{,}15}{0{,}80} = 90{,}19$$

Dieser Wert drückt aus, dass ein beliebiger y-Wert nach einer Einheit auf der x-Achse nach rechts um 90,19 Einheiten gestiegen ist. Die Steigung der Geraden beträgt also 90,19.

Die Gerade hat eine Höhenlage von

$$a_{yx} = 655{,}56 - 90{,}19 \cdot 1{,}15 = 551{,}84$$

Bei diesem y-Wert schneidet die Gerade die y-Achse. Somit lautet die vollständige Funktionsgleichung der gesuchten Regressionsgeraden:

$$y = 90{,}19 \cdot x + 551{,}84$$

Nun können wir bestimmen, welche Reaktionszeit bei einer Konzentration von 0,8 Promille zu erwarten ist. Das Einsetzen von x = 0,8 liefert einen y-Wert von

$$y = 90{,}19 \cdot 0{,}8 + 551{,}84 = 623{,}99\,.$$

Die Messpunkte und die ermittelte Regressionsgerade sind in Abbildung 4.12 veranschaulicht. Der vorhergesagte y-Wert von 624 ms bei 0,8 Promille ist gekennzeichnet.

Abb. 4.12. Regressionsgerade zur Vorhersage von Reaktionszeit aus der Alkoholkonzentration

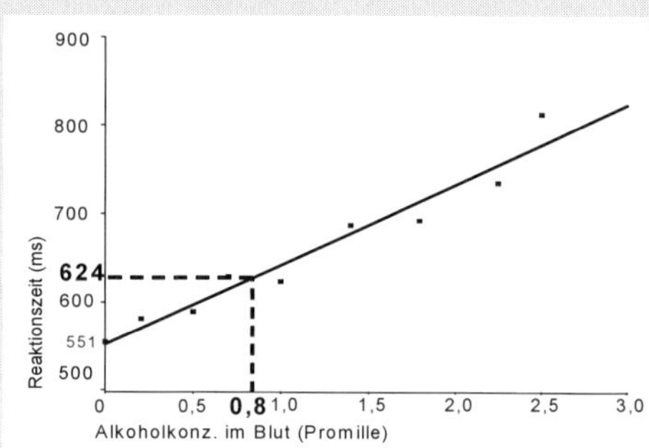

4.2.3 Wichtige Einsichten und Zusammenhänge

Der folgende Abschnitt behandelt verschiedene Fragen, die eng mit der Regressionsrechnung in Verbindung stehen. Außerdem wird der Spezialfall einer Kovarianz von Null, sowie die Regression z-standardisierter Variablen thematisiert.

Schnittpunkt der Regressionsgeraden

Es lassen sich stets zwei Regressionsgeraden berechnen, abhängig davon, welche Variable als Prädiktor und welche als Kriterium dient. Diese beiden Geraden haben einen gemeinsamen Schnittpunkt. Mit einem einfachen Beweis (Bortz, 1999; Kap. 6.1.1) lässt sich zeigen, dass die Koordinaten des Schnittpunkts den Mittelwerten $\bar{x}$ und $\bar{y}$ entsprechen. Die Regressionsgeraden schneiden sich im Punkt $(\bar{x};\bar{y})$.

Die zwei möglichen Regressionsgeraden schneiden sich im Punkt $(\bar{x};\bar{y})$.

Mittelwert der vorhergesagten y-Werte

Der Mittelwert der vorhergesagten Variablen entspricht dem Mittelwert der tatsächlichen Verteilung. Auch dies kann durch einen mathematischen Beweis gezeigt werden (hier nicht aufgeführt).

Der Mittelwert der vorhergesagten Werte ist mit dem Mittelwert der tatsächlichen Verteilung identisch.

Dient y als Kriterium, so ist $\bar{y}$ der Mittelwert der $\hat{y}$-Werte. Wird x vorhergesagt, so lautet der entsprechende Mittelwert $\bar{x}$. Diese Einsicht erklärt sich wie folgt: Die Regressionsrechnung soll die Abweichungen der tatsächlichen von den vorhergesagten Werten so gering wie möglich halten. Dabei muss sie aber stets repräsentativ für die ganze Verteilung bleiben. Der Mittelwert der vorhergesagten Werte darf sich folglich nicht verändern.

Regressionsgleichungen bei einer Kovarianz von Null

Eine Kovarianz von Null besagt, dass zwischen den beiden Merkmalen kein Zusammenhang besteht. Somit ergibt sich für b und a:

$$b_{yx} = \frac{0}{\sigma_x^{\ 2}} = 0 \quad ; \quad a_{yx} = \bar{y} - 0 \cdot \bar{x} = \bar{y}$$

Die Regressionsgerade der vorhergesagten y-Werte verläuft auf der Höhe des Mittelwerts $\bar{y}$ parallel zur x–Achse. Die Steigung beträgt Null.

Abb. 4.13. Bei einer Kovarianz von Null stehen die beiden Regressionsgeraden senkrecht aufeinander.

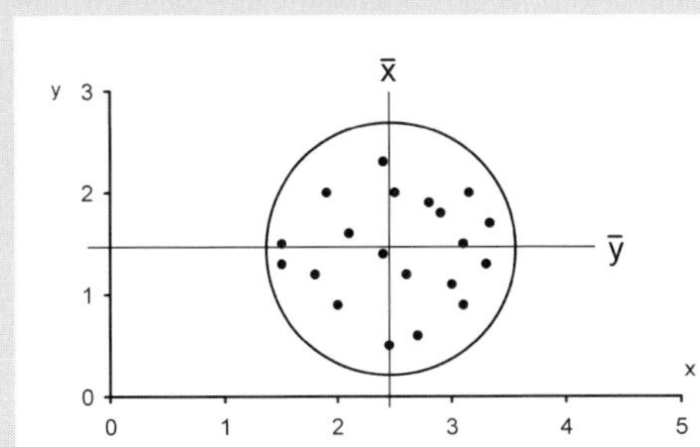

Die Regressionsgerade von z-standardisierten Variablen geht durch den Ursprung des Koordinatensystems.

$$b_{xy} = \frac{0}{\sigma_y^2} = 0 \; ; \; a_{xy} = \bar{x} - 0 \cdot \bar{y} = \bar{x}$$

Die zweite Regressionsgerade der vorhergesagten x-Werte verläuft parallel zur y–Achse und schneidet die x–Achse im Punkt $\bar{x}$. Beide Regressionsgeraden sind in der Abbildung 4.13 zu erkennen.

Liegt kein Zusammenhang der betrachteten Variablen vor, so sagen beide Geraden für alle Werte den jeweiligen Kriteriumsmittelwert voraus. Das ist durchaus sinnvoll, denn das arithmetische Mittel ist der Wert, der die Verteilung am Besten repräsentiert (Kap. 2.3). Das Kriterium der kleinsten Quadrate ist somit erfüllt, wenn jeder Vorhersagewert mit dem Mittelwert übereinstimmt. Die stochastische Unabhängigkeit der beiden Variablen zeigt sich graphisch darin, dass die Geraden senkrecht aufeinander stehen.

Mit wachsendem Zusammenhang wird der Betrag der Kovarianz größer. Entsprechend verkleinert sich der Winkel zwischen den Geraden immer mehr. Bei maximaler Kovarianz bzw. perfektem Zusammenhang fallen die beiden Geraden schließlich zusammen.

Regression und z-standardisierte Variablen

Liegen die beiden Merkmale x und y in z-standardisierter Form vor, so haben beide Verteilungen den Mittelwert 0 (Kap. 1.4). Eine weitere Besonderheit bei z-standardisierten Variablen ist, dass die Steigung der Regressionsgerade mit der Kovarianz identisch ist. Außerdem haben die beiden möglichen Geraden dieselbe Steigung. Das rührt alles daher, dass die beiden z-transformierten Variablen eine einheitliche Streuung von Eins besitzen.

$$b_{yx} = b_{xy} = \frac{\mathrm{cov}(z_x, z_y)}{1} = \frac{\sum_{i=1}^{n} z_{x_i} \cdot z_{y_i}}{n-1}$$

Die Höhenlage der Regressionsgerade beträgt stets:

$$a_{z_y} = a_{z_x} = \bar{z}_y - b \cdot \bar{z}_x = 0 - b \cdot 0 = 0$$

Die Regressionsgerade verläuft durch den Ursprung des Koordinatensystems. Bei z-standardisierten Variablen spielt es für die Regression keine Rolle, welche Variable durch die andere vorhergesagt wird.

Weiterhin gilt für z-standardisierte Variablen, dass Kovarianz und

Korrelation identisch sind, was ebenfalls auf die einheitlichen Streuungen von eins zurückzuführen ist:

$$r_{z_y z_x} = \frac{\operatorname{cov}(z_x \cdot z_y)}{\sigma_{z_x} \cdot \sigma_{z_y}} = \frac{\operatorname{cov}(z_x \cdot z_y)}{1 \cdot 1} = \operatorname{cov}(z_x \cdot z_y)$$

Zusammengefasst haben z-standardisierte Variablen den Vorteil, dass die Interpretation und die graphische Darstellung eines Zusammenhangs bedeutend einfacher sind als bei unstandardisierten Variablen. Die Steigungen beider Regressionsgeraden sind identisch mit der Kovarianz und der Korrelation.

Die Steigung einer Regressionsgeraden von z-standardisierten Variablen entspricht der Korrelation sowie der Kovarianz zwischen den beiden Merkmalen.

Nonlineare Zusammenhänge und lineare Regression

Wie der Name bereits hinreichend deutlich macht, ist das hier behandelte Verfahren für lineare Zusammenhänge konzipiert. Seine Anwendung ist dementsprechend nur in solchen Fällen gerechtfertigt, wo auf Grund von theoretischen Überlegungen lineare Beziehungen zwischen zwei Variablen zu erwarten sind. Diese Überlegungen erfolgen in vielen Fällen leider nicht im Vorfeld einer Untersuchung. Daher ist es ein Ziel dieses Buches, den bewussten und kritischen Umgang mit statistischen Methoden zu vermitteln.

Doch selbst wenn theoretische Erwägungen einen linearen Zusammenhang zwischen zwei Variablen vorhersagen, ist es unabdingbar, die empirischen Werte post hoc in einem Scattergramm zu betrachten, um diese Vorhersage zu überprüfen. Statistikprogramme wie SPSS berechnen für jede irgendwie geartete Beziehung zwischen Variablen eine lineare Regression, unabhängig davon, ob diese Operation sinnvoll ist oder nicht. Abbildung 4.14 zeigt ein Beispiel, in dem trotz eines vorherrschenden nonlinearen Zusammenhangs eine positive lineare Korrelation und eine entsprechende Regressionsgerade berechnet wurden. Eine folgenschwere Fehlinterpretation dieser Daten ist durch die simple Betrachtung des dazugehörigen Scattergramms vermeidbar.

Abb. 4.14. Kurvilinearer Zusammenhang und lineare Regressionsgerade

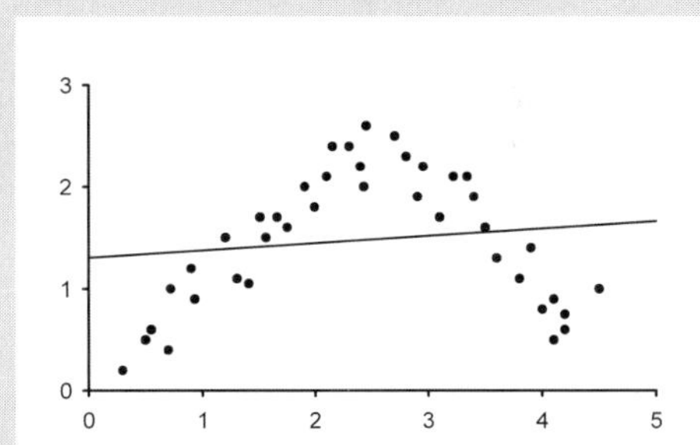

Bei einem nicht perfekten Zusammenhang sind die Vorhersagen einer Regression fehlerhaft.

4.2.4 Die Güte des Zusammenhangs

Jede empirische Verteilung zweier Merkmale kann einer linearen Regressionsanalyse unterzogen werden. Das Ergebnis ist eine Regressionsgleichung, welche die Verteilung der Messwertepaare nach dem Kriterium der kleinsten Quadrate bestmöglich repräsentiert. Ihre Funktionsgleichung dient der Vorhersage neuer Messwerte.

Liegt ein unvollständiger Zusammenhang vor, so sind die Vorhersagen der Regressionsgerade mit einem Fehler behaftet. Das ist der Preis dafür, dass eine nicht optimale Messwerteverteilung (Punkteschwarm) in eine exakte Funktion (Gerade) transformiert wird. Dieser Fehler zeigt sich darin, dass die vorhergesagten Werte in der Mehrzahl der Fälle nicht mit den empirischen Daten übereinstimmen. Das Ausmaß dieser Abweichungen ist ein Indikator dafür, wie exakt die Regression in ihrer Vorhersage ist. Dieses Gütemaß der Regressionsvorhersage heißt Standardschätzfehler (eine genaue Besprechung folgt weiter unten).

Die Argumentation kann aber auch in umgekehrter Richtung verlaufen: An der Genauigkeit der Vorhersage zeigt sich, inwieweit zwei Merkmale funktional miteinander verknüpft sind. Je erfolgreicher sich die Regressionsgleichung zur Vorhersage eignet, umso größer muss der tatsächliche Zusammenhang zwischen den Merkmalen sein. Aus dieser Überlegung lässt sich zusätzlich zur Kovarianz und Korrelation ein Maß zur Beurteilung der Höhe des Zusammenhangs zweier Variablen ableiten. Dieses Maß heißt Determinationskoeffizient. Sowohl der Standardschätzfehler als auch der Determinationskoeffizient entstammen derselben Vorüberlegung.

Bei der Regression gibt es für jeden Messwert y_i drei Arten von Abweichungen (siehe Abb. 4.15). Aus diesen Abweichungen lassen sich jeweils über alle y_i entsprechend drei Varianzen formen. Dabei spielt es keine Rolle, ob diese Abweichungen im betreffenden Fall einen positiven oder negativen Wert erreichen, da die Quadrierung bei der Varianzberechnung die Vorzeichenunterschiede eliminiert.

1. Jeder y–Wert weicht von seinem Mittelwert $\bar{y}$ ab. Daraus lässt sich die geschätzte Populations- oder Gesamtvarianz bestimmen:

$$\hat{\sigma}_y^2 = \frac{\sum_{i=1}^{n}(y_i - \bar{y})^2}{n-1}$$

2. Auch die von der Regressionsgeraden vorhergesagten $\hat{y}$-Werte weichen von ihrem Mittelwert $\bar{y}$ ab. Diese Abweichungen ergeben die Regressionsvarianz, also diejenige Varianz, die unter den vorhergesagten y-Werten herrscht:

$$\hat{\sigma}_{\hat{y}}^2 = \frac{\sum_{i=1}^{n}(\hat{y}_i - \bar{y})^2}{n-1}$$

3. Es besteht eine Diskrepanz zwischen den empirischen und den prognostizierten Werten. Diese Abweichungen können als „Fehler“ interpretiert werden, die die Regressionsgerade bei der Vorhersage macht. Zusammen ergeben sie die Fehler- oder Residualvarianz:

$$\hat{\sigma}_{[y/x]}^2 = \frac{\sum_{i=1}^{n}(y_i - \hat{y}_i)^2}{n-1}$$

Abb. 4.15. Drei Arten von Abweichungen bei der Regression

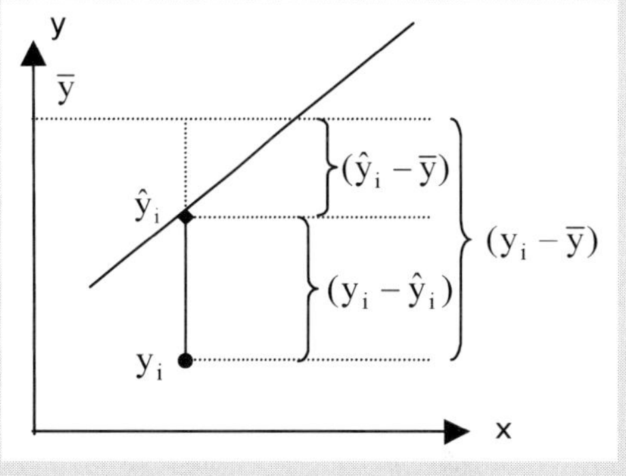

Diese drei Varianzen stehen in einer einfachen mathematischen Beziehung zueinander. Die Gesamtvarianz setzt sich additiv zusammen aus der Regressionsvarianz und der Residualvarianz:

$$\hat{\sigma}_y^2 = \hat{\sigma}_{\hat{y}}^2 + \hat{\sigma}_{[y/x]}^2$$

Die Regressionsvarianz und die Residualvarianz summieren sich auf zur Gesamtvarianz.

Dieser Zusammenhang lässt sich folgendermaßen deuten: Die in einer Population bestehende Verteilung eines Merkmals soll anhand einer Regression wiedergegeben werden, indem eine zweite Variable als Prädiktor eingesetzt wird. Dabei „versucht“ die Regressionsgerade soviel Varianz wie möglich dieses Merkmals aufzuklären. Die übrig bleibende Varianz, die nicht durch den Zusammenhang beider Variablen erklärt werden kann, bildet die Residualvarianz. Regressionsvarianz und Residualvarianz ergänzen sich bei der Regression zur Gesamtvarianz.

Bei einem perfekten Zusammenhang entsprechen die vorhergesagten Werte den tatsächlichen Werten, die Residualvarianz ist gleich Null.

Bei einer Nullkorrelation ist die Residualvarianz gleich der Gesamtvarianz.

Diese wechselseitige Abhängigkeit sei an den beiden Extremfällen eines perfekten und eines nichtexistenten Zusammenhangs verdeutlicht:

Ist ein Zusammenhang perfekt (r = 1 bzw. r = -1), so liegen alle Messwerte auf der Regressionsgeraden. In diesem Fall werden alle empirischen Werte durch die Regression korrekt vorhergesagt. Die Regressionsvarianz ist folglich maximal und gleich der Gesamtvarianz, die Residualvarianz beträgt hingegen Null.

Besteht kein Zusammenhang ($r = 0$), so resultiert die Regressionsgerade $\hat{y}_i = \bar{y}$ (Kap. 4.2.1). Die Regression schätzt für jeden Wert y_i den Mittelwert der y-Werte und erklärt demnach keinerlei abweichende Ausprägung der Messwerte. In diesem Fall bestehen eine Regressionsvarianz von Null und eine maximale Residualvarianz, die der Gesamtvarianz der y-Werte entspricht.

Wir greifen nochmals auf unser Alkohol-Beispiel aus Kapitel 4.2.2 zurück, um diese Varianzzerlegung nachzuvollziehen. In nebenstehender Tabelle 4.5 sind rechts die von der Regressionsgeraden vorhergesagten $\hat{y}$-Werte verzeichnet (gerundete Werte). Aus diesen Daten lässt sich die Regressionsvarianz errechnen:

Tabelle 4.5. Alkoholkonzentration, empirische und vorhergesagte Reaktionszeit

Alkohol-konz.	Empirische Reaktionszeit	Vorhergesagte Reaktionszeit
0	554	552
0,2	581	570
0,5	589	597
0,7	628	615
1,0	623	642
1,4	687	678
1,8	692	714
2,25	734	755
2,5	812	777

$$\hat{\sigma}_{\hat{y}}^2 = \frac{(551-655{,}56)^2 + \ldots + (777-655{,}56)^2}{9-1} = 6508{,}3$$

Zur Berechnung der Residualvarianz bestimmen wir die Differenz aus empirischen und vorhergesagten y-Werten, quadrieren diese und dividieren durch n - 1:

$$\hat{\sigma}_{[y/x]} = \frac{(554-552)^2 + \ldots + (812-777)^2}{9-1} = \frac{3030}{8} = 378{,}7$$

Nun lässt sich die Varianzzerlegung überprüfen:

$$\hat{\sigma}_{\hat{y}}^2 + \hat{\sigma}_{[y/x]}^2 = 6508{,}3 + 378{,}8 = 6887$$

Wie vorhergesagt addieren sich beide Varianzen zur Gesamtvarianz auf. Die leichte Abweichung vom ursprünglichen Wert 6883 ist auf Rundungsfehler zurückzuführen.

Der Standardschätzfehler

Der Standardschätzfehler wird als ein Maß für die Güte einer Regression verwendet. Per definitionem bildet er die Wurzel aus der Residualvarianz:

$$\hat{\sigma}_{[y/x]} = \sqrt{\hat{\sigma}^2_{[y/x]}}$$

Der Standardschätzfehler gibt an, wie stark die empirischen y-Werte durchschnittlich um die von der Regressionsgeraden vorhergesagten Werte streuen. Je kleiner der Standardschätzfehler, umso genauer und zuverlässiger ist die Vorhersage. In der Beispielrechnung liegt er bei:

$$\hat{\sigma}_{[y/x]} = \sqrt{378{,}7} = 19{,}5$$

Der Standardschätzfehler ist, anders als der Name vermuten lässt, kein standardisiertes Maß. Seine Größe ist vielmehr vom gewählten Erhebungsmaß abhängig. Er ist daher nur bedingt interpretierbar, denn je nach Maß liefert er unterschiedliche Zahlenangaben für denselben Zusammenhang.

Der Standardschätzfehler darf nicht mit dem Standardfehler verwechselt werden. Letzterer gibt die Präzision der Schätzung eines Populationsparameters anhand eines Stichprobenergebnisses wieder (vgl. Kap. 2.3).

Der Standardschätzfehler ist ein Maß für die Größe der Streuung der empirischen Werte um die anhand der Regressionsgeraden vorhergesagten Werte.

Der Standardschätzfehler ist kein standardisiertes Maß.

Der Determinationskoeffizient

Ein wesentlich aussagekräftigeres Gütemaß als der Standardschätzfehler ist der Determinationskoeffizient r^2. Er wird durch eine Relativierung der Regressionsvarianz an der Gesamtvarianz gebildet:

$$r^2 = \frac{\hat{\sigma}^2_{\hat{y}}}{\hat{\sigma}^2_y} = \frac{\hat{\sigma}^2_{\hat{y}}}{\hat{\sigma}^2_{\hat{y}} + \hat{\sigma}^2_{[y/x]}}$$

Der Quotient drückt den Anteil der Regressionsvarianz an der Gesamtvarianz aus. Multipliziert mit 100 gibt der Determinationskoeffizient an, wie viel Prozent der gesamten Varianz durch die Regression, also durch die gemeinsame Varianz der x- und y-Werte erklärbar ist. Er ist demnach ein sehr anschauliches Maß für den Zusammenhang zweier Variablen. Ein Determinationskoeffizient von 0,6 bedeutet beispielsweise, dass 60% der Varianz der y-Werte durch die Kenntnis der Prädiktorvariable x aufgeklärt werden können.

Definition des Determinationskoeffizienten

Der Determinationskoeffizient gibt den Anteil der Varianz der vorhergesagten Werte an der Gesamtvarianz an.

Er kann in Prozent angegeben werden.

Der Determinationskoeffizient ist das Quadrat der Korrelation.

Der Determinationskoeffizient trägt nicht ohne Grund die Bezeichnung r^2. Er ist als das Quadrat des Korrelationskoeffizienten r definiert. Somit schließt sich an dieser Stelle der Kreis zwischen Korrelation und Regression. Beide Maße geben Auskunft über den Zusammenhang zweier Merkmale, wobei der Determinationskoeffizient zweifellos die anschaulichere Größe darstellt.

Aus der Beziehung zwischen Korrelation und Determinationskoeffizient ist ferner zu erkennen, dass es immer nur einen Determinationskoeffizienten zweier Variablen geben kann, obwohl zwei Regressionsgeraden gebildet werden können. Unabhängig davon, welche Variable als Prädiktor und welche als Kriterium definiert wird, bleibt der Anteil der aufgeklärten Varianz und damit der Determinationskoeffizient konstant.

Der Determinationskoeffizient aus unserem Beispiel beträgt:

$$r^2 = \frac{\hat{\sigma}_{\hat{y}}^2}{\hat{\sigma}_y^2} = \frac{6508{,}3}{6883} = 0{,}946$$

Inhaltlich ist dieses Ergebnis so zu interpretieren, dass die Alkoholkonzentration im Blut zu fast 95% dafür verantwortlich ist, welche Reaktionszeit eine Versuchsperson im Computertest erzielt. Die Restlichen 5% sind auf den Einfluss anderer Variablen, beispielsweise dem Leistungsmotiv der Versuchspersonen und auf eventuelle Messfehler zurückzuführen. Die Korrelation zwischen den beiden Variablen „Alkoholkonzentration im Blut" und „Reaktionszeit" lässt sich der Vollständigkeit halber leicht bestimmen, indem wir die Wurzel aus r^2 bilden. Die Berechnung der Korrelation r mittels der Kovarianz würde natürlich zum gleichen Ergebnis führen (Kap. 4.1.2 und 4.1.3).

$$r = \sqrt{0{,}946} = 0{,}97$$

Der Determinationskoeffizient wird normalerweise über die Korrelation bestimmt.

Ist bezüglich einer empirischen Untersuchung der Determinationskoeffizient von Interesse, so empfiehlt sich im Normalfall seine Bestimmung über die Korrelation. Die hier vorgestellte Varianzzerlegung ist in der Regel viel zu aufwendig, vor allem dann, wenn die Regressionsgleichung nicht benötigt wird.

Der Determinationskoeffizient ist übrigens auch bei den anderen in Abschnitt 4.1 behandelten Korrelationstechniken als Quadrat der Korrelation definiert und darf gleichwertig interpretiert werden. Im Grunde genommen ist der Determinationskoeffizient nichts anderes als ein Effektstärkenmaß (Kap. 3.3.4). Er gibt an, welcher Anteil der Variabilität der abhängigen Variablen durch die unabhängige Variable hervorgerufen wird. Mit anderen Worten ist das der Effekt, den die Manipulation der unabhängigen Variablen auf die Ausprägungen der abhängigen Variablen hat. In diesem Sinne ist das Effektstärkenmaß Ω^2, das wir bereits in Kapitel 3.3.2 beim t-Test für unabhängige Stichproben kennen gelernt haben, mit dem Determinationskoeffizient r^2_{pb} verwandt, der sich aus der punktbiserialen Korrelation r_{pb} zwischen der zweifach gestuften unabhängigen Variable und der abhängigen Variable ergibt (Kap. 4.1.9). Allerdings gibt Ω^2 den Effekt in der Population an, während sich r^2_{pb} auf die Stichprobenebene bezieht und den Populationseffekt überschätzt. Eine so genannte „Schrumpfungskorrektur" finden Sie im Bortz, 1999, S. 436.

Der Determinationskoeffizient ist ein Effektstärkenmaß, welches dem Einfluss der abhängigen Variable auf die unabhängige Variable Rechnung trägt.

4.2.5 Voraussetzungen der linearen Regression

Abschließend sollen in aller Kürze die wichtigsten Voraussetzungen für die Durchführung einer Regressionsanalyse angeführt werden.

- Beide Variablen müssen intervallskaliert sein.
- Beide Variablen müssen normalverteilt sein.
- Die Einzelwerte verschiedener Versuchspersonen müssen voneinander unabhängig zustande gekommen sein.
- Der Zusammenhang der Variablen muss theoretisch linear sein.
- Die Streuungen der zu einem x-Wert gehörenden y-Werte müssen über den ganzen Wertebereich von x homogen sein (Annahme der Homoskedastizität, vgl. Bortz, 1999, S. 184)

Wie eingangs erwähnt, gibt es viele mögliche Arten des Zusammenhangs. Ist ein tatsächlicher Zusammenhang zwischen zwei Variablen nonlinear (z.B. kurvilinear), so liefert die Berechnung einer linearen Regression völlig irreführende Ergebnisse.

Zusammenfassung

Thema dieses Kapitels war der Zusammenhang von Merkmalen. Dabei ist einerseits das Skalenniveau der untersuchten Variablen zu berücksichtigen, andererseits die Art des angenommenen Zusammenhangs. Wir haben uns in der Darstellung auf den linearen Zusammenhang beschränkt. Dieser lässt sich auf zwei verschiedene Arten statistisch bearbeiten:

Einerseits kann die Stärke des Zusammenhangs anhand deskriptiver Maße ausgedrückt werden. Wir haben für intervallskalierte Daten die Kovarianz und die Produkt-Moment-Korrelation kennen gelernt. Die Produkt-Moment-Korrelation ist die standardisierte Form der Kovarianz und damit das aussagekräftigere Maß. Der Wertebereich der Korrelation erstreckt sich von –1 für einen perfekt negativen bis +1 für einen perfekt positiven Zusammenhang. Eine Nullkorrelation liegt bei $r = 0$ vor. Statistisch lässt sich die Korrelation über einen Signifikanztest absichern, der nach denselben Prinzipien wie der t-Test aus Kapitel 3 funktioniert. Die Berechnung eines Konfidenzintervalls ist für die Korrelation ebenfalls möglich. Sollen mehrere Korrelationen zusammengefasst werden, ist es angebracht, die Fishers Z-Transformation anzuwenden, da Korrelationen keine Äquidistanz aufweisen.

Als weitere deskriptive Korrelationsmaße lernten wir die punktbiseriale Korrelation für den Zusammenhang zwischen einer intervallskalierten Variable und einem dichotomen Merkmal und die Rangkorrelation nach Spearman kennen. Beide Maße sind wie der Korrelationskoeffizient der Produkt-Moment-Korrelation interpretierbar.

Ein Zusammenhang kann aber auch über die Regressionsrechnung ermittelt werden, und zwar dann, wenn es von Interesse ist, aus den x-Werten auf die dazugehörigen y-Werte zu schließen. Dies wird durch die Berechnung der Regressionsgleichung ermöglicht, welche über die Regressionsgerade graphisch veranschaulicht werden kann.

Das Gütekriterium einer Regression ist ihre Vorhersagekraft. Eine Regression schätzt umso zuverlässiger, je geringer die vorhergesagten Werte von den empirischen Werten abweichen. Der Standardschätzfehler gibt die Streuung der wahren Werte um die Regressionsgerade an. Wird die Regressionsvarianz zur Gesamtvarianz in Beziehung gesetzt, so ergibt sich der Determinationskoeffizient. Er gibt an, welcher Anteil der Kriteriumsvarianz aufgrund der Verteilung der x-Werte aufgeklärt werden kann. Er ist damit auch ein Maß für die Stärke eines bestehenden Zusammenhangs.

Die sinnvolle Rechnung einer Regression ist an vier wesentliche Bedingungen geknüpft. Dazu gehören die Normalverteilung und Intervallskalierung der Messwerte, ihre Unabhängigkeit innerhalb eines Merkmals und ausreichende Anzeichen dafür, dass es sich tatsächlich um einen linearen Zusammenhang handelt.

Aufgaben zu Kapitel 4

Verständnisfragen

a) Erklären Sie, wodurch jeweils ein positiver, negativer oder kein Zusammenhang zwischen zwei Variablen zustande kommt. Geben Sie für jeden der drei Fälle ein Beispiel.
b) Wie ist der Korrelationskoeffizient r_{xy} definiert? Welche Vorteile hat er als deskriptives Maß gegenüber der Kovarianz?
c) Was besagt eine Kovarianz / Korrelation von Null?
d) Wie führt man eine arithmetische Mittelung von Korrelationskoeffizienten durch? Nennen sie die wesentlichen Schritte!
e) Bringen Sie die Begriffe lineare Regression, Kriterium, Prädiktor, Regressionsgleichung, abhängige Variable und unabhängige Variable in einen sinnvollen Zusammenhang!
f) Welche Aussage gestattet der Determinationskoeffizient?
g) Welche Beziehung besteht bei der linearen Regression zwischen der Gesamtvarianz, der Regressionsvarianz und der Residualvarianz?

Anwendungsaufgaben

Aufgabe 1

An 15 Pädagogikstudenten wurden die Punktwerte in zwei Tests zur Erfassung von Hilfsbereitschaft erhoben. Dabei bedeuten hohe Werte im jeweiligen Test eine hohe Ausprägung an prosozialem Verhalten.

a) Zeichnen Sie ein Scattergramm.
b) Welche Art von Zusammenhang lässt sich vermuten?
c) Bestimmen Sie die Kovarianz zwischen den beiden Tests.
d) Berechnen Sie die Produkt-Moment-Korrelation r_{xy}.

Person	Test X	Test Y
1	34	141
2	30	125
3	39	145
4	40	159
5	28	110
6	29	139
7	33	150
8	36	146
9	37	154
10	39	166
11	32	137
12	28	126
13	33	118
14	35	132
15	36	160

Aufgabe 2

In einem Datensatz sind $\hat{\sigma}_x = 3$ und $\hat{\sigma}_y = 7$.

a) Welchen Wert kann die Kovarianz zwischen den beiden Merkmalen maximal annehmen?

b) Wie hoch müsste die empirische Kovarianz zwischen den Variablen mindestens sein, damit sich eine Korrelation von über 0,80 ergibt?

Aufgabe 3

Sie sollen in einer Studie klären, ob es innerhalb einer bestimmten Klasse einen Zusammenhang zwischen dem Geschlecht der Schüler und deren Hilfsbereitschaft gibt. Diese wird mit Hilfe eines speziellen Tests mit Intervallskalenqualität erhoben. Ihre Untersuchung erbrachte die nebenstehenden Daten (siehe Tabelle).

a) Bestimmen Sie die Güte des Zusammenhangs der untersuchten Variablen.

b) Ist das gefundene Ergebnis statistisch signifikant ($\alpha = 0{,}05$)?

Schüler	Geschlecht w=0; m=1	Hilfsbereitschaft
1	1	59
2	0	67
3	1	63
4	1	65
5	0	55
6	1	72
7	0	62
8	0	60
9	1	64
10	1	66
11	1	63
12	0	61
13	1	62
14	0	63
15	0	60

Aufgabe 4

Geben sie ein Beispiel für eine korrelative Beziehung zwischen Variablen, bei welchen erkennbar ist, dass die vorliegende Korrelation kein Indikator für eine kausale Beziehung sein kann.

Aufgabe 5

Zwölf Studierende werden anhand ihrer Ergebnisse in einer Statistikklausur in eine Rangreihe gebracht. Dem Besten wurde Rang 1 zugeteilt, dem zweiten Rang 2 usw. Dieselben Studenten unterzogen sich einem Intelligenztest und wurden anschließend ebenfalls anhand der Ergebnisse In eine Reihenfolge vergleichbar der Ersten eingeteilt.

Diese beiden Rangfolgen sind rechts in der Tabelle aufgeführt.

Berechnen sie die Korrelation der beiden Rangfolgen nach Spearman.

Student	Rang im IQ-Test	Rank in Klausur
1	3	1
2	7	4
3	8	8
4	4	5
5	12	10
6	2	2
7	6	9
8	5	6
9	11	11
10	10	12
11	1	3
12	9	7

Aufgabe 6

In der Persönlichkeitsforschung betrifft eine kontroverse Frage den Anteil, den die Vererbung an der Ausprägung von Persönlichkeitsmerkmalen, beispielsweise der Intelligenz hat. Ein wichtiges Untersuchungsparadigma ist die Zwillingsforschung. In dem Maße, in dem sich getrennt voneinander aufgewachsene, eineiige Zwillinge bezüglich eines Merkmals ähnlich sind, kann auf eine genetische Veranlagung des Merkmals geschlossen werden.

10 getrennt voneinander aufgewachsene (eineiige) Zwillingspaare nehmen in einer Studie an einem Intelligenztest teil. Die Ergebnisse des Tests zeigt nebenstehende Tabelle.

Paar	IQ Zwilling 1 x	IQ Zwilling 2 y
1	110,00	100
2	98,00	102
3	101,00	95
4	79,00	86
5	107,00	102
6	98,00	100
7	95,00	93
8	100,00	108
9	112,00	115
10	95,00	99

a) Zeichnen Sie die Verteilung der Messwertepaare in ein Koordinatensystem ein (x-Achse: Zwilling 1; y-Achse: Zwilling 2).

b) Bestimmen Sie diejenige lineare Funktion, die es erlaubt, die Merkmalsausprägung y aus den Werten von x vorherzusagen.

c) Zeichnen Sie die zugehörige Regressionsgerade in das Koordinatensystem ein.

d) Bestimmen Sie die Residualvarianz und den Standardschätzfehler der linearen Regression!

e) Geben Sie eine statistisch fundierte Antwort auf die Frage nach dem Anteil, den die Anlage (Vererbung) in diesem Beispiel an der Ausprägung von Intelligenz hat! Welchen Einfluss repräsentiert die Residualvarianz?

Aufgabe 7

Es soll untersucht werden, in welchem Zusammenhang die in einen Test erfasste Leistungsmotivation mit der Leistung in einer motorischen Geschicklichkeitsaufgabe steht. Für die 15 Testpersonen wurden die in der nebenstehenden Tabelle angeführten Daten ermittelt.

Person	Leistungs-motiv	Motor. Test
1	73	10
2	83	12
3	70	6
4	91	5
5	76	13
6	80	15
7	90	7
8	85	14
9	70	8
10	72	6
11	80	12
12	87	8
13	89	11
14	75	10
15	86	11

a) Zeichnen sie das Scattergramm.

b) Berechnen sie r_{xy}.

c) Diskutieren sie die Höhe des Korrelationskoeffizienten und die Art des Zusammenhangs.

Aufgabe 8

Eine Persönlichkeitspsychologin interessiert sich für den Zusammenhang von Angstneigung und Kreativität. Die Angstneigung wird dabei über einen Test (normiert mit Mittelwert 50 und Streuung 10) erfasst, die Kreativität hingegen so, dass der Proband zu einem vorgegebenen Bild möglichst viele Assoziationen aufschreiben soll. Die Psychologin erhält folgende Ergebnisse:

Vpn-Nr.	Geschl.	Alter	Angst-Testwert	Assoziationen
1	w	23	62	6
2	w	25	53	8
3	m	32	46	15
4	w	22	51	16
5	m	23	59	10
6	m	20	41	17

a) Erstellen Sie ein Scattergramm der beiden interessierenden Variablen (x-Achse: Assoziationen; y-Achse: Testwert). Was können Sie über Richtung und Stärke des Zusammenhangs bereits jetzt aussagen?

b) Berechnen Sie die univariaten Statistiken der beiden Variablen (Mittelwerte, Varianzen und Streuungen).

c) Berechnen Sie die Kovarianz der beiden Variablen.

d) Berechnen Sie den Korrelationskoeffizienten.

e) Nehmen wir an, der Psychologe will Angst-Testwerte aus der Anzahl der Assoziationen vorhersagen, wie muss er prinzipiell vorgehen (nicht rechnen, nur beschreiben)?

f) Berechnen Sie die Regressionsgleichung und zeichnen Sie die dazugehörige Gerade in das Scattergramm ein.

g) Berechnen Sie den Determinationskoeffizienten. Was sagt er aus?

h) Berechnen Sie den Standardschätzfehler der Regression.

i) Wie groß ist die Regressionsvarianz?

j) Wie hoch wäre der Korrelationskoeffizient, wenn nun die Angstwerte der Prädiktor sind und die Anzahl der Assoziationen das Kriterium?

k) In welchem konkreten Punkt schneiden sich die beiden möglichen Regressionsgeraden?

l) In zwei anderen Studien wurden mit dem gleichen Vorgehen Korrelationen zwischen Angst und Assoziation von $r = -0{,}70$ und $r = -0{,}62$ gefunden. Errechnen Sie zusammen mit dem hier gefundenen Ergebnis eine mittlere Korrelation!

m) Wie groß ist die Korrelation zwischen dem Alter der Versuchspersonen und ihren Angstwerten?

n) Berechnen Sie aus der Prädiktorvariable „Alter“ den vorhergesagten Wert im Angsttest für eine Versuchsperson, die

   a) 18 Jahre
   b) 40 Jahre
   c) 100 Jahre alt ist.

   Beurteilen Sie anhand eines geeigneten Maßes, ob diese Vorhersage sinnvoll ist. Wenn man für diese Regression (Alter und Angst) die Gerade in das entsprechende Scattergramm einzeichnet, wie groß kann maximal die Steigung dieser Geraden werden?

   Wie groß ist die maximale Steigung dieser Geraden, wenn man die Variablen vorher z-standardisiert?

o) Berechnen Sie den geeigneten Korrelationskoeffizienten für den Zusammenhang zwischen dem Geschlecht der Versuchsperson und ihren Werten im Angsttest!

p) Wie viel Prozent der Varianz der Angstwerte wird durch die Variable „Geschlecht der Versuchsperson“ aufgeklärt?

q) Ein anderer Psychologe führt die Untersuchung zum Zusammenhang von „Angstneigung“ und „Kreativität“ nochmals durch, diesmal allerdings (schlauerweise) mit viel mehr Versuchspersonen. Die Kreativität erfasst er über eine Selbsteinschätzung der Personen: Sie sollen angeben, ob sie sich für „eher kreativ“ oder „eher nicht kreativ“ halten. Welcher Korrelationskoeffizient muss hier gewählt werden?

Anhang

Lösungen der Aufgaben

Kapitel 1

Verständnisaufgaben

Aufgabe 1

Richtig: a), c), e), h)

Falsch: b), d), f), g)

b) Dies gilt nur für eine ungerade Anzahl von ganzzahligen Messwerten. Bei einer geraden Anzahl liegt der Median zwischen den zwei mittleren Werten und kann u.U. einen gebrochenen Wert annehmen.

d) Bei einer bimodalen Verteilung z.B. gibt es zwei Modi.

f) In einer Nominalskala werden den Merkmalsausprägungen im Prinzip völlig willkürlich Zahlen zugeordnet, ungeachtet der Reihenfolge und den Abständen der Zahlen. Die Berechnung eines Mittelwerts ist auf diesem Skalenniveau nicht sinnvoll.

g) Die soziale Schicht beinhaltet Informationen über eine Reihenfolge (Ordinalskala).

Aufgabe 2

a) Reines Klassifikationssystem, keine Informationen über Abstände und Reihenfolge; Skalentyp: Nominalskala.
b) Physikalische Skala mit Äquidistanz und definiertem Nullpunkt; Skalentyp: Verhältnisskala
c) Enthält Informationen über eine Reihenfolge (je mehr er heben kann, desto fitter), ob die relativen Abstände der körperlichen Verfassung allerdings korrekt durch Gewichtheben abgebildet werden, ist fraglich; Skalentyp: Ordinalskala.
d) Physikalische Skala mit Äquidistanz und definiertem Nullpunkt; Skalentyp: Verhältnisskala
e) Vgl. c); mögliches Problem: unterschiedliche Aufgabenschwierigkeit; etablierte psychologische Intelligenztests liefern allerdings in den meisten Fällen intervallskalierte Daten
f) In der Regel werden aus Schulnoten Durchschnitte ermittelt, sie werden also als intervallskaliert betrachtet. Ob aber das Intervall zwischen 1 und 2 wirklich das Gleiche ist wie das zwischen 3 und 4, soll an dieser Stelle nur zur Diskussion anregen.

Anwendungsaufgaben

Aufgabe 1

Ordinalskala, vielleicht Intervallskala; Problem: unterschiedliche Wortschwierigkeit.

Aufgabe 2

a) $\bar{x} = 19{,}5$; $\hat{\sigma}_x^2 = 37{,}9$; $\hat{\sigma}_x = 6{,}16$

b) $\bar{x} = 44$; $\hat{\sigma}_x^2 = 151{,}6$; $\hat{\sigma}_x = 12{,}32$

c) –1,06; 1,38; 1,06; -0,08; -0,73; -0,57

d) Die z-Standardisierung ist eine lineare Transformation:

$$y = a \cdot x + b \quad \text{mit} \quad a = \frac{1}{\hat{\sigma}_x} \text{ und } b = \frac{\bar{x}}{\hat{\sigma}_x}$$

$$z_i = \frac{x_i - \bar{x}}{\hat{\sigma}_x} \Leftrightarrow z_i = \frac{1}{\hat{\sigma}_x} \cdot x_i - \frac{\bar{x}}{\hat{\sigma}_x}$$

Berechnung des Mittelwerts und der Streuung einer transformierten Verteilung:

$$\bar{z} = \frac{1}{\hat{\sigma}_x} \cdot \bar{x} - \frac{\bar{x}}{\hat{\sigma}_x} = 0; \qquad \hat{\sigma}_z = \frac{1}{\hat{\sigma}_x} \cdot \hat{\sigma}_x = 1$$

Aufgabe 3

a) $\bar{x}_A = 10$ $\quad$ $\bar{x}_B = 25$

$\hat{\sigma}_A^2 = 5$ $\quad$ $\hat{\sigma}_B^2 = 5$

b) $\bar{x}_{Gesamt} = 17{,}5$

$\hat{\sigma}_{Gesamt}^2 = 66{,}9$

Die Gesamtvarianz ist deshalb so groß, weil die beiden Gruppen auf dem Zahlenstrahl sehr weit auseinander liegen. Zusätzlich zu der Varianz innerhalb der Gruppen gibt es eine Varianz zwischen den Gruppen (vgl. auch Kap. 3).

Aufgabe 4

a) Geschlecht: Nominalskala Alter: Verhältnisskala
b) weiblich: 66,67 % männlich: 33,33 %
c) / d)

Alter	Häufigkeit	Prozent	Kum. Prozent
19	3	20	20
20	4	26,67	46,67
21	3	20	66,67
22	2	13,33	80
23	1	6,67	86,67
24	1	6,67	93,34
27	1	6,67	100,01

Hinweis: Die Zahl 100,01 % ist auf Rundungsfehler zurückzuführen.

e) 66,67%
f) Median = 21 Modus = 20
g) $(3 \cdot 19 + 4 \cdot 20 + 3 \cdot 21 + 2 \cdot 22 + 1 \cdot 23 + 1 \cdot 24 + 1 \cdot 27) / 15 = 318 \ / 15 = 21{,}2$
h) männlich: 22,8 weiblich: 20,4 => Die Studentinnen sind im Durchschnitt um 2,4 Jahre jünger.
i) Range: 27 – 19 = 8

Varianz: $\hat{\sigma}_x^2 = \frac{\sum_{i=1}^{n}(x_i - \bar{x})^2}{n-1} = 4{,}74$; Streuung: $\hat{\sigma}_x = \sqrt{\hat{\sigma}_x^2} = 2{,}18$

Aufgabe 5

Für die Bestimmung des theoretischen Werts x_2 im anderen Angsttest ist eine z-Transformation erforderlich.

$$z = \frac{x - \mu}{\sigma} = \frac{12 - 20}{\sqrt{25}} = -\frac{8}{5}$$

$$\Rightarrow -\frac{8}{5} = \frac{x - 0}{\sqrt{100}} \Leftrightarrow x = \frac{8 \cdot 10}{5} - 16$$

In dem anderen Angsttest würde die Versuchsperson einen Wert von –16 erhalten.

Kapitel 2

Aufgabe 1

Zwei: Mittelwert und Streuung

Aufgabe 2

a) Oberhalb von z = 0,84 liegen 20% der Werte
b) Unterhalb von z = 0,39 liegen 65% der Werte

Aufgabe 3

Bei beiden Verteilungen liegen 86,6% der Fläche zwischen ± 1,5 Standartabweichungseinheiten. In der z-Tabelle sind die Flächen angegeben, die der jeweilige z-Wert nach rechts abschneidet. Bei der Berechnung der Fläche zwischen zwei Grenzen müssen wir die Fläche der unteren Grenze von der Fläche der oberen Grenze abziehen. Für z = -1,5 und z = + 1,5 also: 0,9332 – 0,0668 = 0,8664.

Aufgabe 4

Beide Punktwerte liegen eine Standardabweichungseinheit über dem Mittelwert. Da beide Tests hinreichend normalverteilt sind, hat Mario in beiden Tests den gleichen Prozentrang und ist somit in beiden Tests „gleich gut".

Aufgabe 5

Wie groß ist der IQ-Wert, der 5% der Fläche in der Häufigkeitsverteilung nach rechts abschneidet?

Rechenweg: Den z-Wert nachschlagen, der 95% der Fläche nach links abschneidet und diesen z-Wert in die IQ-Verteilung transformieren.

$$p = 0{,}95 \Rightarrow z = 1{,}65$$
$$x = \sigma_x \cdot z_x + \mu = 15 \cdot 1{,}65 + 100 = 124{,}75$$

Eine Person müsste also mindestens einen IQ von 125 haben, um in dieser Firma einen Job zu bekommen.

Aufgabe 6

a) Z-Transformation eines einzelnen Werts:

$$z_i = \frac{x_i - \mu}{\sigma_x} = \frac{10 - 15}{2} = -\frac{5}{2} = -2{,}5$$

Wahrscheinlichkeit für 10 oder kleiner: p = 0,0062 (0,62%)

b) Der Bereich 13 bis 17 entspricht in diesem Test ± einer Standardabweichung. Die Wahrscheinlichkeit, dass eine Vpn einen Wert zwischen 13 und 17 erhält, ist p = 0,68 (68%).

c) Wir könnten z.B. festlegen, jemanden als außergewöhnlich extravertiert zu bezeichnen, wenn sein Wert mindestens zwei Streuungseinheiten (SE) über dem Mittelwert liegt. Bei einer Streuung von 2 und einem Mittelwert von 15 wäre eine Versuchsperson ab einem Extraversionswert von 19 außergewöhnlich extravertiert.

d) Wir könnten auch hier einen Abstand von zwei Streuungseinheiten festlegen, allerdings wird die Streuung von Mittelwerten durch den Standardfehler bestimmt:

$$\sigma_{\bar{x}} = \frac{\sigma_x}{\sqrt{n}} = \frac{2}{\sqrt{16}} = 0{,}5$$

Ab einem durchschnittlichen Extraversionswert von 16 befänden sich in einer Gruppe von 16 Leuten außergewöhnlich viele stark extravertierte Personen.

Kapitel 3

Verständnisaufgaben

Aufgabe 1

a) Nullhypothese: Die Ursache für die Differenz zwischen den Mittelwerten zweier untersuchter Gruppen ist rein zufällig zustande gekommen, d.h. die beiden Stichproben wurden aus zwei Populationen gezogen, die denselben Populationsmittelwert und dieselbe Streuung haben.
Alternativhypothese: Es besteht ein systematischer Unterschied zwischen den beiden untersuchten Gruppen, d.h. die beiden Stichproben wurden aus Populationen gezogen, die einen unterschiedlichen Populationsmittelwert haben.

b) Die t-Verteilung ist trotz der Standardisierung immer noch von dem Stichprobenumfang abhängig. Dies liegt daran, dass in die Berechnung des t-Werts nicht einer, sondern zwei erwartungstreue Schätzer für Populationsparameter eingehen: Es müssen die Varianzen von zwei Populationen geschätzt werden, um die Streuung der Stichprobenkennwerteverteilung selbst zu schätzen. Die Freiheitsgrade der gefundenen Mittelwertsdifferenz erlauben eine genaue Beschreibung der zu verwendenden t-Verteilung.

c) Mit der Festlegung eines Signifikanzniveaus wird ein Entscheidungskriterium für die Bewertung des empirischen Ergebnisses bestimmt. Ist die Auftretenswahrscheinlichkeit des empirischen Ergebnisses unter der Nullhypothese kleiner als das gewählte Signifikanzniveau, so wird die Nullhypothese abgelehnt und die Alternativhypothese angenommen.

d) Die mathematischen Voraussetzungen für den t-Test sind die Intervallskalenqualität der Messdaten, die Normalverteilung des untersuchten Merkmals in der Population, und die Varianzhomogenität (Gleichheit der Varianzen) der Populationen der beiden Stichproben.

e) Eine ungerichtete Alternativhypothese nimmt lediglich an, dass die Differenz der Populationsmittelwerte nicht gleich Null ist. Eine gerichtete Alternativhypothese sagt bereits eine erwartete Richtung der Mittelwertsdifferenz voraus.

f) Der Varianzquotient Ω^2 ist ein prozentuales Effektstärkenmaß. Er bestimmt das Verhältnis der systematischen Varianz zur Gesamtvarianz.

Aufgabe 2

a) Der α-Fehler oder Fehler 1. Art ist die Entscheidung für die H_1, obwohl in Wirklichkeit die H_0 gilt. Die α-Fehlerwahrscheinlichkeit ist $\alpha = p(H_1 / H_0)$.
b) Der β- Fehler oder Fehler 2. Art ist die Entscheidung für die H_0, obwohl in Wirklichkeit die H_1 gilt. Die β-Fehlerwahrscheinlichkeit ist $\beta = p(H_0 / H_1)$.
c) Die Teststärke ist gleich $1-\beta$.
d) Nach Bestimmung eines Signifikanzniveaus α ist die β-Fehlerwahrscheinlichkeit festgelegt, wenn die Stichprobengröße und der angenommene Effekt nicht verändert werden. Eine Verkleinerung von α bedingt dann eine Vergrößerung von β und damit eine Verkleinerung der Teststärke. Es ist deshalb nicht sinnvoll, in einem t-Test ein sehr niedriges Signifikanzniveau zu wählen, weil durch den größeren β-Fehler ein nicht signifikantes Ergebnis nicht mehr eindeutig zu interpretieren ist.

Aufgabe 3

Der β-Fehler ist die Wahrscheinlichkeit, sich fälschlicherweise **gegen** die Alternativhypothese zu entscheiden. Um den β-Fehler zu erhalten, muß man zunächst einen **Populationseffekt** festlegen. Je weniger Versuchspersonen man erhebt, desto **größer** wird der β-Fehler bei sonst gleichen Größen, denn umso **größer** wird auch die Streuung der **Stichprobenkennwerteverteilung**. Je größer der interessierende Populationseffekt, desto **größer** wird die Teststärke. Die Teststärke gibt die Wahrscheinlichkeit an, mit der man ein signifikantes Ergebnis, **findet**, falls ein Populationseffekt einer bestimmten Größe **existiert**. Auch das α-Niveau spielt hier eine Rolle, denn je strenger man dieses festlegt, desto **kleiner** wird die Teststärke.

Anwendungsaufgaben

Aufgabe 1

a) Der Test muß einseitig durchgeführt werden, denn die inhaltliche Hypothese besagt ja ganz explizit: „Gruppe 1 sollte *höhere* Punktzahlen erreichen als Gruppe 2".

b) Die statistische Alternativhypothese ist hier relevant: H_1: $\mu_1 - \mu_2 > 0$

c) Die empirische Mittelwertsdifferenz sollte eher positiv sein.

d) Die Streuung der StKV würde kleiner werden.

Aufgabe 2

a) Relevant ist hier die Differenz der gemittelten Werte des Therapieerfolgs pro Gruppe.

b) Diese Mittelwertsdifferenz sollte theoretisch Null betragen, die Nullhypothese ist also die relevante Hypothese. Für die Prüfung der Nullhypothese ist immer einer zweiseitiger Test erforderlich.

Aufgabe 3

Hier muss gar nichts gerechnet werden, denn das empirische Ergebnis spricht schon bereits gegen die Richtung der Alternativhypothese (Theoretisch wird eine positive Mittelwertsdifferenz angenommen, aber die empirische Mittelwertsdifferenz ist negativ...!).

Aufgabe 4

a) Mittelwerte und Streuungen:

$$\bar{x}_1 = 3{,}6 \qquad \hat{\sigma}_1 = 1{,}14$$
$$\bar{x}_2 = 6{,}6 \qquad \hat{\sigma}_2 = 1{,}67$$

b) ungerichtete statistische Hypothese: $\mu_2 - \mu_1 \neq 0$

Berechnung des t-Werts:

$$t_{(df=8)} = \frac{\bar{x}_2 - \bar{x}_1}{\hat{\sigma}_{\bar{x}_2 - \bar{x}_1}} = \frac{\bar{x}_2 - \bar{x}_1}{\sqrt{\frac{\hat{\sigma}_2^2}{n_1} + \frac{\hat{\sigma}_1^2}{n_1}}} \quad => \quad t_{(df=8)} = \frac{6{,}6 - 3{,}6}{\sqrt{\frac{1{,}67^2}{5} + \frac{1{,}14^2}{5}}} = \frac{3}{0{,}9} = 3{,}33$$

=> $t_{krit(df=8)} = 2{,}31$; $p_{einseitig} < 0{,}01$* (Vergleich mit $\alpha/2 = 0{,}025$ bzw. $p_{zweiseitig} < 0{,}02$ (Vergleich mit $\alpha = 0{,}05$)

c) SPSS Output:

Gruppenstatistiken

	Belohnung	N	Mittelwert	Standardabweichung	Standardfehler des Mittelwerts
Zufriedenheit	5 Euro	5	3,6000	1,14018	,50990
	20 Euro	5	6,6000	1,67332	,74833

Test bei unabhängigen Stichproben

		Levene-Test der Varianzgleichheit		T-Test für die Mittelwertgleichheit						
									95% Konfidenzintervall der Differenz	
		F	Signifikanz	T	df	Sig. (2-seitig)	Mittlere Differenz	Standardfehler der Differenz	Untere	Obere
Zufriedenheit	Varianzen sind gleich	,738	,415	-3,313	8	,011	-3,00	,91	-5,09	-,91
	Varianzen sind nicht gleich			-3,313	7,056	,013	-3,00	,91	-5,14	-,86

Aufgabe 5

a) Statistische Hypothese (einseitige Fragestellung): $\mu_{pos} - \mu_{neg} > 0$

Berechnung des t-Werts:

$$t_{(df=51)} = \frac{\bar{x}_{pos} - \bar{x}_{neg}}{\hat{\sigma}_{\bar{x}_{pos}-\bar{x}_{neg}}} = \frac{\bar{x}_{pos} - \bar{x}_{neg}}{\sqrt{\frac{\hat{\sigma}^2_{pos}}{n_{pos}} + \frac{\hat{\sigma}^2_{neg}}{n_{neg}}}} \quad => \quad t_{(df=51)} = \frac{6{,}8 - 5{,}9}{\sqrt{\frac{3{,}2}{25} + \frac{3{,}8}{28}}} = \frac{0{,}9}{0{,}51} = 1{,}76$$

Wahrscheinlichkeit des t-Werts unter der Nullhypothese: $p < 0{,}05$ ($t_{krit(df=40)} = 1{,}687$)

=> Die Nullhypothese kann verworfen werden; die Filme haben einen Einfluss auf die Stimmung.

b) Berechnung des Effekts:

$$f^2 = \frac{t^2 - 1}{n_{obs}} = \frac{1{,}76^2 - 1}{53} = 0{,}040$$

$$\omega^2 = \frac{f^2}{f^2 + 1} = \frac{0{,}04}{0{,}04 + 1} = 0{,}038$$

=> Die Unterschiede in den Filmen erklären 3,8% der Gesamtvarianz in der Stimmung der Versuchspersonen.

c) Stichprobenumfangsplanung:

$$\lambda_{90\%} = 8{,}56 \quad => \quad n_{obs} = \frac{\lambda_{Teststärke}}{\Phi^2} = \frac{\lambda_{Teststärke}}{\frac{\Omega^2}{1-\Omega^2}} = \frac{8{,}56}{\frac{0{,}05}{1-0{,}05}} = 162{,}64 \approx 164$$

=> Der Forscher hätte eigentlich 82 Personen pro Gruppe benötigt, um einen Effekt der Größe $\Omega^2 = 0{,}05$ mit einer Wahrscheinlichkeit von 90% zu finden.

Aufgabe 6

a) Ungerichtete Fragestellung: $t_{krit(df=120)} = 1{,}98$; $p_{zweiseitig} < 0{,}05$. Das Ergebnis ist auf dem 5%-Niveau signifikant (die H_0 kann abgelehnt werden).

b) Empirisches Effektstärkenmaß ω^2 ausrechnen:

$$f^2 = \frac{t^2 - 1}{n_{obs}} = \frac{(4{,}88)^2 - 1}{160} = 0{,}14259 \Rightarrow \omega^2 = \frac{f^2}{1 + f^2} = 0{,}1248$$

Da der empirische Effekt etwa 12,5% beträgt und der Untersucher bereits einen Effekt von 10% akzeptiert, kann das Ergebnis als „inhaltlich bedeutsam" angesehen werden.

Aufgabe 7

a) H_0: $\mu_1 - \mu_2 \geq 0$

H_1: $\mu_1 - \mu_2 < 0$ Die H_1 ist hier relevant.

b) Schritte:
- Streuung der Stichprobenkennwerteverteilung berechnen
- t-Wert unter der Nullhypothese bestimmen
- Wahrscheinlichkeit für diesen Wert berechnen bzw. Vergleich mit t_{krit}

$$\hat{\sigma}_{\bar{x}_1 - \bar{x}_2} = \sqrt{\frac{\hat{\sigma}_1^2}{n_1} + \frac{\hat{\sigma}_2^2}{n_2}} = \sqrt{\frac{608400}{21} + \frac{672400}{21}} = \sqrt{60990{,}5} \approx 247$$

$$t_{df=40} = \frac{(\bar{x}_1 - \bar{x}_2) - (\mu_1 - \mu_2)}{\hat{\sigma}_{\bar{x}_1 - \bar{x}_2}} = \frac{-1157 - 0}{247} = -4{,}68$$

$$p < 0{,}0005$$

c) Das Ergebnis ist signifikant, denn die Wahrscheinlichkeit, dass man sich irrt, wenn man die H_0 hier ablehnt, ist kleiner als das festgesetzte α-Niveau von 5%. Man entscheidet sich also dafür, einen Effekt gefunden zu haben. Nun muss nur noch berechnet werden, wie groß der gefundene Effekt ist. Gemäß dem Rechenweg (vgl. Aufgabe 4b.) erhält man $\omega^2 \approx 0{,}33$. Der geschätzte Populationseffekt beträgt hier etwa 33%. Das ist ziemlich beachtlich: 33% der Unterschiede in den Gewichtsdifferenzen der Zwillinge werden durch die Enge der genetischen Verwandtschaft erklärt.

Aufgabe 8

$f^2 = 0{,}069$ $\omega^2 = 0{,}0645 \approx 6{,}5\%$ (Rechenweg siehe Aufgabe 4b.)

Aufgabe 9

a) Er muss berechnen, wie groß die Wahrscheinlichkeit war, ein signifikantes Ergebnis zu erhalten, falls ein Effekt von $\Omega^2 \geq 0{,}2$ in der Population wirklich existiert hätte.

Schritte: - λ aus Ω^2 und n berechnen

- aus der richtigen Tabelle die Teststärke für diesen λ-Wert ermitteln

$$\lambda = \frac{\Omega^2}{1-\Omega^2} \cdot n_{obs} = \frac{0{,}2}{0{,}8} \cdot 62 = 15{,}5$$

Hier: einseitiger Test, α-Niveau: 5%, also ist die λ-Tabelle TPF 7 relevant. Aus ihr wird bei FG(Z) = 1 für $\lambda = 15{,}5$ eine Teststärke von etwa 99% ermittelt.

b) Eine Teststärke von 99% besagt: „Wenn es einen Effekt von $\Omega^2 \geq 0{,}2$ in der Population gegeben hätte, dann hätte ich in meinem Experiment mit 99%-iger Sicherheit ein signifikantes Ergebnis erhalten“. Anders ausgedrückt: „Die Wahrscheinlichkeit, dass ich mich irre, wenn ich jetzt die H_0 annehme, beträgt nur etwa 1%". Somit kann die H_1 verworfen werden! Allerdings werden mit der berechneten Wahrscheinlichkeit nur Effekte der Größe $\Omega^2 \geq 0{,}2$ ausgeschlossen. Es ist durchaus möglich, dass kleinere Effekte in der Population existieren.

c) Für größere Populationseffekte ist die Teststärke eines Tests höher. Wenn ein Effekt der Größe $\Omega^2 = 0{,}2$ mit 99%iger Sicherheit ausgeschlossen werden kann, dann kann die Existenz von größeren Effekten mit einer noch höheren Sicherheit verneint werden.

d) Wenn der Wissenschaftler ein α-Niveau von 10% akzeptiert hätte, wäre das Testergebnis signifikant geworden, d.h. er hätte sich gegen die H_0 entscheiden müssen.

Aufgabe 10

Schritte:

- α und β festlegen und mit ihnen die richtige Tabelle bestimmen
- λ aus der richtigen Tabelle ablesen
- Ω^2 in Φ^2 umrechnen
- λ und Φ^2 in die Formel zur Berechnung von n einsetzen

Hier: zweiseitiger Test, α-Niveau: 5%, also ist Tabelle TPF 6 hier relevant. Für eine Teststärke von 95% liest man bei FG(Z) = 1 einen Wert von $\lambda = 13$ ab.

$$\Phi^2 = \frac{\Omega^2}{1-\Omega^2} = \frac{0{,}15}{0{,}85} \approx 0{,}176 \qquad \text{n mit } \lambda \text{ und } \Phi^2 \text{ ausrechnen:} \qquad n = \frac{\lambda}{\Phi^2} = \frac{13}{0{,}176} \approx 73{,}86 \Rightarrow \frac{73{,}86}{2} = 36{,}93$$

Pro Gruppe müssen also 37 Versuchspersonen untersucht werden, um mit 95%-iger Wahrscheinlichkeit ein signifikantes Ergebnis zu finden, falls ein Populationseffekt von 15% (oder größer) wirklich existiert. Insgesamt würden demnach 74 Personen für dieses Experiment benötigt.

Aufgabe 11

Berechnung der Teststärke (Lösungsweg siehe Aufgabe 9a). Für $\lambda = 4{,}21$ ergibt sich in Tabelle TPF 3 eine Teststärke von < 50%. Bei einem nicht signifikanten Ergebnis kann er bei einer so geringen Teststärke bzw. bei einer β-Fehler-Wahrscheinlichkeit von über 50% keine Entscheidung für die Nullhypothese treffen. Die Versuchspersonenanzahl ist für seine Untersuchung zu gering. Es ist nicht auszuschließen, dass ein Effekt der Größe 5% in der Population vielleicht doch existiert.

Aufgabe 12

Um ein signifikantes Ergebnis bewerten zu können, muss der empirische Effekt aus den Daten berechnet werden.

$$f^2 = \frac{t^2 - 1}{n_{obs}} = \frac{1{,}96^2 - 1}{300} = 0{,}009\,; \; \omega^2 = \frac{f^2}{1 + f^2} = \frac{0{,}009}{1 + 0{,}009} = 0{,}009$$

Der empirische Effekt des Medikaments im Vergleich zu einem Placebo ist kleiner als 1%. Sie sollten ihrem Freund raten, das Medikament nicht zu kaufen.

Aufgabe 13

a) Statistische Hypothesen für einen t-Test für abhängige Stichproben (einseitig, nachher - vorher):

H_0: $\mu_d \leq 0$

H_1: $\mu_d > 0$ inhaltlich relevant

b) Kennwert und Streuung des Kennwerts: $\bar{x}_d = 1{,}6$ $\hat{\sigma}_d = 1{,}65$

Streuung der Stichprobenkennwerteverteilung: $\hat{\sigma}_{\bar{x}_d} = \frac{\hat{\sigma}_d}{\sqrt{n}} = \frac{1{,}65}{\sqrt{10}} = 0{,}52$

c) t-Test für abhängige Stichproben:

$$t_{df=9} = \frac{\bar{x}_d}{\hat{\sigma}_{\bar{x}_d}} = \frac{1{,}6}{0{,}52} = 3{,}07 \Rightarrow p < 0{,}01; \; t_{krit(df=9)} = 1{,}83$$

Das Ergebnis ist signifikant. Die Meditation hat einen positiven Einfluss auf die Zufriedenheit der Patienten.

Kapitel 4

Verständnisfragen

a) Ein positiver Zusammenhang bedeutet, dass die Werte auf beiden Variablen in gleicher Weise variieren (vom Mittelwert abweichen), d.h. positive Werte auf x entsprechen positive Werte auf y und umgekehrt. Beispiel: Aufmerksamkeit und Erinnerung. Ein negativer Zusammenhang tritt auf, wenn hohe Werte auf der einen Variablen mit niedrigen Werten auf der anderen einhergehen und umgekehrt. Beispiel: Angst und Selbstsicherheit. Kein Zusammenhang existiert, wenn beide Variablen unsystematisch miteinander variieren, d.h. es lässt sich kein Trend feststellen. Bsp: Schuhgröße und Introversion.

b) Der Korrelationskoeffizient ist der Quotient aus empirischer Kovarianz und maximaler Kovarianz. Die maximale Kovarianz entspricht dem Produkt der beiden Merkmalsstreuungen. Der Korrelationskoeffizient ist aufgrund der Relativierung maßstabsunabhängig (standardisiert) und hat einen festen Wertebereich (-1 bis +1). Korrelationskoeffizienten unterschiedlicher Stichproben oder verschiedener Variablen können damit vergleichbar gemacht werden, was für die Kovarianz nicht gilt.

c) Eine Kovarianz (Korrelation) von Null besagt, dass die untersuchten Merkmale voneinander unabhängig sind, d.h. Variable x steht in keinerlei Zusammenhang mit Variable y.

d) Mit Hilfe der Fishers Z-Transformation lassen sich Produkt-Moment-Korrelationen mitteln. Die nötigen Schritte sind: a) Transformation der einzelnen Werte in Fishers Z-Werte, b) Bilden eines Z-Mittelwerts, c) Rücktransformation des Z-Mittelwerts in eine Korrelation.

e) Die lineare Regression dient der Merkmalsvorhersage. Aus der Ausprägung der unabhängigen Variable x, genannt Prädiktor, kann die zugehörige Ausprägung der abhängige Variable, dem Kriterium, mit Hilfe der Regressionsgleichung vorhergesagt werden.

f) Der Determinationskoeffizient gibt denjenigen Varianzanteil der abhängigen Variable y wider, der durch die unabhängige Variable aufgeklärt werden kann. Er ist somit ein prozentuales Maß für den gemeinsamen Varianzanteil zweier Variablen. Ebenso lässt er sich als Effektstärkenmaß begreifen, das den Einfluss der unabhängigen Variablen auf die abhängige Variable angibt.

g) Bei der linearen Regression lässt sich die Gesamtvarianz der vorhergesagten Werte (Kriterium) in die Regressionsvarianz und die Residualvarianz aufspalten:

$$\hat{\sigma}_y^2 = \hat{\sigma}_{\hat{y}}^2 + \hat{\sigma}_{y/x}^2$$

Anwendungsaufgaben

Aufgabe 1

a) Anhand des Scattergramms lässt sich ein linearer Zusammenhang vermuten.

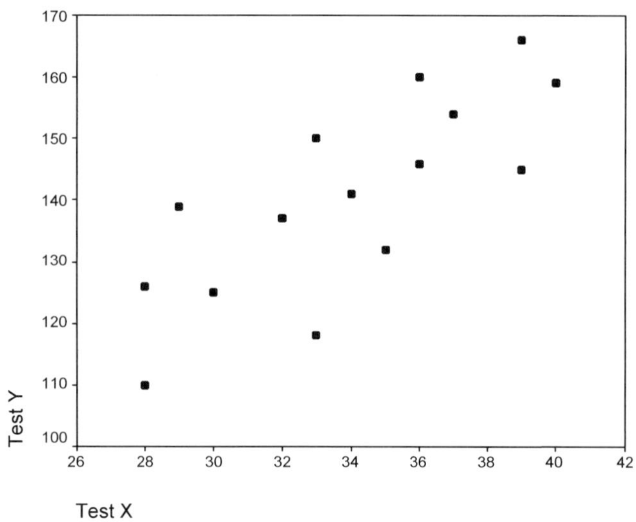

b) $$\mathrm{cov}_{(x;y)} = \frac{\sum_{i=1}^{n}(x_i - \bar{x}) \cdot (y_i - \bar{y})}{n-1} \qquad \bar{x} = 33{,}93 \qquad \bar{y} = 140{,}53$$

$$\mathrm{cov}_{(x;y)} = \frac{(34 - 33{,}93) \cdot (141 - 140{,}53) + \ldots + (36 - 33{,}93) \cdot (160 - 140{,}53)}{15 - 1} = \frac{702{,}50}{14} = 50{,}18$$

Die Kovarianz (x;y) beträgt 50,18.

c) $$r_{xy} = \frac{\mathrm{cov}_{(x;y)}}{\hat{\sigma}_x \cdot \hat{\sigma}_y} = \frac{50{,}18}{3{,}99 \cdot 16{,}19} = 0{,}78$$

Der Korrelationskoeffizient r_{xy} beträgt 0,78.

Aufgabe 2

a) $cov_{(max)} = \hat{\sigma}_x \cdot \hat{\sigma}_y = 3 \cdot 7 = 21$

Der Wert, den die Kovarianz maximal annehmen kann, beträgt 21.

b) $r_{xy} = \frac{cov_{emp}}{cov_{max}} \Leftrightarrow cov_{emp} = r_{xy} \cdot cov_{max} = (0{,}80) \cdot 21 = 16{,}8$

Die Kovarianz muss mindestens einen Wert von 16,8 annehmen, wenn $r_{xy} \geq 0{,}80$ sein soll.

Aufgabe 3

a) $\bar{y}_{(x=1)} = 64{,}25 = y_1$ (m) $n_1 = 8$

$\bar{y}_{(x=0)} = 61{,}14 = \bar{y}_0$ (w) $n_0 = 7$

$\hat{\sigma}_y = 3{,}91$ $n_{ges} = 15$

$$r_{pb} = \frac{\bar{y}_1 - \bar{y}_0}{\hat{\sigma}_y} \cdot \sqrt{\frac{n_1 \cdot n_0}{n^2}}$$

$$\Leftrightarrow r_{pb} = \frac{(64{,}25 - 61{,}14)}{3{,}91} \cdot \sqrt{\frac{8 \cdot 7}{225}} = 0{,}40$$

Es besteht ein Zusammenhang zwischen dem Geschlecht und der Bereitschaft zu helfen (Stärke des Zusammenhangs: 0,40). Jungen helfen im Schnitt etwas mehr als Mädchen.

b) $t_{df=13} = \frac{r_{pb} \cdot \sqrt{n-2}}{\sqrt{1 - r_{pb}^2}} = \frac{0{,}40 \cdot \sqrt{13}}{\sqrt{0{,}84}} = 1{,}57$

In der t-Verteilung nachgeschlagen ergibt sich ein kritischer t-Wert von 1,771. Somit ist das Ergebnis nicht signifikant (bei $\alpha = 0{,}05$). Wie immer bei nicht signifikanten Ergebnissen ist an dieser Stelle eine a posteriori Teststärkeanalyse nötig, sofern vor der Untersuchung keine Stichprobenumfangsplanung durchgeführt wurde.

Aufgabe 4

Zum Beispiel existiert ein korrelativer Zusammenhang zwischen Sexualstraftaten und dem Konsum pornographischer Filme. Sollte man daraus jetzt schließen, dass der häufige Konsum von Pornos zu Sexualstraftaten verleitet? Oder bedeutet diese Korrelation lediglich, dass Sexualstraftäter mehr Pornos kaufen oder ausleihen?

Aufgabe 5

$$r_s = 1 - \frac{6 \cdot \sum_{i=1}^{n} d_i^2}{n \cdot (n^2 - 1)} = 1 - \frac{240}{1716} = 1 - 0{,}14 = 0{,}86$$

Die Stärke des Zusammenhangs beträgt 0,86.

Aufgabe 6

a/c)

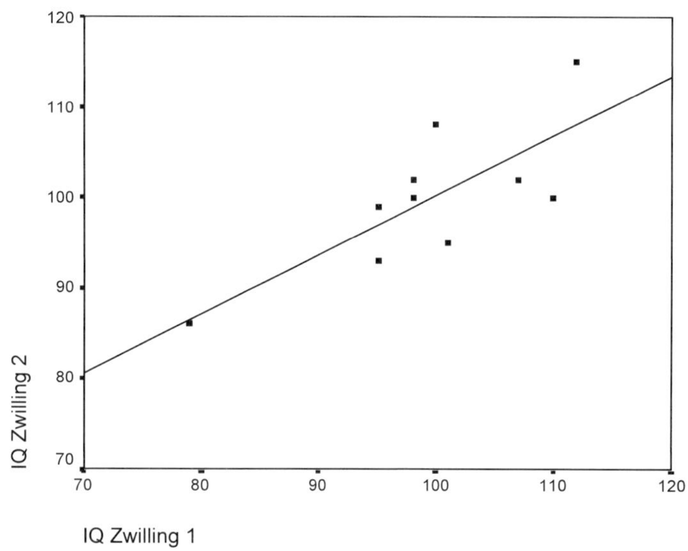

Die vorhergesagten Werte $\hat{y}_i$ betragen:

x_i	$\hat{y}_i$
110,00	106,60
98,00	98,68
101,00	100,66
79,00	86,14
107,00	104,62
98,00	98,68
95,00	96,70
100,00	100,00
112,00	107,92
95,00	96,70

b) Lineare Regressionsgleichung: (Für Vorhersage y aus x) $\hat{y}_i = b_{yx} x_i + a_{yx}$

$\bar{x} = 99{,}5$; $\bar{y} = 100$; $\hat{\sigma}_x^2 = 87{,}83$; $cov_{(x;y)} = 57{,}67$

Berechnung des Regressionsgewichts b_{yx}: $b_{xy} = \frac{cov_{(x;y)}}{\hat{\sigma}_x^2} = \frac{57{,}67}{87{,}83} = 0{,}66$

Berechnung der Regressionskonstanten a_{yx} : $a_{yx} = \bar{y} - b_{yx} \cdot \bar{x} = 100 - (0{,}66 \cdot 99{,}5) = 34{,}33$

=> Die Funktion der vorliegenden linearen Regressionsgleichung lautet: $\hat{y}_i = 0{,}66 \cdot x_i + 34{,}33$

c) siehe Graphik

d) Die Formel zur Berechnung der Residualvarianz lautet:

$$\hat{\sigma}^2_{[y/x]} = \frac{\sum_{i=1}^{n}(y_i - \hat{y}_i)^2}{n-1} = \frac{(100-106{,}60)^2 + \ldots + (99-96{,}70)^2}{10-1} = \frac{227{,}25}{9} = 25{,}25$$

Die Formel zur Berechnung des Standardschätzfehlers lautet: $\hat{\sigma}_{[y/x]} = \sqrt{\hat{\sigma}^2_{[y/x]}}$

$\Rightarrow \ \hat{\sigma}_{(y/x)} = 5{,}02$

e) Der Anteil der Vererbung entspricht der durch den Effekt aufgeklärten Varianz.

Die Fehlervarianz fasst den Anteil aller übrigen Umwelteinflüsse wie Erziehung oder soziales Umfeld zusammen.

Aufgabe 7

a)

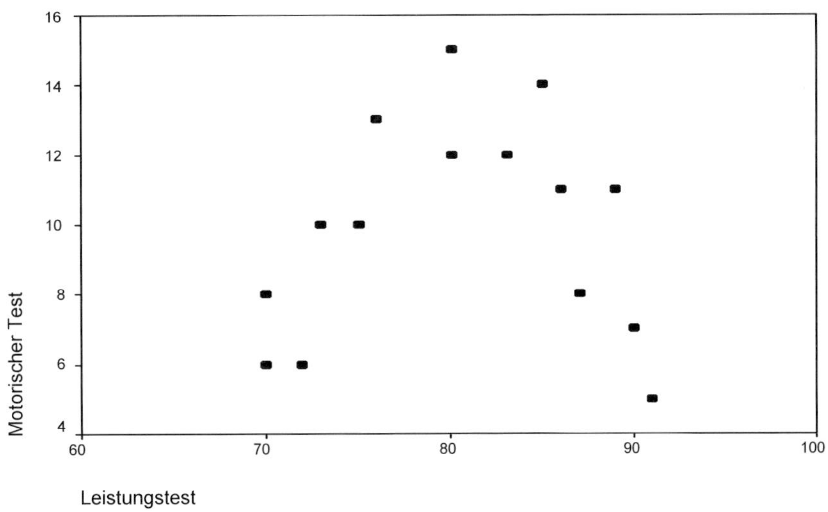

b)

$$r_{xy} = \frac{cov_{(x;y)}}{\hat{\sigma}_x \cdot \hat{\sigma}_y} = \frac{1{,}319}{7{,}42 \cdot 3{,}14} = 0{,}06$$

Der Korrelationskoeffizient r_{xy} beträgt 0,06.

c) Mit r_{xy} wird die Stärke des linearen Zusammenhangs zwischen x und y ermittelt. Sie beträgt 0,06, man könnte als auf das Fehlen eines entscheidenden Zusammenhangs schließen. Ein linearer Zusammenhang existiert hier nicht, wie auch das Streuungsdiagramm zeigt. Der Zusammenhang ist kurvilinear. Dessen Stärke kann jedoch durch r_{xy} nicht erfasst werden. An diesem Beispiel zeigt sich wieder, dass es immer besser ist, das Scattergramm als Interpretationshilfe mit heranzuziehen.

Aufgabe 8

a)/f) Scattergramm: Man sieht schon hier, dass die beiden Variablen *negativ* miteinander kovariieren, d.h. je höher die Angstneigung, desto geringer die Kreativität und umgekehrt. Die Stärke des Zusammenhangs ist nicht so ohne weiteres zu ersehen, dürfte aber recht groß sein (die Linie beschreibt den Punkteschwarm ziemlich gut).

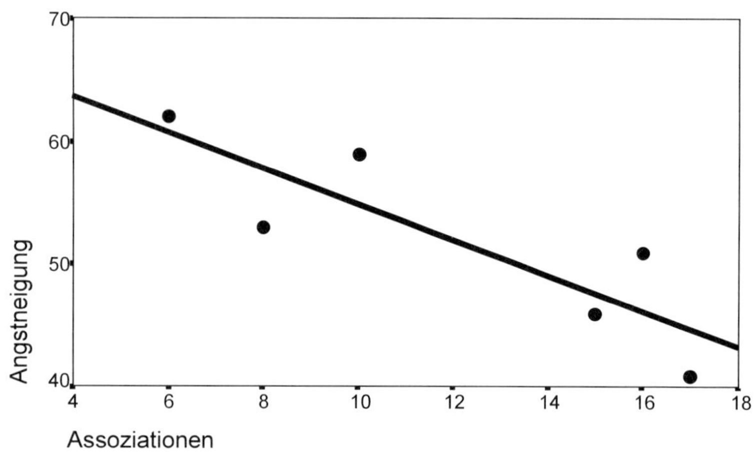

b)

	Angsttest	Assoziationen
Mittelwerte:	$\bar{x} = 52$	$\bar{x} = 12$
Varianzen:	$\hat{\sigma}^2 = 61{,}6$	$\hat{\sigma}^2 = 21{,}2$
Streuungen:	$\hat{\sigma} = 7{,}85$	$\hat{\sigma} = 4{,}6$

c) $$cov_{(x;y)} = \frac{\sum_{i=1}^{n}(x_i - \bar{x}) \cdot (y_i - \bar{y})}{n-1} \Rightarrow cov_{(\text{Angst, Assoz.})} = -31$$

d) $$r_{xy} = \frac{cov_{(x;y)}}{\hat{\sigma}_x \cdot \hat{\sigma}_y} \Rightarrow r_{xy} = -0{,}86$$

e) (1) aus der Kovarianz und der Prädiktorvarianz das Beta-Gewicht b bestimmen

(2) aus den Mittelwerten und dem Beta-Gewicht die Konstante a bestimmen

(3) einsetzen in: [geschätzter Testwert] = b · [Assoziationen] + a

Lineare Regressionsgleichung: (Für Vorhersage y aus x)

$$\hat{y}_i = b_{yx} x_i + a_{yx}$$

Berechnung des Regressionsgewichts b_{yx} : $b_{yx} = \frac{cov_{(x;y)}}{\hat{\sigma}_x^2}$

Berechnung der Regressionskonstanten a_{yx} : $a_{yx} = \bar{y} - b_{yx} \cdot \bar{x}$

f) Regressionsgleichung: $\hat{y} = -1{,}46 \cdot x + 69{,}52$ (Regressionsgerade siehe Scattergramm)

g) $$r^2 = \frac{\hat{\sigma}_{\hat{y}}^2}{\hat{\sigma}_y^2} = \frac{\hat{\sigma}_{\hat{y}}^2}{\hat{\sigma}_{\hat{y}}^2 + \hat{\sigma}_{[y/x]}^2} \Rightarrow r^2 = 0{,}74$$

Der Determinationskoeffizient gibt an, wie viel Varianz der Kriteriumswerte (hier der Werte im Angsttest) durch die Regression über die Variable „Assoziationen“ erklärt wird. Oder anders ausgedrückt: Wie viel Varianz die Variablen „Angsttest“ und „Assoziation“ gemeinsam haben, d.h. wie viel Varianz der einen Variablen auch in der anderen steckt.

h) Der Standardschätzfehler $\hat{\sigma}_{[y|x]}$ ist die Wurzel aus der Residualvarianz.

Aufgrund der Beziehung

[Kriteriumsvarianz] = [Residualvarianz] + [Regressionsvarianz]

kann man ihn auch ohne mühsame Rechnung ermitteln, denn Kriteriumsvarianz und Regressionsvarianz sind ja bereits bekannt:

$$61{,}6 = \hat{\sigma}_{[y|x]}^2 + (0{,}74 \cdot 61{,}6) \; ; \qquad \hat{\sigma}_{[y|x]}^2 = 16{,}016 \Rightarrow \hat{\sigma}_{[y|x]} \approx 4$$

i) $\hat{\sigma}^2_{\hat{y}} = 0{,}74 \cdot 61{,}6 = 45{,}58$

j) Dies spielt für die Korrelation keine Rolle (r = –0,86).

k) Die Regressionsgeraden schneiden sich bei den Mittelwertskoordinaten. Wenn also auf der x-Achse die Variable „Assoziationen“ und auf der y-Achse die Variable „Angst“ abgetragen wird, so lautet der konkrete Schnittpunkt (12;52).

l) Mit Hilfe der Fisher Z-Transformation

→ Transformation der einzelnen Korrelationswerte in Fishers Z-Werte

→ Bildung des arithmetischen Mittels der Fishers Z-Werte

→ Rücktransformation des arithmetischen Mittels der Fishers Z-Werte in eine Korrelation

Die Berechnungsvorschrift zur Transformation der Korrelationen in Fishers Z-Werte lautet:

$$Z = \frac{1}{2} \cdot \ln\left(\frac{1+r}{1-r}\right)$$

Rücktransformation nach Bildung eines Fishers Z-Mittelwerts findet statt nach folgender Formel:

$$\bar{r} = \frac{e^{2 \cdot \bar{Z}} - 1}{e^{2 \cdot \bar{Z}} + 1}$$

Es ergibt sich eine mittlere Korrelation von –0,745.

m) $r_{xy} = \frac{cov_{(x;y)}}{\hat{\sigma}_x \cdot \hat{\sigma}_y} \Rightarrow r = -0{,}11$

n) Regressionsgleichung: [geschätzter Angstwert] = –0,21 · [Alter] + 57

a) 53,22

b) 48,6

c) 36

Die Güte der Regression kann über den Determinationskoeffizienten beurteilt werden. Dieser beträgt hier $r^2 = 0{,}012$. Die Regression ist sehr ungeeignet!

Die maximale Steigung ergibt sich, wenn man in die Formel zur Berechnung von b den maximalen Wert für die Kovarianz (= Produkt der geschätzten Populationsstreuungen) einsetzt, also $cov_{max} = -32{,}71$ (Achtung: inverser Zusammenhang, daher negative Kovarianz!). Man erhält eine maximale Steigung von $b_{max} = -1{,}88$.

Bei z-standardisierten Variablen entspricht die Geradensteigung der Korrelation. Die maximale Steigung zweier (negativ korrelierender) z-standardisierter Variablen beträgt also immer $b = -1$.

o) $$r_{pb} = \frac{\bar{y}_1 - \bar{y}_0}{\hat{\sigma}_y} \cdot \sqrt{\frac{n_1 \cdot n_0}{n_0(n-1)}} \Rightarrow r_{pb} = 0{,}4652$$

p) $$r_{pb}^2 = 0{,}21645 \approx 22\%$$

q) Sie sollten hier eine punktbiseriale Korrelation berechnen.

Tabellen

Tabellen

Anleitung zur Benutzung

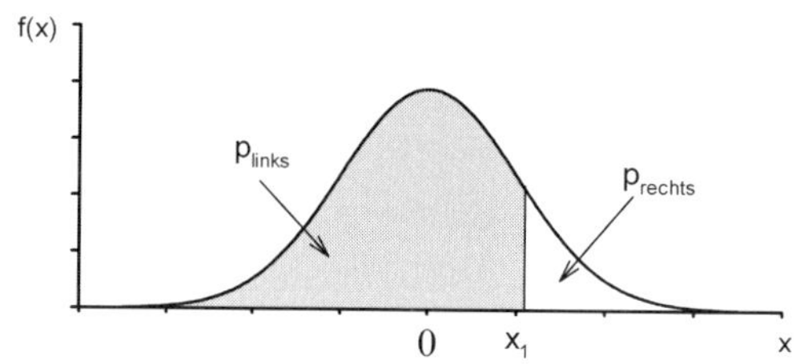

z- und t-Wert-Tabellen

Ein empirisch ermittelter Wert x_l (x steht stellvertretend für z oder t) schneidet in der z- bzw. t-Verteilung (Tabelle A bzw. B) die Fläche unter der Kurve in zwei Teile (siehe Abbildung). Die linke Fläche erstreckt sich von $-\infty$ bis x_l. Die Größe dieser Fläche sagt aus, wie wahrscheinlich das Auftreten von x-Werten ist, die kleiner als x_l sind. Die rechte Fläche reicht von x_l bis $+\infty$. Sie gibt die Wahrscheinlichkeit für das Auftreten von x-Werten an, die gleich oder größer x_l sind.

Die in den folgenden Tabellen angegebenen Wahrscheinlichkeiten beziehen sich auf die Flächenanteile, die ein positiver x-Wert nach links abschneidet (graue Fläche). Wie die Abbildung zeigt, ergibt sich die Größe der rechten Fläche (weiß) aus der Differenz zwischen der linken Fläche und der Gesamtfläche. Da der Flächeninhalt unter einer Verteilung immer Eins ist, berechnet sie sich wie folgt: $p_{rechts} = 1 - p_{links}$

Die Wahrscheinlichkeit p_{rechts} wird dem Wert x_l zugeordnet. Eine solche Zuordnung führt in der Praxis meist zu falschen Aussagen wie: „x_l tritt mit der Wahrscheinlichkeit von y% auf!“ Sie verschweigt, dass Wahrscheinlichkeiten immer Bereiche umfassen. Korrekt heißt es: „Ein x-Wert der Größe von x_l oder größer tritt mit einer Wahrscheinlichkeit von y% auf!“ Ist der gesuchte x-Wert nicht exakt in der Tabelle verzeichnet, so wird die Wahrscheinlichkeit für den nächst kleineren Wert angegeben. In diesem Fall sagt man: „Ein x-Wert der Größe von x_l oder größer tritt mit einer Wahrscheinlichkeit von maximal y% auf.“

Besonderheiten der t -Tabelle

Negative t-Werte sind in der t-Tabelle nicht aufgeführt. Die Beachtung des Vorzeichens ist bei der Zuordnung der Wahrscheinlichkeit nicht notwendig, denn negative t-Werte werden prinzipiell wie positive behandelt. Bei einem negativen t-Wert beschreibt die Wahrscheinlichkeit aus der Tabelle allerdings den rechten Teil der Fläche. Die dem t-Wert zuzuordnende Wahrscheinlichkeit ist demzufolge die linke Fläche (grau). Sie gibt an, wie wahrscheinlich es ist, einen t-Wert zu erhalten, der kleiner oder gleich dem empirischen t-Wert ist.

TPF-Tabellen

In den TPF-Tabellen (Tabelle C) ist der Nonzentralitätsparameter λ als Funktion der Zählerfreiheitsgrade und der Teststärke abgetragen. Insgesamt sind zehn Tabellen abgedruckt, da λ zusätzlich vom Signifikanzniveau α abhängt. Deshalb gibt es separate Tabellen für die gebräuchlichsten α-Niveaus. Die Tabellen haben Relevanz für die a priori Stichprobenumfangsplanung und für die a posteriori Teststärkenbestimmung.

Die Vorgehensweise bei der Nutzung der Tabellen ist abhängig davon, welches der beiden Ziele verfolgt wird. Im Fall der Stichprobenumfangsplanung ist λ Teil der Formel $n_{obs} = \lambda / \Phi^2$. Es ergibt sich in Abhängigkeit des α- und β-Fehlers bzw. der Teststärke. Um den richtigen λ-Wert zu ermitteln, gilt es zuerst die dem gewünschten α-Niveau entsprechende Tabelle auszuwählen. Die richtige Zeile ergibt sich dabei aus den Zählerfreiheitsgraden des Effektes, für den die Stichprobenumfangsplanung erfolgt. In der Spalte der geforderten Teststärke kann nun der korrekte Wert abgelesen werden. Dieser Wert führt nach obiger Formel zum benötigten Stichprobenumfang.

Im Fall einer a posteriori Teststärkenbestimmung liegt die Anzahl der Beobachtungen vor. Der theoretisch angenommene Effekt lässt sich aus anderen empirischen Arbeiten gewinnen oder kann aus den Konventionen abgeleitet werden. Daraus lässt sich nach obiger Formel λ bestimmen. Die Zählerfreiheitsgrade determinieren die korrekte Zeile. Die Spalte, die den λ-Wert liefert, zeigt die empirische Power an, die der Test erzielte. In dem Fall, dass keine direkte Entsprechung für λ vorliegt, wählt man den nächst kleineren Wert aus. Die Teststärke liegt in diesem Fall zwischen dem Wert dieser Spalte und der folgenden.

Die Ermittlung des Stichprobenumfangs bzw. der Teststärke ist zwar prinzipiell auf diese Art per Hand möglich. Einen wesentlich komfortableren Umgang und genauere Ergebnisse liefert aber das Programm GPower (Link zu Download und Erläuterung auf der Web-Seite: http://eeglab.uni-trier.de/teaching/statistikbuch.php).

Für den t-Test entsprechen die Freiheitsgrade den Nennerfreiheitsgraden, ein Begriff, der in Zusammenhang mit dem eng verwandten Konzept der Varianzanalyse eingeführt wird. Wie an der Stelle deutlich wird, hat auch jeder t-Wert einen Zählerfreiheitsgrad ($df = 1$), aber niemals mehr. Aus diesem Grund ist ein t-Wert nur mit den Nennerfreiheitsgraden indiziert. Daraus ergibt sich, dass im Kontext des t-Tests immer nur die erste Zeile der TPF-Tabellen relevant ist. Des Weiteren muss bei der Auswahl der richtigen Tabelle beachtet werden, ob ein einseitiger oder zweiseitiger t-Test vorliegt.

Fishers Z-Tabellen

Fishers Z-Werte erlauben die Bildung eines Mittelwerts mehrerer Korrelationskoeffizienten r_i (Kap. 4.1.4). Um den komplizierten Rechenaufwand der Transformation aller Koeffizienten r_i in Z-Werte mittels der korrekten Formel zu vermeiden, liefert Tabelle D für ausgewählte Korrelationskoeffizienten r_i die entsprechenden Z-Werte, so dass diese direkt abgelesen werden können und eine Umrechnung entfällt. Die Annäherung an die wahren Werte durch die in der Tabelle vorgegebenen ist für die meisten Problemstellungen hinreichend genau.

Tabelle A: Standardnormalverteilung

(Quelle: Glass, G.V., Stanley, J. C. (1970). Statistical methods in education and psychology, pp. 513-519. New Jersey: Prentice-Hall. Englewood Cliffs)

z-Wert	Fläche	Ordinate	z-Wert	Fläche	Ordinate	z-Wert	Fläche	Ordinate
-3,00	0,0013	0,0044	-2,60	0,0047	0,0136	-2,20	0,0139	0,0355
-2,99	0,0014	0,0046	-2,59	0,0048	0,0139	-2,19	0,0143	0,0363
-2,98	0,0014	0,0047	-2,58	0,0049	0,0143	-2,18	0,0146	0,0371
-2,97	0,0015	0,0048	-2,57	0,0051	0,0147	-2,17	0,0150	0,0379
-2,96	0,0015	0,0050	-2,56	0,0052	0,0151	-2,16	0,0154	0,0387
-2,95	0,0016	0,0051	-2,55	0,0054	0,0154	-2,15	0,0158	0,0396
-2,94	0,0016	0,0053	-2,54	0,0055	0,0158	-2,14	0,0162	0,0404
-2,93	0,0017	0,0055	-2,53	0,0057	0,0163	-2,13	0,0166	0,0413
-2,92	0,0018	0,0056	-2,52	0,0059	0,0167	-2,12	0,0170	0.0422
-2,91	0,0018	0,0058	-2,51	0,0060	0,0171	-2,11	0,0174	0,0431
-2,90	0,0019	0,0060	-2,50	0,0062	0,0175	-2,10	0,0179	0,0440
-2,89	0,0019	0,0061	-2,49	0,0064	0,0180	-2,09	0,0183	0,0449
-2,88	0,0020	0,0063	-2,48	0,0066	0,0184	-2,08	0,0188	0,0459
-2,87	0,0021	0,0065	-2,47	0,0068	0,0189	-2,07	0,0192	0,0468
-2,86	0,0021	0,0067	-2,46	0,0069	0,0194	-2,06	0,0197	0,0478
-2,85	0,0022	0,0069	-2,45	0,0071	0,0198	-2,05	0,0202	0,0488
-2,84	0,0023	0,0071	-2,44	0,0073	0,0203	-2,04	0,0207	0.0498
-2,83	0,0023	0,0073	-2,43	0,0075	0,0208	-2,03	0,0212	0,0508
-2,82	0,0024	0,0075	-2,42	0,0078	0,0213	-2,02	0,0217	0,0519
-2,81	0,0025	0,0077	-2,41	0,0080	0,0219	-2,01	0,0222	0,0529
-2,80	0,0026	0,0079	-2,40	0,0082	0,0224	-2,00	0,0228	0,0540
-2,79	0,0026	0,0081	-2,39	0,0084	0,0229	-1,99	0,0233	0,0551
-2,78	0,0027	0,0084	-2,38	0,0087	0,0235	-1,98	0,0239	0,0562
-2,77	0,0028	0,0086	-2,37	0,0089	0,0241	-1,97	0,0244	0,0573
-2,76	0,0029	0,0088	-2,36	0,0091	0,0246	-1,96	0,0250	0,0584
-2,75	0,0030	0,0091	-2,35	0,0094	0,0252	-1,95	0,0256	0,0596
-2,74	0,0031	0,0093	-2,34	0,0096	0,0258	-1,94	0,0262	0,0608
-2,73	0,0032	0,0096	-2,33	0,0099	0,0264	-1,93	0,0268	0,0620
-2,72	0,0033	0,0099	-2,32	0,0102	0,0270	-1,92	0,0275	0,0632
-2,71	0,0034	0,0101	-2,31	0,0104	0,0277	-1,91	0,0281	0,0644
-2,70	0,0035	0,0104	-2,30	0,0107	0,0283	-1,90	0,0287	0,0656
-2,69	0,0036	0,0107	-2,29	0,0110	0,0290	-1,89	0,0294	0,0669
-2,68	0,0037	0,0110	-2,28	0,0113	0,0297	-1,88	0,0301	0,0681
-2,67	0,0038	0,0113	-2,27	0,0116	0,0303	-1,87	0,0307	0,0694
-2,66	0,0039	0,0116	-2,26	0,0119	0,0310	-1,86	0,0314	0,0707
-2,65	0,0040	0,0119	-2,25	0,0122	0,0317	-1,85	0,0322	0,0721
-2,64	0,0041	0,0122	-2,24	0,0125	0,0325	-1,84	0,0329	0,0734
-2,63	0,0043	0,0126	-2,23	0,0129	0,0332	-1,83	0,0336	0,0748
-2,62	0,0044	0,0129	-2,22	0,0132	0,0339	-1,82	0,0344	0,0761
-2,61	0,0045	0,0132	-2,21	0,0136	0,0347	-1,81	0,0351	0,0775

z-Wert	Fläche	Ordinate	z-Wert	Fläche	Ordinate	z-Wert	Fläche	Ordinate
-1,80	0,0359	0,0790	-1,30	0,0968	0,1714	-0,80	0,2119	0,2897
-1,79	0,0367	0,0804	-1,29	0,0985	0,1736	-0,79	0,2148	0,2920
-1,78	0,0375	0,0818	-1,28	0,1003	0,1758	-0,78	0,2177	0,2943
-1,77	0,0384	0,0833	-1,27	0,1020	0,1781	-0,77	0,2206	0,2966
-1,76	0,0392	0,0848	-1,26	0,1038	0,1804	-0,76	0,2236	0,2989
-1,75	0,0401	0,0863	-1,25	0,1056	0,1826	-0,75	0,2266	0,3011
-1,74	0,0409	0,0878	-1,24	0,1075	0,1849	-0,74	0,2296	0,3034
-1,73	0,0418	0,0893	-1,23	0,1093	0,1872	-0,73	0,2327	0,3056
-1,72	0,0427	0,0909	-1,22	0,1112	0,1895	-0,72	0,2358	0,3079
-1,71	0,0436	0,0925	-1,21	0,1131	0,1919	-0,71	0,2389	0,3101
-1,70	0,0446	0,0940	-1,20	0,1151	0,1942	-0,70	0,2420	0,3123
-1,69	0,0455	0,0957	-1,19	0,1170	0,1965	-0,69	0,2451	0,3144
-1,68	0,0465	0,0973	-1,18	0,1190	0,1989	-0,68	0,2483	0,3166
-1,67	0,0475	0,0989	-1,17	0,1210	0,2012	-0,67	0,2514	0,3187
-1,66	0,0485	0,1006	-1,16	0,1230	0,2036	-0,66	0,2546	0,3209
-1,65	0,0495	0,1023	-1,15	0,1251	0,2059	-0,65	0,2578	0,3230
-1,64	0,0505	0,1040	-1,14	0,1271	0,2083	-0,64	0,2611	0,3251
-1,63	0,0516	0,1057	-1,13	0,1292	0,2107	-0,63	0,2643	0,3271
-1,62	0,0526	0,1074	-1,12	0,1314	0,2131	-0,62	0,2676	0,3292
-1,61	0,0537	0,1092	-1,11	0,1335	0,2155	-0,61	0,2709	0,3312
-1,60	0,0548	0,1109	-1,10	0,1357	0,2179	-0,60	0,2749	0,3332
-1,59	0,0559	0,1127	-1,09	0,1379	0,2203	-0,59	0,2776	0,3352
-1,58	0,0571	0,1145	-1,08	0,1401	0,2227	-0,58	0,2810	0,3372
-1,57	0,0582	0,1163	-1,07	0,1423	0,2251	-0,57	0,2843	0,3391
-1,56	0,0594	0,1182	-1,06	0,1446	0,2275	-0,56	0,2877	0,3410
-1,55	0,0606	0,1200	-1,05	0,1469	0,2299	-0,55	0,2912	0,3429
-1,54	0,0618	0,1219	-1,04	0,1492	0,2323	-0,54	0,2946	0,3448
-1,53	0,0630	0,1238	-1,03	0,1515	0,2347	-0,53	0,2981	0,3467
-1,52	0,0643	0,1257	-1,02	0,1539	0,2371	-0,52	0,3015	0,3485
-1,51	0,0655	0,1276	-1,01	0,1562	0,2396	-0,51	0,3050	0,3503
-1,50	0,0668	0,1295	-1,00	0,1587	0,2420	-0,50	0,3085	0,3521
-1,49	0,0681	0,1315	-0,99	0,1611	0,2444	-0,49	0,3121	0,3538
-1,48	0,0694	0,1334	-0,98	0,1635	0,2468	-0,48	0,3156	0,3555
-1,47	0,0708	0,1354	-0,97	0,1660	0,2492	-0,47	0,3192	0,3572
-1,46	0,0721	0,1374	-0,96	0,1685	0,2516	-0,46	0,3228	0,3589
-1,45	0,0735	0,1394	-0,95	0,1711	0,2541	-0,45	0,3264	0,3605
-1,44	0,0749	0,1415	-0,94	0,1736	0,2565	-0,44	0,3300	0,3621
-1,43	0,0764	0,1435	-0,93	0,1762	0,2589	-0,43	0,3336	0,3637
-1,42	0,0778	0,1456	-0,92	0,1788	0,2613	-0,42	0,3372	0,3653
-1,41	0,0793	0,1476	-0,91	0,1814	0,2637	-0,41	0,3409	0,3668
-1,40	0,0808	0,1497	-0,90	0,1841	0,2661	-0,40	0,3446	0,3683
-1,39	0,0823	0,1518	-0,89	0,1867	0,2685	-0,39	0,3483	0,3697
-1,38	0,0838	0,1539	-0,88	0,1894	0,2709	-0,38	0,3520	0,3712
-1,37	0,0853	0,1561	-0,87	0,1922	0,2732	-0,37	0,3557	0,3725
-1,36	0,0869	0,1582	-0,86	0,1949	0,2756	-0,36	0,3594	0,3739
-1,35	0,0885	0,1604	-0,85	0,1977	0,2780	-0,35	0,3632	0,3752
-1,34	0,0901	0,1626	-0,84	0,2005	0,2803	-0,34	0,3669	0,3765
-1,33	0,0918	0,1647	-0,83	0,2033	0,2827	-0,33	0,3707	0,3778
-1,32	0,0934	0,1669	-0,82	0,2061	0,2850	-0,32	0,3745	0,3790
-1,31	0,0951	0,1691	-0,81	0,2090	0,2874	-0,31	0,3783	0,3802

Tabelle A: Standardnormalverteilung

z-Wert	Fläche	Ordinate	z-Wert	Fläche	Ordinate	z-Wert	Fläche	Ordinate
-0,30	0,3821	0,3814	0,20	0,5793	0,3910	0,70	0,7580	0,3123
-0,29	0,3859	0,3825	0,21	0,5832	0,3902	0,71	0,7611	0,3101
-0,28	0,3897	0,3836	0,22	0,5871	0,3894	0,72	0,7642	0,3079
-0,27	0,3936	0,3847	0,23	0,5910	0,3885	0,73	0,7673	0,3056
-0,26	0,3974	0,3857	0,24	0,5948	0,3876	0,74	0,7704	0,3034
-0,25	0,4013	0,3867	0,25	0,5987	0,3867	0,75	0,7734	0,3011
-0,24	0,4052	0,3876	0,26	0,6026	0,3857	0,76	0,7764	0,2989
-0,23	0,4090	0,3885	0,27	0,6064	0,3847	0,77	0,7794	0,2966
-0,22	0,4129	0,3894	0,28	0,6103	0,3836	0,78	0,7823	0,2943
-0,21	0,4168	0,3902	0,29	0,6141	0,3825	0,79	0,7852	0,2920
-0,20	0,4207	0,3910	0,30	0,6179	0,3814	0,80	0,7881	0,2897
-0,19	0,4247	0,3918	0,31	0,6217	0,3802	0,81	0,7910	0,2874
-0,18	0,4286	0,3925	0,32	0,6255	0,3790	0,82	0,7939	0,2850
-0,17	0,4325	0,3932	0,33	0,6293	0,3778	0,83	0,7967	0,2827
-0,16	0,4364	0,3939	0,34	0,6331	0,3765	0,84	0,7995	0,2803
-0,15	0,4404	0,3945	0,35	0,6368	0,3752	0,85	0,8023	0,2780
-0,14	0,4443	0,3951	0,36	0,6406	0,3739	0,86	0,8051	0,2756
-0,13	0,4483	0,3956	0,37	0,6443	0,3725	0,87	0,8078	0,2732
-0,12	0,4522	0,3961	0,38	0,6480	0,3712	0,88	0,8106	0,2709
-0,11	0,4562	0,3965	0,39	0,6517	0,3697	0,89	0,8133	0,2685
-0,10	0,4602	0,3970	0,40	0,6554	0,3683	0,90	0,8159	0,2661
-0,09	0,4641	0,3973	0,41	0,6591	0,3668	0,91	0,8186	0,2637
-0,08	0,4681	0,3977	0,42	0,6628	0,3653	0,92	0,8212	0,2613
-0,07	0,4721	0,3980	0,43	0,6664	0,3637	0,93	0,8238	0,2589
-0,06	0,4761	0,3982	0,44	0,6700	0,3621	0,94	0,8264	0,2565
-0,05	0,4801	0,3984	0,45	0,6736	0,3605	0,95	0,8289	0,2541
-0,04	0,4840	0,3986	0,46	0,6772	0,3589	0,96	0,8315	0,2516
-0,03	0,4880	0,3988	0,47	0,6808	0,3572	0,97	0,8340	0,2492
-0,02	0,4920	0,3989	0,48	0,6844	0,3555	0,98	0,8365	0,2468
-0,01	0,4960	0,3989	0,49	0,6879	0,3538	0,99	0,8389	0,2444
0,00	0,5000	0,3989	0,50	0,6915	0,3521	1,00	0,8413	0,2420
0,01	0,5040	0,3989	0,51	0,6950	0,3503	1,01	0,8438	0,2396
0,02	0,5080	0,3989	0,52	0,6985	0,3485	1,02	0,8461	0,2371
0,03	0,5120	0,3988	0,53	0,7019	0,3467	1,03	0,8485	0,2347
0,04	0,5160	0,3986	0,54	0,7054	0,3448	1,04	0,8508	0,2323
0,05	0,5199	0,3984	0,55	0,7088	0,3429	1,05	0,8531	0,2299
0,06	0,5239	0,3982	0,56	0,7123	0,3410	1,06	0,8554	0,2275
0,07	0,5279	0,3980	0,57	0,7157	0,3391	1,07	0,8577	0,2251
0,08	0,5319	0,3977	0,58	0,7190	0,3372	1,08	0,8599	0,2227
0,09	0,5359	0,3973	0,59	0,7224	0,3352	1,09	0,8621	0,2203
0,10	0,5398	0,3970	0,60	0,7257	0,3332	1,10	0,8643	0,2179
0,11	0,5438	0,3965	0,61	0,7291	0,3312	1,11	0,8665	0,2155
0,12	0,5478	0,3961	0,62	0,7324	0,3292	1,12	0,8686	0,2131
0,13	0,5517	0,3956	0,63	0,7357	0,3271	1,13	0,8708	0,2107
0,14	0,5557	0,3951	0,64	0,7389	0,3251	1,14	0,8729	0,2083
0,15	0,5596	0,3945	0,65	0,7422	0,3230	1,15	0,8749	0,2059
0,16	0,5636	0,3939	0,66	0,7454	0,3209	1,16	0,8770	0,2036
0,17	0,5675	0,3932	0,67	0,7486	0,3187	1,17	0,8790	0,2012
0,18	0,5714	0,3925	0,68	0,7517	0,3166	1,18	0,8810	0,1989
0,19	0,5753	0,3918	0,69	0,7549	0,3144	1,19	0,8830	0,1965

z-Wert	Fläche	Ordinate	z-Wert	Fläche	Ordinate	z-Wert	Fläche	Ordinate
1,20	0,8849	0,1942	1,70	0,9554	0,0940	2,20	0,9861	0,0355
1,21	0,8869	0,1919	1,71	0,9564	0,0925	2,21	0,9864	0,0347
1,22	0,8888	0,1895	1,72	0,9573	0,0909	2,22	0,9868	0,0339
1,23	0,8907	0,1872	1,73	0,9582	0,0893	2,23	0,9871	0,0332
1.24	0,8925	0,1849	1,74	0,9591	0,0878	2,24	0,9875	0,0325
1,25	0,8944	0,1826	1,75	0,9599	0,0863	2,25	0,9878	0,0317
1,26	0,8962	0,1804	1,76	0,9608	0,0848	2,26	0,9881	0,0310
1,27	0,8980	0,1781	1,77	0,9616	0,0833	2,27	0,9884	0,0303
1,28	0,8997	0,1758	1,78	0,9625	0,0818	2,28	0,9887	0,0297
1,29	0,9015	0,1736	1,79	0,9633	0,0804	2,29	0,9890	0,0290
1,30	0,9032	0,1714	1,80	0,9641	0,0790	2,30	0,9893	0,0283
1,31	0,9049	0,1691	1,81	0,9649	0,0775	2,31	0,9896	0,0277
1,32	0,9066	0,1669	1,82	0,9656	0,0761	2,32	0,9898	0,0270
1,33	0,9082	0,1647	1,83	0,9664	0,0748	2,33	0,9901	0,0264
1,34	0,9099	0,1626	1,84	0,9671	0,0734	2,34	0,9904	0,0258
1,35	0,9115	0,1604	1,85	0,9678	0,0721	2,35	0,9906	0,0252
1,36	0,9131	0,1582	1,86	0,9686	0,0707	2,36	0,9909	0,0246
1,37	0,9147	0,1561	1,87	0,9693	0,0694	2,37	0,9911	0,0241
1,38	0 9162	0,1539	1,88	0,9699	0,0681	2,38	0,9913	0,0235
1,39	0,9177	0,1518	1,89	0,9706	0,0669	2,39	0,9916	0,0229
1,41	0,9192	0,1497	1,90	0,9713	0,0656	2,40	0,9918	0,0224
1,41	0,9207	0,1476	1,91	0,9719	0,0644	2,41	0,9920	0,0219
1,42	0,9222	0,1456	1,92	0,9726	0,0632	2,42	0,9922	0,0213
1,43	0,9236	0,1435	1,93	0,9732	0,0620	2,43	0,9925	0,0208
1,44	0,9251	0,1415	1,94	0,9738	0,0608	2,44	0,9927	0,0203
1,45	0,9265	0,1394	1,95	0,9744	0,0596	2,45	0,9929	0,0198
1,46	0,9279	0,1374	1,96	0,9750	0,0584	2,46	0,9931	0,0194
1,47	0,9292	0,1354	1,97	0,9756	0,0573	2,47	0,9932	0,0189
1,48	0,9306	0,1334	1,98	0,9761	0,0562	2,48	0,9934	0,0184
1,49	0,9319	0,1315	1,99	0,9767	0,0551	2,49	0,9936	0,0180
1,50	0,9332	0,1295	2,00	0,9772	0,0540	2,50	0,9938	0,0175
1,51	0,9345	0,1276	2,01	0,9778	0,0529	2,51	0,9940	0,0171
1,52	0,9357	0,1257	2,02	0,9783	0,0519	2,52	0,9941	0,0167
1,53	0,9370	0,1238	2,03	0,9788	0,0508	2,53	0,9943	0,0163
1,54	0,9382	0,1219	2,04	0,9793	0,0498	2,54	0,9945	0,0158
1,55	0,9394	0,1200	2,05	0,9798	0,0488	2,55	0,9946	0,0154
1,56	0,9406	0,1182	2,06	0,9803	0,0478	2,56	0,9948	0,0151
1,57	0,9418	0,1163	2,07	0,9808	0,0468	2,57	0,9949	0,0147
1,58	0,9429	0,1145	2,08	0,9812	0,0459	2,58	0,9951	0,0143
1,59	0,9441	0,1127	2,09	0,9817	0,0449	2,59	0,9952	0,0139
1,60	0,9452	0,1109	2,10	0,9821	0,0440	2,60	0,9953	0,0136
1,61	0,9463	0,1092	2,11	0,9826	0,0431	2,61	0,9955	0,0132
1,62	0,9474	0,1074	2,12	0,9830	0,0422	2,62	0,9956	0,0129
1,63	0,9484	0,1057	2,13	0,9834	0,0413	2,63	0,9957	0,0126
1,64	0,9495	0,1040	2,14	0,9838	0,0404	2,64	0,9959	0,0122
1,65	0,9505	0,1023	2,15	0,9842	0,0396	2,65	0,9960	0,0119
1,66	0,9515	0,1006	2,16	0,9846	0,0387	2,66	0,9961	0,0116
1,67	0,9525	0,0989	2,17	0,9850	0,0379	2,67	0,9962	0,0113
1,68	0,9535	0,0973	2,18	0,9854	0,0371	2,68	0,9963	0,0110
1,69	0,9545	0,0957	2,19	0,9857	0,0363	2,69	0,9964	0,0107

z-Wert	Fläche	Ordinate	z-Wert	Fläche	Ordinate	z-Wert	Fläche	Ordinate
2,70	0,9965	0,0104	2,80	0,9974	0,0079	2,90	0,9981	0,0060
2,71	0,9966	0,0101	2,81	0,9975	0,0077	2,91	0,9982	0,0058
2,72	0,9967	0,0099	2,82	0,9976	0,0075	2,92	0,9982	0,0056
2,73	0,9968	0,0096	2,83	0,9977	0,0073	2,93	0,9983	0,0055
2,74	0,9969	0,0093	2,84	0,9977	0,0071	2,94	0,9984	0,0053
2,75	0,9970	0,0091	2,85	0,9978	0,0069	2,95	0,9984	0,0051
2,76	0,9971	0,0088	2,86	0,9979	0,0067	2,96	0,9985	0,0050
2,77	0,9972	0,0086	2,87	0,9979	0,0065	2,97	0,9985	0,0048
2,78	0,9973	0,0084	2,88	0,9980	0,0063	2,98	0,9986	0,0047
2,79	0,9974	0,0081	2,89	0,9981	0,0061	2,99	0,9986	0,0046
						3,00	0,9987	0,0044

Tabelle B: t-Verteilung

(Quelle: Glass, G.V., Stanley, J. C (1970). Statistical methods in education and psychology, p. 521. New Jersey: Prentice-Hall. Englewood Cliffs)

df	0,55	0,60	0,65	0,70	0,75	0,80	0,85	0,90	0,95	0,975	0,990	0,995	0,9995
1	0,158	0,325	0,510	0,727	1,000	1,376	1,963	3,078	6,314	12,706	31,821	63,66	636,62
2	0,142	0,289	0,445	0,617	0,816	1,061	1,386	1,886	2,920	4,303	6,965	9,925	31,598
3	0,137	0,277	0,424	0,584	0,765	0,978	1,250	1,638	2,353	3,182	4,541	5,841	12,941
4	0,134	0.271	0,414	0,569	0,741	0,941	1,190	1,533	2,132	2,776	3,747	4,604	8,610
5	0,132	0,267	0,408	0,559	0,727	0,920	1,156	1,476	2,015	2,571	3,365	4,032	6,859
6	0,131	0,265	0,404	0,553	0,718	0,906	1,134	1,440	1,943	2,447	3,143	3,707	5,959
7	0,130	0,263	0,402	0,549	0,711	0,896	1,119	1,415	1,895	2,365	2,998	3,499	5,405
8	0,130	0,262	0,399	0,546	0,706	0,889	1,108	1,397	1,860	2,306	2,896	3,355	5,041
9	0,129	0,261	0,398	0,543	0,703	0,883	1,100	1,383	1,833	2,262	2,821	3,250	4,781
10	0,129	0,260	0,397	0,542	0,700	0,879	1,093	1,372	1,812	2,228	2,764	3,169	4,587
11	0,129	0,260	0,396	0,540	0,697	0,876	1,088	1,363	1,796	2,201	2,718	3.106	4,437
12	0,128	0,259	0,395	0,539	0,695	0,873	1,083	1,356	1,782	2,179	2,681	3,055	4,318
13	0,128	0,259	0,394	0,538	0,694	0,870	1,079	1,350	1,771	2,160	2,650	3,012	4,221
14	0,128	0,258	0,393	0,537	0,692	0,868	1,076	1,345	1,761	2,145	2.624	2,977	4,140
15	0,128	0,258	0,393	0,536	0,691	0,866	1,074	1,341	1,753	2,131	2,602	2,947	4,073
16	0,128	0,258	0,392	0,535	0,690	0,865	1,071	1,337	1,746	2,120	2,583	2,921	4,015
17	0,128	0,257	0,392	0,534	0,689	0,863	1,069	1,333	1,740	2,110	2,567	2,898	3,965
18	0,127	0,257	0,392	0,534	0,688	0,862	1,067	1,330	1,734	2,101	2,552	2,878	3,922
19	0,127	0,257	0,391	0,533	0,688	0,861	1,066	1,328	1,729	2.093	2,539	2,861	3,883
20	0,127	0,257	0,391	0,533	0,687	0,860	1,064	1,325	1,725	2,086	2,528	2,845	3,850
21	0,127	0,257	0,391	0,532	0,686	0,859	1,063	1,323	1,721	2,080	2,518	2,831	3,819
22	0,127	0,256	0,390	0,532	0,686	0,858	1,061	1,321	1,717	2,074	2,508	2,819	3,792
23	0,127	0,256	0,390	0,532	0,685	0,858	1,060	1,319	1,714	2,069	2,500	2,807	3,767
24	0,127	0,256	0,390	0,531	0,685	0,857	1.059	1,318	1,711	2,064	2,492	2,797	3,745
25	0,127	0,256	0,390	0,531	0,684	0,856	1,058	1,316	1,708	2,060	2,485	2.787	3,725
26	0,127	0,256	0,390	0,531	0,684	0,856	1,058	1,315	1,706	2,056	2,479	2,779	3,707
27	0,127	0,256	0,389	0,531	0,684	0,855	1,057	1,314	1,703	2,052	2,473	2,771	3,690
28	0,127	0,256	0,389	0,530	0,683	0,855	1,056	1,313	1,701	2,048	2,467	2,763	3,674
29	0,127	0,256	0,389	0,530	0,683	0,854	1,055	1,311	1,699	2,045	2,462	2,756	3,659
30	0,127	0,256	0,389	0,530	0,683	0,854	1,055	1,310	1,697	2,042	2,457	2,750	3,646
40	0,126	0,255	0,388	0,529	0,681	0,851	1,050	1,303	1,684	2,021	2,423	2,704	3,551
60	0,126	0,254	0,387	0,527	0,679	0,848	1,046	1,296	1,671	2,000	2,390	2,660	3,460
120	0,126	0,254	0,386	0,526	0,677	0,845	1,041	1,289	1,658	1,980	2,358	2,617	3,373
z	0,126	0,253	0,385	0,524	0,674	0,842	1,036	1,282	1,645	1,960	2,326	2,576	3,291

Tabelle C: TPF-Tabellen

(Quelle: Hager, W. (1987). Grundlagen einer Versuchsplanung. In: G. Lüer (Hrsg.), Allgemeine experimentelle Psychologie (S. 254-258). Stuttgart: Fischer.)

TPF-1: Lambda als Funktion der Teststärke und der Zählerfreiheitsgrade FG(Z) für F-, Chi-Quadrat- und zwei-seitige t-Tests (FG(Z) = 1) bei Alpha = 0,002 (entspricht bei einseitigen t-Test (FG(Z) = 1) Alpha = 0,001)

Teststärke	0,1000	0,5000	0,6667	0,7500	0,8000	0,8500	0,9000	0,9250	0,9500	0,9750	0,9900	0,9925	0,9950	0,9975	0,9990
FG(Z)															
1	3,27	9,55	12,40	14,17	15,46	17,03	19,11	20,52	22,42	25,50	29,34	30,50	32,10	34,78	38,20
2	4,23	11,41	14,58,	16,54	17,95	19,66	21,93	23,46	25,52	28,84	32,96	34,20	35,91	38,77	42,41
3	4,93	12,77	16,16	18,25	19,75	21,57	23,97	25,58	27,75	31,25	35,57	36,87	38,67	41,65	65,45
4	5,52	13,89	17,47	19,66	21,23	23,14	25,65	27,33	29,59	33,23	37,72	39,07	40,93	44,01	47,94
5	6,04	14,87	18,60	20,89	22,53	24,51	27,11	28,55	31,19	34,96	39,59	40,98	42,89	46,07	50,11
6	6,50	15,74	19,63	21,99	23,69	25,73	28,42	30,22	32,63	36,50	41,26	42,69	44,66	47,91	52,06
7	6,93	16,55	20,56	23,00	24,75	26,86	29,62	31,49	33,94	37,91	42,79	44,25	46,26	49,60	53,83
8	7,33	17,29	21,43	23,94	25,73	27,89	30,73	32,62	35,16	39,22	44,20	45,70	47,76	51,16	55,48
9	7,70	17,99	22,24	24,82	26,65	28,87	31,77	33,70	36,30	40,65	45,53	47,05	49,15	52,62	57,02
10	8,05	18,65	23,01	25,64	27,52	29,79	32,75	34,73	37,37	41,60	46,78	48,33	50,47	53,99	58,47
11	8,39	19,28	23,74	26,43	28,35	30,66	33,68	35,70	38,39	42,70	47,97	49,54	51,71	55,30	59,85
12	8,72	19,88	24,43	27,18	29,14	31,49	34,57	36,62	39,36	43,75	49,10	50,70	52,90	56,55	61,16
13	9,02	20,46	25,10	27,90	29,89	32,29	35,42	37,51	40,30	44,75	50,18	51,81	54,05	57,74	62,41
14	9,32	21,01	25,74	28,59	30,82	33,06	36,24	38,36	41,19	45,71	51,22	52,87	55,15	58,89	63,62
15	9,61	21,54	26,36	29,26	31,32	33,80	37,03	39,18	42,05	46,64	52,24	53,91	56,20	59,99	64,78
16	9,89	22,06	26,96,	29,90	32,00	34,51	37,79	39,97	42,89	47,53	53,21	54,90	57,22	61,05	65,90
18	10,42	23,05	28,10	31,13	33,29	35,88	39,25	41,49	44,48	49,24	55,05	56,78	59,16	63,08	68,04
20	10,92	23,98	29,18	32,30	34,51	37,16	40,62	42,91	45,98	50,86	56,80	58,56	60,99	65,00	70,06
22	11,41	24,86	30,20	35,60	35,67	38,39	41,93	44,27	47,41	52,40	58,45	60,25	62,73	66,82	71,98
24	11,87	25,71	31,18	34,45	36,78	39,55	43,17	45,57	48,77	55,86	60,03	61,87	64,39	68,55	73,81

TPF-2: Lambda als Funktion der Teststärke und der Zählerfreiheitsgrade FG(Z) für F-, Chi-Quadrat- und zwei-seitige t-Tests (FG(Z) = 1) bei Alpha = 0,005 (entspricht bei einseitigen t-Test (FG(Z) = 1) Alpha = 0,0025)

Teststärke	0,1000	0,5000	0,6667	0,7500	0,8000	0,8500	0,9000	0,9250	0,9500	0,9750	0,9900	0,9925	0,9950	0,9975	0,9990
FG(Z)															
1	2,33	7,88	10,48	12,12	13,31	14,77	16,72	18,03	19,82	22,72	26,35	27,45	28,97	31,52	34,78
2	3,10	9,58	12,11	14,33	15,65	17,26	19,39	20,83	22,78	25,93	29,85	31,03	32,67	35,39	38,88
3	3,68	10,81	13,97	15,92	17,33	19,05	21,31	22,84	24,90	28,23	32,35	33,59	35,31	38,17	41,82
4	4,16	11,82	15,16	17,23	18,73	20,51	22,29	24,49	26,64	30,11	34,40	35,70	37,48	40,45	44,22
5	4,58	12,70	16,21	18,36	19,91	21,79	24,26	25,92	28,15	31,75	36,18	37,52	39,36	42,42	46,31
6	4,96	13,49	17,14	19,38	20,98	22,93	25,49	27,20	29,50	33,21	37,77	39,15	41,04	44,18	48,17
7	5,30	14,22	18,00	20,31	21,97	23,97	26,61	28,37	30,74	34,54	39,23	40,63	42,57	45,79	49,87
8	5,63	14,89	18,79	21,17	22,88	24,94	27,64	29,45	31,88	35,78	40,57	42,01	43,99	47,28	51,45
9	5,93	15,52	19,54	21,98	23,73	25,84	28,61	30,47	32,95	36,94	41,83	43,30	45,32	48,67	52,92
10	6,22	16,11	20,23	22,74	24,53	26,69	29,53	31,42	33,96	38,01	43,01	44,51	46,57	49,98	54,31
11	6,49	16,68	20,90	23,46	25,30	27,51	30,40	32,33	34,92	39,06	44,14	45,66	47,75	51,22	55,62
12	6,76	17,22	21,54	24,15	26,02	28,28	31,22	33,19	35,83	40,05	45,21	46,76	48,88	52,41	56,87
13	7,01	17,73	22,14	24,82	26,72	29,02	32,02	34,02	36,70	40,99	46,23	47,80	49,97	53,54	58,87
14	7,25	18,23	22,73	25,45	27,39	29,73	32,78	34,82	37,54	41,89	47,22	48,81	51,00	54,63	59,22
15	7,48	18,71	23,29	26,06	28,04	30,41	33,51	35,88	38,15	42,77	48,17	49,79	52,01	55,68	60,33
16	7,71	19,17	23,84	26,65	28,66	31,07	34,22	36,32	39,13	43,61	49,08	50,72	52,98	56,69	61,48
18	8,14	20,06	24,48	27,78	29,85	32,33	35,58	37,73	40,62	45,22	50,84	52,51	54,82	58,62	63,44
20	8,55	20,89	25,86	28,85	30,97	33,55	36,85	39,07	42,02	46,73	52,49	54,20	56,56	60,44	65,36
22	8,94	21,68	26,79	29,86	32,04	34,66	38,07	40,33	43,36	48,18	54,05	55,80	58,20	62,17	67,19
24	9,32	22,44	27,60	30,83	33,06	35,74	39,22	41,54	44,64	49,56	55,55	57,33	59,78	63,82	68,92

TPF-3: Lambda als Funktion der Teststärke und der Zählerfreiheitsgrade FG(Z) für F-, Chi-Quadrat- und zweis-eitige t-Tests (FG(Z) = 1) bei Alpha = 0,01 (entspricht bei einseitigen t-Test (FG(Z) = 1) Alpha = 0,005)

Teststärke FG(Z)	0,1000	0,5000	0,6667	0,7500	0,8000	0,8500	0,9000	0,9250	0,9500	0,9750	0,9900	0,9925	0,9950	0,9975	0,9990
1	1,67	6,63	9,04	10,57	11,60	13,05	14,88	16,12	17,81	20,57	24,03	25,08	26,54	28,97	32,10
2	2,30	8,19	10,92	12,64	13,88	15,40	17,43	18,80	20,65	23,66	27,41	28,55	30,13	32,75	36,11
3	2,76	9,31	10,28	14,10	15,46	17,09	19,25	20,78	22,67	25,86	29,83	31,02	32,68	35,43	38,96
4	3,15	10,23	13,38	15,34	16,75	18,47	20,74	22,27	24,33	27,66	31,79	33,04	34,76	37,63	41,29
5	3,49	11,03	14,35	16,39	17,87	19,66	22,03	23,60	25,76	29,22	33,50	34,79	36,57	39,83	43,30
6	3,79	11,70	10,01	17,34	18,07	20,73	23,18	24,03	27,04	30,61	35,02	36,35	38,18	41,22	45,89
7	4,07	12,41	16,00	18,20	19,79	21,71	24,03	25,93	28,21	31,88	36,41	37,77	39,65	42,76	46,73
8	4,34	13,02	16,73	19,00	22,63	22,61	25,21	26,95	29,29	33,06	37,69	39,08	41,01	44,19	48,24
9	4,58	13,59	17,41	19,75	21,43	23,46	26,12	27,91	30,31	34,16	38,29	40,31	42,28	45,53	49,66
10	4,82	14,13	18,06	20,46	22,18	24,25	26,98	28,81	31,26	35,19	40,02	41,47	43,47	46,78	50,99
11	5,04	14,64	18,67	21,13	22,89	21,01	27,80	29,66	32,16	36,17	41,09	42,57	44,68	47,97	52,25
12	5,25	15,13	19,26	21,77	23,56	25,73	28,58	30,47	33,02	37,10	42,11	43,61	45,68	49,11	53,45
13	5,45	15,59	19,01	22,38	24,21	26,42	29,32	31,23	33,85	38,03	43,09	44,61	46,71	50,19	54,60
14	5,65	16,04	20,35	22,97	24,83	27,09	30,03	32,00	34,64	38,86	44,83	45,57	47,70	51,23	55,71
15	5,84	16,48	20,07	23,53	25,43	27,70	30,72	32,72	35,40	39,68	44,93	46,50	48,66	52,24	56,77
16	6,02	16,89	21,37	24,08	26,01	28,34	31,39	33,42	36,14	40,48	45,80	47,39	49,58	53,21	57,88
18	6,37	17,69	22,33	25,10	27,12	29,52	32,66	34,74	37,54	42,08	47,46	49,09	51,15	55,08	59,75
20	6,70	18,45	23,23	26,11	28,16	30,63	33,85	36,00	38,86	43,44	49,04	50,71	53,01	56,79	61,59
22	7,02	19,17	24,09	27,05	29,15	31,49	34,99	37,19	40,12	44,80	58,53	52,23	54,58	58,44	63,34
24	7,32	19,86	24,90	27,94	30,10	32,69	36,07	38,32	41,32	46,12	51,95	53,69	56,07	60,02	65,81

TPF-4: Lambda als Funktion der Teststärke und der Zählerfreiheitsgrade FG(Z) für F-, Chi-Quadrat- und zwei-seitige t-Tests (FG(Z) = 1) bei Alpha = 0,015 (entspricht bei einseitigen t-Test (FG(Z) = 1) Alpha = 0,0075)

Teststärke FG(Z)	0,1000	0,5000	0,6667	0,7500	0,8000	0,8500	0,9000	0,9250	0,9500	0,9750	0,9900	0,9925	0,9950	0,9975	0,9990
1	1,32	5,92	8,00	9,65	10,72	12,03	13,79	14,99	16,62	19,09	22,64	23,67	25,08	27,45	30,50
2	1,85	7,00	9,99	11,63	10,83	14,30	16,26	17,58	19,38	22,30	25,95	27,06	28,60	31,15	34,44
3	2,04	8,43	11,27	13,05	14,34	15,92	18,01	19,42	21,34	24,44	28,30	29,47	31,09	33,78	37,23
4	2,57	9,29	12,32	14,21	15,58	17,24	19,44	20,93	22,94	26,19	30,22	31,44	33,12	35,92	39,50
5	2,86	10,04	13,24	15,22	16,64	18,38	20,68	22,23	24,32	27,69	31,87	33,13	34,88	37,77	41,47
6	3,12	10,71	14,05	16,12	17,60	19,41	21,79	23,39	25,56	29,04	33,35	34,65	36,44	39,42	43,22
7	3,36	11,33	14,80	16,94	18,47	20,34	22,80	24,46	26,68	30,07	34,70	36,03	37,87	40,92	44,82
8	3,58	11,89	15,49	17,73	19,28	21,21	23,74	25,44	27,72	31,40	35,94	37,31	39,19	42,31	46,29
9	3,79	12,43	16,14	18,41	20,04	22,02	24,61	26,36	28,70	32,47	37,10	38,50	40,42	43,61	47,67
10	3,99	12,93	16,74	19,08	20,75	22,78	25,44	27,22	29,62	33,46	38,20	39,62	41,58	44,83	48,97
11	4,18	13,41	17,30	19,71	21,43	23,50	26,20	28,04	30,49	34,41	39,24	40,68	42,68	45,99	50,19
12	4,36	13,87	17,88	20,32	22,07	24,19	26,96	28,82	31,32	35,31	40,22	41,70	43,73	47,89	51,36
13	4,53	14,30	10,40	20,90	22,69	24,85	27,48	29,57	32,11	36,18	41,17	42,67	44,73	48,14	52,48
14	4,70	14,72	18,91	21,46	23,28	25,48	28,36	30,29	32,87	37,01	40,08	43,60	45,69	49,16	53,55
15	4,86	15,13	19,40	20,00	23,85	26,09	29,00	30,98	33,60	37,80	42,95	44,49	46,62	50,13	54,59
16	5,01	15,52	19,87	22,50	24,40	26,68	29,66	31,65	34,31	38,57	43,79	45,36	47,51	51,07	55,59
18	5,31	16,07	20,78	23,51	25,46	27,80	30,87	32,92	35,66	40,04	45,40	47,81	49,21	52,87	57,49
20	5,59	16,97	21,63	24,44	26,45	28,87	30,00	34,12	36,94	41,43	46,92	48,57	50,83	54,56	59,28
20	5,86	17,64	22,44	25,33	27,39	29,87	33,11	35,26	38,14	42,74	48,37	50,05	52,35	56,16	60,98
24	6,12	18,28	23,21	26,18	28,29	30,83	34,15	36,35	39,30	44,01	49,74	51,45	53,81	57,69	62,60

TPF-5: Lambda als Funktion der Teststärke und der Zählerfreiheitsgrade FG(Z) für F-, Chi-Quadrat- und zwei-seitige t-Tests (FG(Z) = 1) bei Alpha = 0,02 (entspricht bei einseitigen t-Test (FG(Z) = 1) Alpha = 0,01)

Teststärke / FG(Z)	0,1000	0,5000	0,6667	0,7500	0,8000	0,8500	0,9000	0,9250	0,9500	0,9750	0,9900	0,9925	0,9950	0,9975	0,9990
1	1,09	5,41	7,60	9,00	10,04	11,31	13,02	14,10	15,77	18,37	21,65	22,64	24,03	26,35	29,34
2	1,54	6,80	9,32	10,92	12,08	13,51	15,41	16,71	18,46	21,32	24,90	25,98	27,49	30,00	33,22
3	1,88	7,80	10,55	12,28	13,54	15,00	17,12	18,50	20,37	23,41	27,20	28,35	29,93	32,55	35,97
4	2,16	8,62	11,56	13,40	14,73	16,35	18,51	19,96	21,93	25,11	29,07	30,27	31,93	34,68	38,21
5	2,41	9,33	12,43	14,37	15,76	17,46	19,71	21,23	23,27	26,59	30,69	31,93	33,64	36,49	40,14
6	2,64	9,96	13,22	15,23	16,68	18,45	20,79	22,36	24,48	27,90	32,14	33,41	35,18	38,11	41,85
7	2,85	10,54	13,93	16,02	17,52	19,35	21,76	23,38	25,57	29,09	33,45	34,76	36,57	39,58	43,42
8	3,04	11,09	14,59	16,75	18,30	20,19	22,67	24,34	26,08	30,20	34,66	36,01	37,86	40,94	44,87
9	3,22	11,59	15,21	17,43	19,03	20,97	23,52	25,23	27,53	31,23	35,80	37,17	39,07	42,21	46,22
10	3,40	12,07	15,79	18,08	19,71	21,70	24,31	26,07	28,42	32,20	36,87	38,27	40,20	43,41	47,49
11	3,56	12,52	16,35	18,69	20,37	22,40	25,07	26,86	29,27	33,13	37,88	39,31	41,28	44,54	48,69
12	3,72	12,95	16,87	19,27	20,99	23,06	25,79	27,62	30,07	34,01	38,84	40,30	42,30	45,62	49,83
13	3,87	13,37	17,38	19,83	21,50	23,70	26,48	28,34	30,84	34,84	39,77	41,24	43,28	46,65	50,93
14	4,01	13,76	17,86	20,36	22,15	24,31	27,14	29,04	31,58	35,65	40,65	42,15	44,22	47,64	51,98
15	4,15	14,15	18,33	20,80	22,70	24,90	27,70	29,71	32,29	36,43	41,50	43,02	45,12	48,59	53,00
16	4,29	14,52	18,78	21,38	23,23	25,47	28,40	30,35	32,98	37,18	42,33	43,87	45,99	49,51	53,97
18	4,55	15,22	19,65	22,33	24,24	26,55	29,57	31,59	34,29	38,61	43,89	45,48	47,66	51,27	55,83
20	4,79	15,89	20,46	23,23	25,20	27,58	30,68	32,75	35,52	39,95	45,37	46,99	49,24	52,92	57,59
22	5,02	16,53	21,23	24,08	26,11	28,55	31,73	33,86	36,70	41,23	46,79	48,44	50,72	54,48	59,25
24	5,25	17,13	21,97	24,89	26,97	29,47	32,74	34,91	37,82	42,45	48,12	49,82	52,14	55,98	60,83

TPF-6: Lambda als Funktion der Teststärke und der Zählerfreiheitsgrade FG(Z) für F-, Chi-Quadrat- und zwei-seitige t-Tests (FG(Z) = 1) bei Alpha = 0,05 (entspricht bei einseitigen t-Test (FG(Z) = 1) Alpha = 0,025)

Teststärke / FG(Z)	0,1000	0,5000	0,6667	0,7500	0,8000	0,8500	0,9000	0,9250	0,9500	0,9750	0,9900	0,9925	0,9950	0,9975	0,9990
1	0,43	3,84	5,72	6,94	7,85	8,98	10,51	11,56	13,00	15,37	18,37	19,29	20,57	22,72	25,50
2	0,62	4,96	7,17	8,59	9,63	10,92	12,65	13,83	15,44	18,08	21,40	22,41	23,81	26,16	29,18
3	0,78	5,76	8,21	9,76	10,90	12,30	14,17	15,44	17,17	19,99	23,52	24,59	26,08	28,57	31,76
4	0,91	6,42	9,06	10,72	11,93	13,42	15,40	16,75	18,57	21,54	25,24	26,37	27,92	30,52	33,85
5	1,03	6,99	9,79	11,55	12,83	14,39	16,47	17,88	19,78	22,87	26,73	27,89	29,51	32,20	35,64
6	1,13	7,50	10,45	12,29	13,62	15,25	17,42	18,88	20,86	24,06	28,05	29,25	30,92	33,69	37,24
7	1,23	7,97	11,05	12,96	14,35	16,04	18,28	19,80	21,84	25,14	29,25	30,49	32,20	35,05	38,70
8	1,32	8,40	11,60	13,59	15,02	16,77	19,08	20,64	22,74	26,14	30,36	31,63	33,39	36,31	40,04
9	1,40	8,81	12,12	14,17	15,65	17,45	19,83	21,43	23,59	27,08	31,39	32,69	34,49	37,48	41,29
10	1,48	9,19	12,61	14,72	16,24	18,09	20,53	22,17	24,38	27,95	32,36	33,69	35,53	38,58	42,46
11	1,56	9,56	13,07	15,24	16,80	18,70	21,20	22,88	25,14	28,79	33,29	34,64	36,51	39,62	43,57
12	1,64	9,90	13,51	15,74	17,34	19,28	21,83	23,55	25,86	29,58	34,16	35,54	37,45	40,61	44,63
13	1,71	10,24	13,94	16,21	17,85	19,83	22,44	24,19	26,55	30,33	35,00	36,41	38,34	41,56	45,65
14	1,78	10,55	14,31	16,67	18,34	20,36	23,02	24,81	27,20	31,06	35,81	37,24	39,20	42,47	46,62
15	1,84	10,86	14,74	17,11	18,81	20,87	23,58	25,40	27,84	31,76	36,58	38,03	40,03	43,34	47,55
16	1,90	11,16	15,11	17,53	19,27	21,37	24,13	25,97	28,45	32,43	37,33	38,80	40,83	44,18	48,45
18	2,03	11,73	15,84	18,34	20,14	22,31	25,16	27,06	29,62	33,72	38,76	40,26	42,35	45,79	50,17
20	2,14	12,26	16,52	19,11	20,96	23,20	26,13	28,09	30,72	34,93	40,10	41,65	43,78	47,31	51,80
22	2,25	12,77	17,16	19,03	21,74	24,04	27,06	29,07	31,77	36,08	41,37	42,96	45,14	48,76	53,33
24	2,36	13,26	17,78	20,53	22,49	24,85	27,94	30,00	32,76	37,18	42,59	44,22	46,44	50,12	54,79

TPF-7: Lambda als Funktion der Teststärke und der Zählerfreiheitsgrade FG(Z) für F-, Chi-Quadrat- und zwei-seitige t-Tests (FG(Z) = 1) bei Alpha = 0,10 (entspricht bei einseitigen t-Test (FG(Z) = 1) Alpha = 0,05)

Teststärke FG(Z)	0,1000	0,5000	0,6667	0,7500	0,8000	0,8500	0,9000	0,9250	0,9500	0,9750	0,9900	0,9925	0,9950	0,9975	0,9990
1	0,00	2,70	4,31	5,30	6,18	7,19	8,56	9,51	10,82	13,00	15,77	16,62	17,81	19,82	22,42
2	0,00	3,56	5,50	6,77	7,71	8,88	10,46	11,54	13,02	15,47	18,56	19,50	20,82	23,03	25,87
3	0,00	4,18	6,36	7,76	8,02	10,08	11,80	12,97	14,57	17,20	20,51	21,52	22,92	25,27	28,29
4	0,00	4,69	7,06	8,57	9,68	11,05	12,88	14,13	15,83	18,60	22,09	23,15	24,62	27,07	30,23
5	0,00	5,13	7,67	9,27	10,45	11,89	13,82	15,13	16,91	19,81	23,44	24,55	26,07	28,63	31,90
6	0,00	5,53	8,21	9,90	11,13	12,64	14,65	16,02	17,87	20,88	24,65	25,79	27,37	30,01	33,39
7	0,00	5,90	8,70	10,47	11,75	13,32	15,41	16,83	18,75	21,86	25,74	26,92	28,55	31,26	34,74
8	0,00	6,24	9,16	10,99	12,32	13,95	16,11	17,58	19,55	22,76	26,76	27,96	29,63	32,42	35,98
9	0,00	6,55	9,59	11,49	12,86	14,54	16,77	18,27	20,31	23,60	27,70	28,94	30,65	33,50	37,14
10	0,00	6,85	9,99	11,90	13,37	15,10	17,39	18,93	21,02	24,39	28,59	29,85	31,60	34,51	38,23
11	0,00	7,13	10,37	12,39	13,85	15,62	17,97	19,55	21,69	25,14	29,42	30,52	32,50	35,47	39,26
12	0,00	7,40	10,74	12,81	14,30	16,12	18,53	20,15	22,33	25,86	30,22	31,54	33,36	36,38	40,24
13	0,00	7,66	11,09	13,21	14,74	16,60	19,06	20,71	22,94	26,54	30,99	32,33	34,18	37,25	41,17
14	0,00	7,91	11,42	13,59	15,16	17,06	19,57	21,26	23,53	27,19	31,72	33,08	34,97	38,09	42,07
15	0,00	8,15	11,75	13,96	15,56	17,50	20,06	21,76	24,09	27,82	32,43	35,81	35,72	38,89	42,94
16	0,00	8,38	12,06	14,32	15,95	17,93	20,54	22,29	24,64	28,43	33,11	34,51	36,45	39,67	43,77
18	0,00	8,82	12,65	15,01	16,70	18,74	21,44	23,25	25,68	29,59	34,40	35,85	37,84	41,15	45,36
20	0,00	9,24	13,22	15,65	17,40	19,51	22,30	24,16	26,66	30,68	35,62	37,11	39,15	42,54	46,85
22	0,00	9,64	13,75	16,26	18,07	20,24	23,11	25,02	27,59	31,71	36,78	38,30	40,39	43,86	48,28
24	0,00	10,01	14,26	16,85	18,70	22,94	23,88	25,84	28,48	32,70	37,88	39,44	41,58	45,13	49,63

TPF-8: Lambda als Funktion der Teststärke und der Zählerfreiheitsgrade FG(Z) für F-, Chi-Quadrat- und zwei-seitige t-Tests (FG(Z) = 1) bei Alpha = 0,15 (entspricht bei einseitigen t-Test (FG(Z) = 1) Alpha = 0,075)

Teststärke FG (Z)	0,1000	0,5000	0,6667	0,7500	0,8000	0,8500	0,9000	0,9250	0,9500	0,9750	0,9900	0,9925	0,9950	0,9975	0,9990
1	0,00	2,06	3,49	4,47	5,20	6,13	7,40	8,29	9,51	11,56	14,18	14,99	16,12	18,03	20,52
2	0,00	2,73	4,50	5,67	6,54	7,63	9,11	10,13	11,53	13,84	16,79	17,69	18,95	21,06	23,80
3	0,00	3,22	5,23	6,53	7,50	8,70	10,32	11,43	12,95	15,45	18,61	19,58	20,92	23,17	26,08
4	0,00	3,63	5,83	7,24	8,28	9,57	11,30	12,49	14,10	16,75	20,09	21,10	22,52	24,88	27,93
5	0,00	3,99	6,34	7,85	8,96	10,32	12,15	13,39	15,09	17,87	21,35	22,41	23,88	26,35	29,51
6	0,00	4,31	6,81	8,39	9,56	10,99	12,90	14,20	15,97	18,86	22,48	23,58	25,10	27,64	30,91
7	0,00	4,61	7,23	8,89	10,11	11,60	13,59	14,94	16,78	19,76	23,50	24,63	26,20	28,83	32,19
8	0,00	4,88	7,62	9,35	10,62	12,14	14,22	15,62	17,52	20,60	24,44	25,61	27,22	29,91	33,36
9	0,00	5,13	7,99	9,78	11,09	12,69	14,82	16,26	18,21	21,38	25,32	26,52	28,17	30,93	34,46
10	0,00	5,37	8,33	10,19	11,54	13,18	15,37	16,85	18,86	22,11	26,15	27,37	29,07	31,88	35,49
11	0,00	5,60	8,66	10,57	11,96	13,65	15,90	17,42	19,47	22,80	26,93	28,18	29,91	32,78	36,46
12	0,00	5,82	8,97	10,94	12,36	14,10	16,40	17,96	20,06	23,46	27,68	28,98	30,71	33,64	37,39
13	0,00	6,03	9,27	11,29	12,75	14,53	16,89	18,47	20,62	24,09	28,39	29,69	31,48	34,46	38,27
14	0,00	6,23	9,56	11,63	13,12	14,94	17,35	18,97	21,16	24,69	29,07	30,39	32,22	35,25	39,12
15	0,00	6,42	9,83	11,95	13,48	15,34	17,79	19,45	21,68	25,28	29,73	31,07	32,93	36,01	39,94
16	0,00	6,61	10,10	12,26	13,82	15,72	18,22	19,91	22,18	25,84	30,36	31,73	33,61	36,74	40,72
18	0,00	6,97	10,61	12,86	14,48	16,45	19,04	20,78	23,13	26,91	31,57	32,97	34,91	38,13	42,22
20	0,00	7,30	11,09	13,42	15,10	17,13	19,81	21,61	24,03	27,91	32,71	34,15	36,14	39,43	43,63
22	0,00	7,63	11,55	13,96	15,69	17,79	20,54	22,39	24,88	28,87	33,79	35,26	37,30	40,68	44,97
24	0,00	7,93	11,99	14,47	16,25	18,41	21,24	23,14	25,69	29,78	34,82	36,33	38,41	43,86	46,25

TPF-9: Lambda als Funktion der Teststärke und der Zählerfreiheitsgrade FG(Z) für F-, Chi-Quadrat- und zwei-seitige t-Tests (FG(Z) = 1) bei Alpha = 0,20 (entspricht bei einseitigen t-Test (FG(Z) = 1) Alpha = 0,10)

Teststärke FG(Z)	0,1000	0,5000	0,6667	0,7500	0,8000	0,8500	0,9000	0,9250	0,9500	0,9750	0,9900	0,9925	0,9950	0,9975	0,9990
1	0,00	1,61	2,92	3,82	4,50	5,37	6,57	7,40	8,56	10,51	13,02	13,79	14,88	16,72	19,11
2	0,00	2,13	3,77	4,86	5,68	6,71	8,11	9,08	10,41	12,63	15,46	16,33	17,54	19,58	22,23
3	0,00	2,53	4,39	5,62	6,53	7,67	9,21	10,27	11,73	14,13	17,18	18,11	19,41	21,59	24,41
4	0,00	2,86	4,91	6,24	7,23	8,46	10,11	11,25	12,79	15,35	18,57	19,55	20,92	23,21	26,17
5	0,00	3,15	5,36	6,78	7,83	9,13	10,89	12,08	13,71	16,39	19,76	20,79	22,21	24,60	27,48
6	0,00	3,40	5,75	7,26	8,37	9,74	11,58	12,83	14,53	17,32	20,32	21,89	23,37	25,84	29,02
7	0,00	3,64	6,12	7,70	8,86	10,29	12,20	13,50	15,27	18,16	21,78	22,88	24,41	26,96	30,23
8	0,00	3,86	6,46	8,11	9,32	10,80	12,78	14,13	15,96	18,94	22,67	23,80	25,37	27,99	31,35
9	0,00	4,07	6,78	8,49	9,74	11,28	13,33	14,72	16,60	19,67	23,50	24,66	26,27	28,95	32,40
10	0,00	4,26	7,07	8,85	10,14	11,73	13,84	15,26	17,20	20,35	24,28	25,47	27,12	29,86	33,38
11	0,00	4,43	7,36	9,19	10,52	12,15	14,32	15,79	17,77	21,00	25,02	26,23	27,91	30,72	34,30
12	0,00	4,62	7,63	9,51	10,88	12,55	14,78	16,28	18,32	21,62	25,72	26,96	28,67	31,53	35,19
13	0,00	4,79	7,89	9,82	11,23	12,94	15,22	16,76	18,84	22,20	26,39	27,65	29,40	32,31	36,03
14	0,00	4,95	8,13	10,12	11,56	13,32	15,64	17,21	19,33	22,77	27,03	28,32	30,10	33,06	36,84
15	0,00	5,11	8,37	10,41	11,88	13,67	16,05	17,65	19,81	23,31	27,65	28,96	30,77	33,77	37,61
16	0,00	5,26	8,61	10,68	12,19	14,02	16,44	18,07	20,28	23,84	28,25	29,58	31,41	34,47	38,36
18	0,00	5,55	9,05	11,21	12,78	14,68	17,19	16,88	21,16	24,84	29,36	30,75	32,64	35,78	39,79
20	0,00	5,83	9,46	11,71	13,33	15,30	17,90	19,64	21,99	25,78	30,45	31,86	33,80	37,03	41,13
22	0,00	6,09	9,86	12,19	13,86	15,89,	18,57	20,36	22,78	26,67	31,47	32,91	34,90	38,20	42,41
24	0,00	6,33	10,24	12,64	14,36	16,45	19,21	21,05	25,53	27,52	32,44	33,91	35,95	39,33	43,62

TPF-10: Lambda als Funktion der Teststärke und der Zählerfreiheitsgrade FG(Z) für F-, Chi-Quadrat- und zwei-seitige t-Tests (FG(Z) = 1) bei Alpha = 0,40 (entspricht bei einseitigen t-Test (FG(Z) = 1) Alpha = 0,20)

Teststärke FG(Z)	,1000	,5000	,6667	,7500	,8000	,8500	,9000	,9250	,9500	,9750	,9900	,9925	,9950	,9975	,9990
1	0,00	0,46	1,49	2,21	2,76	3,47	4,47	5,17	6,16	7,84	10,03	10,71	11,67	13,31	15,46
2	0,00	0,59	1,87	2,75	3,43	4,28	5,47	6,29	7,45	9,38	11,88	12,65	13,74	15,57	17,97
3	0,00	0,70	2,18	3,19	3,95	4,91	6,23	7,14	8,41	10,52	13,24	14,08	13,25	17,22	19,79
4	0,00	0,79	2,44	3,55	4,38	5,43	6,86	7,84	9,21	11,47	14,35	15,24	16,48	18,56	21,24
5	0,00	0,87	2,67	3,87	4,76	5,88	7,40	8,45	9,89	12,28	15,31	16,24	17,54	19,72	22,53
6	0,00	0,95	2,88	4,16	5,11	6,29	7,89	9,00	10,51	13,00	16,17	17,13	18,48	20,74	23,66
7	0,00	1,02	3,07	4,42	5,42	6,66	8,34	9,49	11,07	13,66	16,94	17,95	19,34	21,68	24,69
8	0,00	1,08	3,25	4,66	5,71	7,01	8,75	9,95	11,59	14,27	17,66	18,69	20,13	22,54	25,64
9	0,00	1,14	3,42	4,89	5,98	7,33	9,14	10,38	12,07	14,84	18,33	19,39	20,87	23,34	26,52
10	0,00	1,20	3,58	5,11	6,24	7,63	9,51	10,78	12,53	15,38	18,96	20,05	21,56	24,09	27,35
11	0,00	1,25	3,73	5,31	6,48	7,99	9,85	11,17	12,96	15,88	19,56	20,67	22,22	24,81	28,13
12	0,00	1,30	3,87	5,51	6,71	8,20	10,18	11,53	13,37	16,37	20,12	21,26	22,85	25,49	28,88
13	0,00	1,35	4,01	5,70	6,94	8,46	10,50	11,88	13,76	16,83	20,67	21,83	23,44	26,14	29,59
14	0,00	1,40	4,14	5,88	7,15	8,71	10,80	12,22	14,14	17,27	21,19	22,37	24,02	26,76	30,28
15	0,00	1,45	4,27	6,05	7,36	8,96	11,09	12,54	14,50	17,70	21,69	22,90	24,57	27,36	30,93
16	0,00	1,49	4,39	6,22	7,56	9,19	11,38	12,85	14,86	18,11	22,17	23,40	23,10	27,94	31,57
18	0,00	1,58	4,63	6,54	7,94	9,64	11,91	13,45	15,52	18,90	23,09	24,36	26,12	29,04	32,78
20	0,00	1,66	4,15	6,85	8,29	10,07	12,42	14,01	16,16	19,64	23,96	25,27	27,07	30,08	33,91
22	0,00	1,74	5,06	7,13	8,64	10,47	12,90	14,54	16,76	20,34	24,78	26,12	27,98	31,06	34,99
24	0,00	1,81	5,26	7,41	8,96	10,86	13,36	15,05	17,33	21,01	25,57	26,94	28,84	32,00	36,02

Tabelle D: Fishers Z-Werte

(Quelle: Glass, G.V., Stanley, J. C. (1970). Statistical methods in education and psychology, p. 534 New Jersey: Prentice-Hall. Englewood Cliffs)

r	Z	r	Z	r	Z	r	Z	r	Z
0,000	0,000	0,200	0,203	0,400	0,424	0,600	0,693	0,800	1,099
0,005	0,005	0,205	0,208	0,405	0,430	0,605	0,701	0,805	1,113
0,010	0,010	0,210	0,213	0,410	0,436	0,610	0,709	0,810	1,127
0,015	0,015	0,215	0,218	0,415	0,442	0,615	0,717	0,815	1,142
0,020	0,020	0,220	0,224	0,420	0,448	0,620	0,725	0,820	1,157
0,025	0,025	0,225	0,229	0,425	0,454	0,625	0,733	0,825	1,172
0,030	0,030	0,230	0,234	0,430	0,460	0,630	0,741	0,830	1,188
0,035	0,035	0,235	0,239	0,435	0,466	0,635	0,750	0,835	1,204
0,040	0,040	0,240	0,245	0,440	0,472	0,640	0,758	0,840	1,221
0,045	0,045	0,245	0,250	0,445	0,478	0,645	0,767	0,845	1,238
0,050	0,050	0,250	0,255	0,450	0,485	0,650	0,775	0,850	1,256
0,055	0,055	0,255	0,261	0,455	0,491	0,655	0,784	0,855	1,274
0,060	0,060	0,260	0,266	0,460	0,497	0,660	0,793	0,860	1,293
0,065	0,065	0,265	0,271	0,465	0,504	0,665	0,802	0,865	1,313
0,070	0,070	0,270	0,277	0,470	0,510	0,670	0,811	0,870	1,333
0,075	0,075	0,275	0,282	0,475	0,517	0,675	0,820	0,875	1,354
0,080	0,080	0,280	0,288	0,480	0,523	0,680	0,829	0,880	1,376
0,085	0,085	0,285	0,293	0,485	0,530	0,685	0,838	0,885	1,398
0,090	0,090	0,290	0,299	0,490	0,536	0,690	0,848	0,890	1,422
0,095	0,095	0,295	0,304	0,495	0,543	0,695	0,858	0,895	1,447
0,100	0,100	0,300	0,310	0,500	0,549	0,700	0,867	0,900	1,472
0,105	0,105	0,305	0,315	0,505	0,556	0,705	0,877	0,905	1,499
0,110	0,110	0,310	0,321	0,510	0,563	0,710	0,887	0,910	1,528
0,115	0,116	0,315	0,326	0,515	0,570	0,715	0,897	0,915	1,557
0,120	0,121	0,320	0,332	0,520	0,576	0,720	0,908	0,920	1,589
0,125	0,126	0,325	0,337	0,525	0,583	0,725	0,918	0,925	1,623
0,130	0,131	0,330	0,343	0,530	0,590	0,730	0,929	0,930	1,658
0,135	0,136	0,335	0,348	0,535	0,597	0,735	0,940	0,935	1,697
0,140	0,141	0,340	0,354	0,540	0,604	0,740	0,950	0,940	1,738
0,145	0,146	0,345	0,360	0,545	0,611	0,745	0,962	0,945	1,783
0,150	0,151	0,350	0,365	0,550	0,618	0,750	0,973	0,950	1,832
0,155	0,156	0,355	0,371	0,555	0,626	0,755	0,984	0,955	1,886
0,160	0,161	0,360	0,377	0,560	0,633	0,760	0,996	0,960	1,946
0,165	0,167	0,365	0,383	0,565	0,640	0,765	1,008	0,965	2,014
0,170	0,172	0,370	0,388	0,570	0,648	0,770	1,020	0,970	2,092
0,175	0,177	0,375	0,394	0,575	0,655	0,775	1,033	0,975	2,185
0,180	0,182	0,380	0,400	0,580	0,662	0,780	1,045	0,980	2,298
0,185	0,187	0,385	0,406	0,585	0,670	0,785	1,058	0,985	2,443
0,190	0,192	0,390	0,412	0,590	0,678	0,790	1,071	0,990	2,647
0,195	0,198	0,395	0,418	0,595	0,685	0,795	1,085	0,995	2,994

Tabelle E: F-Verteilung

(Quelle: Winer, J.B. Statistical principles in experimental design, pp. 642-647. New York: McGraw Hill 1962)

		Zähler-df											
Nenner-df	Fläche	1	2	3	4	5	6	7	8	9	10	11	12
1	0,75	5,83	7,50	8,20	8,58	8,82	8,98	9,10	9,19	9,26	9,32	9.36	9,41
	0,90	39,9	49,5	53,6	55,8	57,2	58,2	58,9	59,4	59,9	60,2	60,5	60,7
	0,95	161	200	216	225	230	234	237	239	241	242	243	244
2	0,75	2,57	3,00	3,15	3,23	3,28	3,31	3,34	3,35	3,37	3,38	3,39	3,39
	0,90	8,53	9,00	9,16	9,24	9,29	9,33	9,35	9,37	9,38	9,39	9,40	9,41
	0,95	18,5	19,0	19,2	19,2	19,3	19,3	19,4	19,4	19,4	19,4	19,4	19,4
	0,99	98,5	99,0	99,2	99,2	99,3	99,3	99,4	99,4	99,4	99,4	99,4	99,4
3	0,75	2,02	2,28	2,36	2,39	2,41	2,42	2,43	2,44	2,44	2,44	2,45	2,45
	0,90	5,54	5,46	5,39	5,34	5,31	5,28	5,27	5,25	5,24	5,23	5,22	5,22
	0,95	10,1	9,55	9,28	9,12	9,10	8,94	8,89	8,85	8,81	8,79	8,76	8,74
	0,99	34,1	30,8	29,5	28,7	28,2	27,9	27,7	27,5	27,3	27,2	27,1	27,1
4	0,75	1,81	2,00	2,05	2,06	2,07	2,08	2,08	2,08	2,08	2,08	2,08	2,08
	0,90	4,54	4,32	4,19	4,11	4,05	4,01	3,98	3,95	3,94	3,92	3,91	3,90
	0,95	7,71	6,94	6,59	6.39	6,26	6,16	6,09	6,04	6,00	5,96	5,94	5,91
	0,99	21,2	18,0	16,7	16,0	15,5	15,2	15,0	14,8	14,7	14,5	14,4	14,4
5	0,75	1,69	1,85	1,88	1,89	1,89	1,89	1,89	1,89	1,89	1,89	1,89	1,89
	0,90	4,06	3,78	3,62	3,52	3,45	3,40	3,37	3,34	3,32	3,30	3,28	3,27
	0,95	6,61	5,79	5,41	5,19	5,05	4,95	4,88	4,82	4,77	4,74	4,71	4,68
	0,99	16,3	13,3	12,1	11,4	11,0	10,7	10,5	10,3	10,2	10,1	9,96	9,89
6	0,75	1,62	1,76	1,78	1,79	1,79	1,78	1,78	1,77	1,77	1,77	1,77	1,77
	0,90	3,78	3,46	3,29	3,18	3,11	3,05	3,01	2,98	2,96	2,94	2,92	2,90
	0,95	5,99	5,14	4,76	4,53	4,39	4,28	4,21	4,15	4,10	4,06	4,03	4,00
	0,99	13,7	10,9	9,78	9,15	8,75	8,47	8,26	8,10	7,98	7,87	7,79	7,72
7	0,75	1,57	1,70	1,72	1,72	1,71	1,71	1,70	1,70	1,69	1,69	1,69	1,68
	0,90	3,59	3,26	3,07	2,96	2,88	2,83	2,78	2,75	2,72	2,70	2,68	2,67
	0,95	5,59	4,74	4,35	4,12	3,97	3,87	3,79	3,73	3,68	3,64	3,60	3,57
	0,99	12,2	9,55	8,45	7,85	7,46	7,19	6,99	6,84	6,72	6,62	6,54	6,47
8	0,75	1,54	1,66	1,67	1,66	1,66	1,65	1,64	1,64	1,64	1,63	1,63	1,62
	0,90	3,46	3,11	2,92	2,81	2,73	2,67	2,62	2,59	2,56	2,54	2,52	2,50
	0,95	5,32	4,46	4,07	3,84	3,69	3,58	3,50	3,44	3,39	3,35	3,31	3,28
	0,99	11,3	8,65	7,59	7,01	6,63	6,37	6,18	6,03	5,91	5,81	5,73	5,67
9	0,75	1,51	1,62	1,63	1,63	1,62	1,61	1,60	1,60	1,59	1,59	1,58	1.58
	0,90	3,36	3,01	2,81	2,69	2,61	2,55	2,51	2,47	2,44	2,42	2,40	2,38
	0,95	5,12	4,26	3,86	3,63	3,48	3,37	3,29	3,23	3,18	3,14	3,10	3,07
	0,99	10,6	8,02	6,99	6,42	6,06	5,80	5,61	5,47	5,35	5,26	5,18	5,11
10	0,75	1,49	1,60	1,60	1,59	1,59	1,58	1,57	1,56	1,56	1,55	1,55	1,54
	0,90	3,28	2,92	2,73	2,61	2,52	2,46	2,41	2,38	2,35	2,32	2,30	2,28
	0,95	4,96	4,10	3,71	3,48	3,33	3,22	3,14	3,07	3,02	2,98	2,94	2,91
	0,99	10,0	7,56	6,55	5,99	5,64	5,39	5,20	5,06	4,94	4,85	4,77	4,71
11	0,75	1,47	1,58	1,58	1,57	1,56	1,55	1,54	1,53	1,53	1,52	1,52	1,51
	0,90	3,23	2,86	2,66	2,54	2,45	2,39	2,34	2,30	2,27	2,25	2,23	2,21
	0,95	4,84	3,98	3,59	3,36	3,20	3,09	3,01	2,95	2,90	2,85	2,82	2,79
	0,99	9,65	7,21	6,22	5,67	5,32	5,07	4,89	4,74	4,63	4,54	4,46	4,40

Zähler-df

15	20	24	30	40	50	60	100	120	200	500	∞	Fläche	Nenner-df
9,49	9,58	9,63	9,67	9,71	9,74	9,76	9,78	9,80	9,82	9,84	9,85	0,75	1
61,2	61,7	62,0	62,3	62,5	62,7	62,8	63,0	63,1	63,2	63,3	63,3	0,90	
246	248	249	250	251	252	252	253	253	254	254	254	0,95	
3,41	3,43	3,43	3,44	3,45	3,45	3,46	3,47	3,47	3,48	3,48	3,48	0,75	2
9,42	9,44	9,45	9,46	9,47	9,47	9,47	9,48	9,48	9,49	9,49	9,49	0,90	
19,4	19,4	19,5	19,5	19,5	19,5	19,5	19,5	19,5	19,5	19,5	19,5	0,95	
99,4	99,4	99,5	99,5	99,5	99,5	99,5	99,5	99,5	99,5	99,5	99,5	0,99	
2,46	2,46	2,46	2,47	2,47	2,47	2,47	2,47	2,47	2,47	2,47	2,47	0,75	3
5,20	5,18	5,18	5,17	5,16	5,15	5,15	5,14	5,14	5,14	5,14	5,13	0,90	
8,70	8,66	8,64	8,62	8,59	8,58	8,57	8,55	8,55	8,54	8,53	8,53	0,95	
26,9	26,7	26,6	26,5	26,4	26,4	26,3	26,2	26,2	26,2	26,1	26,1	0,99	
2,08	2,08	2,08	2,08	2,08	2,08	2,08	2,08	2,08	2,08	2,08	2,08	0,75	4
3,87	3,84	3,83	3,82	3,80	3,80	3,79	3,78	3,78	3,77	3,76	3,76	0,90	
5,86	5,80	5,77	5,75	5,72	5,70	5,69	5,66	5,66	5,65	5,64	5,63	0,95	
14,2	14,0	13,9	13,8	13,7	13,7	13,7	13,6	13,6	13,5	13,5	13,5	0,99	
1,89	1,88	1,88	1,88	1,88	1,88	1,87	1,87	1,87	1,87	1,87	1,87	0,75	5
3,24	3,21	3,19	3,17	3,16	3,15	3,14	3,13	3,12	3,12	3,11	3,10	0,90	
4,62	4,56	4,53	4,50	4,46	4,44	4,43	4,41	4,40	4,39	4,37	4,36	0,95	
9,72	9,55	9,47	9,38	9,29	9,24	9,20	9,13	9,11	9,08	9,04	9,02	0,99	
1,76	1,76	1,75	1,75	1,75	1,75	1,74	1,74	1,74	1,74	1,74	1,74	0,75	6
2,87	2,84	2,82	2,80	2,78	2,77	2,76	2,75	2,74	2,73	2,73	2,72	0,90	
3,94	3,87	3,84	3,81	3,77	3,75	3,74	3,71	3,70	3,69	3,68	3,67	0,95	
7,56	7,40	7,31	7,23	7,14	7,09	7,06	6,99	6,97	6,93	6,90	6,88	0,99	
1,68	1,67	1,67	1,66	1,66	1,66	1,65	1,65	1,65	1,65	1,65	1,65	0,75	7
2,63	2,59	2,58	2,56	2,54	2,52	2,51	2,50	2,49	2,48	2,48	2,47	0,90	
3,51	3,44	3,41	3,38	3,34	3,32	3,30	3,27	3,27	3,25	3,24	3,23	0,95	
6,31	6,16	6,07	5,99	5,91	5,86	5,82	5,75	5,74	5,70	5,67	5,65	0,99	
1,62	1,61	1,60	1,60	1,59	1,59	1,59	1,58	1,58	1,58	1,58	1,58	0,75	8
2,46	2,42	2,40	2,38	2,36	2,35	2,34	2,32	2,32	2,31	2,30	2,29	0,90	
3,22	3,15	3,12	3,08	3,04	3,02	3,01	2,97	2,97	2,95	2,94	2,93	0,95	
5,52	5,36	5,28	5,20	5,12	5,07	5,03	4,96	4,95	4,91	4,88	4,86	0,99	
1,57	1,56	1,56	1,55	1,55	1,54	1,54	1,53	1,53	1,53	1,53	1,53	0,75	9
2,34	2,30	2,28	2,25	2,23	2,22	2,21	2,19	2,18	2,17	2,17	2,16	0,90	
3,01	2,94	2,90	2,86	2,83	2,80	2,79	2,76	2,75	2,73	2,72	2,71	0,95	
4,96	4,81	4,73	4,65	4,57	4,52	4,48	4,42	4,40	4,36	4,33	4,31	0,99	
1,53	1,52	1,52	1,51	1,51	1,50	1,50	1,49	1,49	1,49	1,48	1,48	0,75	10
2,24	2,20	2,18	2,16	2,13	2,12	2,11	2,09	2,08	2,07	2,06	2,06	0,90	
2,85	2,77	2,74	2,70	2,66	2,64	2,62	2,59	2,58	2,56	2,55	2,54	0,95	
4,56	4,41	4,33	4,25	4,17	4,12	4,08	4,01	4,00	3,96	3,93	3,91	0,99	
1,50	1,49	1,49	1,48	1,47	1,47	1,47	1,46	1,46	1,46	1,45	1,45	0,75	11
2,17	2,12	2,10	2,08	2,05	2,04	2,03	2,00	2,00	1,99	1,98	1,97	0,90	
2,72	2,65	2,61	2,57	2,53	2,51	2,49	2,46	2,45	2,43	2,42	2,40	0,95	
4,25	4,10	4,02	3,94	3,86	3,81	3,78	3,71	3,69	3,66	3,62	3,60	0,99	

		Zähler-df											
Nenner-df	Fläche	1	2	3	4	5	6	7	8	9	10	11	12
12	0,75	1,46	1,56	1,56	1,55	1,54	1,53	1,52	1,51	1,51	1,50	1,50	1,49
	0,90	3,18	2,81	2,61	2,48	2,39	2,33	2,28	2,24	2,21	2,19	2,17	2,15
	0,95	4,75	3,89	3,49	3,26	3,11	3,00	2,91	2,85	2,80	2,75	2,72	2,69
	0,99	9,33	6,93	5,95	5,41	5,06	4,82	4,64	4,50	4,39	4,30	4,22	4,16
13	0,75	1,45	1,54	1,54	1,53	1,52	1,51	1,50	1,49	1,49	1,48	1,47	1,47
	0,90	3,14	2,76	2,56	2,43	2,35	2,28	2,23	2,20	2,16	2,14	2,12	2,10
	0,95	4,67	3,81	3,41	3,18	3,03	2,92	2,83	2,77	2,71	2,67	2,63	2,60
	0,99	9,07	6,70	5,74	5,21	4,86	4,62	4,44	4,30	4,19	4,10	4,02	3,96
14	0,75	1,44	1,53	1,53	1,52	1,51	1,50	1,48	1,48	1,47	1,46	1,46	1,45
	0,90	3,10	2,73	2,52	2,39	2,31	2,24	2,19	2,15	2,12	2,10	2,08	2,05
	0,95	4,60	3,74	3,34	3,11	2,96	2,85	2,76	2,70	2,65	2,60	2,57	2,53
	0,99	8,86	6,51	5,56	5,04	4,69	4,46	4,28	4,14	4,03	3,94	3,86	3,80
15	0,75	1,43	1,52	1,52	1,51	1,49	1,48	1,47	1,46	1,46	1,45	1,44	1,44
	0,90	3,07	2,70	2,49	2,36	2,27	2,21	2,16	2,12	2,09	2,06	2,04	2,02
	0,95	4,54	3,68	3,29	3,06	2,90	2,79	2,71	2,64	2,59	2,54	2,51	2,48
	0,99	8,68	6,36	5,42	4,89	4,56	4,32	4,14	4,00	3,89	3,80	3,73	3,67
16	0,75	1,42	1,51	1,51	1,50	1,48	1,48	1,47	1,46	1,45	1,45	1,44	1,44
	0,90	3,05	2,67	2,46	2,33	2,24	2,18	2,13	2,09	2,06	2,03	2,01	1,99
	0,95	4,49	3,63	3,24	3,01	2,85	2,74	2,66	2,59	2,54	2,49	2,46	2,42
	0,99	8,53	6,23	5,29	4,77	4,44	4,20	4,03	3,89	3,78	3,69	3,62	3,55
17	0,75	1,42	1,51	1,50	1,49	1,47	1,46	1,45	1,44	1,43	1,43	1,42	1,41
	0,90	3,03	2,64	2,44	2,31	2,22	2,15	2,10	2,06	2,03	2,00	1,98	1,96
	0,95	4,45	3,59	3,20	2,96	2,81	2,70	2,61	2,55	2,49	2,45	2,41	2,38
	0,99	8,40	6,11	5,18	4,67	4,34	4,10	3,93	3,79	3,68	3,59	3,52	3,46
18	0,75	1,41	1,50	1,49	1,48	1,46	1,45	1,44	1,43	1,42	1,42	1,41	1,40
	0,90	3,01	2,62	2,42	2,29	2,20	2,13	2,08	2,04	2,00	1,98	1,96	1,93
	0,95	4,41	3,55	3,16	2,93	2,77	2,66	2,58	2,51	2,46	2,41	2,37	2,34
	0,99	8,29	6,01	5,09	4,58	4,25	4,01	3,84	3,71	3,60	3,51	3,43	3,37
19	0,75	1,41	1,49	1,49	1,47	1,46	1,44	1,43	1,42	1,41	1,41	1,40	1,40
	0,90	2,99	2,61	2,40	2,27	2,18	2,11	2,06	2,02	1,98	1,96	1,94	1,91
	0,95	4,38	3,52	3,13	2,90	2,74	2,63	2,54	2,48	2,42	2,38	2,34	2,31
	0,99	8,18	5,93	5,01	4,50	4,17	3,94	3,77	3,63	3,52	3,43	3,36	3,30
20	0,75	1,40	1,49	1,48	1,46	1,45	1,44	1,42	1,42	1,41	1,40	1,39	1,39
	0,90	2,97	2,59	2,38	2,25	2,16	2,09	2,04	2,00	1,96	1,94	1,92	1,89
	0,95	4,35	3,49	3,10	2,87	2,71	2,60	2,51	2,45	2,39	2,35	2,31	2,28
	0,99	8,10	5,85	4,94	4,43	4,10	3,87	3,70	3,56	3,46	3,37	3,29	3,23
22	0,75	1,40	1,48	1,47	1,45	1,44	1,42	1,41	1,40	1,39	1,39	1,38	1,37
	0,90	2,95	2,56	2,35	2,22	2,13	2,06	2,01	1,97	1,93	1,90	1,88	1,86
	0,95	4,30	3,44	3,05	2,82	2,66	2,55	2,46	2,40	2,34	2,30	2,26	2,23
	0,99	7,95	5,72	4,82	4,31	3,99	3,76	3,59	3,45	3,35	3,26	3,18	3,12
24	0,75	1,39	1,47	1,46	1,44	1,43	1,41	1,40	1,39	1,38	1,38	1,37	1,36
	0,90	2,93	2,54	2,33	2,19	2,10	2,04	1,98	1,94	1,91	1,88	1,85	1,83
	0,95	4,26	3,40	3,01	2,78	2,62	2,51	2,42	2,36	2,30	2,25	2,21	2,18
	0,99	7,82	5,61	4,72	4,22	3,90	3,67	3,50	3,36	3,26	3,17	3,09	3,03

Zähler-df 15	20	24	30	40	50	60	100	120	200	500	∞	Fläche	Nenner-df
1,48	1,47	1,46	1,45	1,45	1,44	1,44	1,43	1,43	1,43	1,42	1,42	0,75	12
2,10	2,06	2,04	2,01	1,99	1,97	1,96	1,94	1,93	1,92	1,91	1,90	0,90	
2,62	2,54	2,51	2,47	2,43	2,40	2,38	2,35	2,34	2,32	2,31	2,30	0,95	
4,01	3,86	3,78	3,70	3,62	3,57	3,54	3,47	3,45	3,41	3,38	3,36	0,99	
1,46	1,45	1,44	1,43	1,42	1,42	1,42	1,41	1,41	1,40	1,40	1,40	0,75	13
2,05	2,01	1,98	1,96	1,93	1,92	1,90	1,88	1,88	1,86	1,85	1,85	0,90	
2,53	2,46	2,42	2,38	2,34	2,31	2,30	2,26	2,25	2,23	2,22	2,21	0,95	
3,82	3,66	3,59	3,51	3,43	3,38	3,34	3,27	3,25	3,22	3,19	3,17	0,99	
1,44	1,43	1,42	1,41	1,41	1,40	1,40	1,39	1,39	1,39	1,38	1,38	0,75	14
2,01	1,96	1,94	1,91	1,89	1,87	1,86	1,83	1,83	1,82	1,80	1,80	0,90	
2,46	2,39	2,35	2,31	2,27	2,24	2,22	2,19	2,18	2,16	2,14	2,13	0,95	
3,66	3,51	3,43	3,35	3,27	3,22	3,18	3,11	3,09	3,06	3,03	3,00	0,99	
1,43	1,41	1,41	1,40	1,39	1,39	1,38	1,38	1,37	1,37	1,36	1,36	0,75	15
1,97	1,92	1,90	1,87	1,85	1,83	1,82	1,79	1,79	1,77	1,76	1,76	0,90	
2,40	2,33	2,29	2,25	2,20	2,18	2,16	2,12	2,11	2,10	2,08	2,07	0,95	
3,52	3,37	3,29	3,21	3,13	3,08	3,05	2,98	2,96	2,92	2,89	2,87	0,99	
1,41	1,40	1,39	1,38	1,37	1,37	1,36	1,36	1,35	1,35	1,34	1,34	0,75	16
1,94	1,89	1,87	1,84	1,81	1,79	1,78	1,76	1,75	1,74	1,73	1,72	0,90	
2,35	2,28	2,24	2,19	2,15	2,12	2,11	2,07	2,06	2,04	2,02	2,01	0,95	
3,41	3,26	3,18	3,10	3,02	2,97	2,93	2,86	2,84	2,81	2,78	2,75	0,99	
1,40	1,39	1,38	1,37	1,36	1,35	1,35	1,34	1,34	1,34	1,33	1,33	0,75	17
1,91	1,86	1,84	1,81	1,78	1,76	1,75	1,73	1,72	1,71	1,69	1,69	0,90	
2,31	2,23	2,19	2,15	2,10	2,08	2,06	2,02	2,01	1,99	1,97	1,96	0,95	
3,31	3,16	3,08	3,00	2,92	2,87	2,83	2,76	2,75	2,71	2,68	2,65	0,99	
1,39	1,38	1,37	1,36	1,35	1,34	1,34	1,33	1,33	1,32	1,32	1,32	0,75	18
1,89	1,84	1,81	1,78	1,75	1,74	1,72	1,70	1,69	1,68	1,67	1,66	0,90	
2,27	2,19	2,15	2,11	2,06	2,04	2,02	1,98	1,97	1,95	1,93	1,92	0,95	
3,23	3,08	3,00	2,92	2,84	2,78	2,75	2,68	2,66	2,62	2,59	2,57	0,99	
1,38	1,37	1,36	1,35	1,34	1,33	1,33	1,32	1,32	1,31	1,31	1,30	0,75	19
1,86	1,81	1,79	1,76	1,73	1,71	1,70	1,67	1,67	1,65	1,64	1,63	0,90	
2,23	2,16	2,11	2,07	2,03	2,00	1,98	1,94	1,93	1,91	1,89	1,88	0,95	
3,15	3,00	2,92	2,84	2,76	2,71	2,67	2,60	2,58	2,55	2,51	2,49	0,99	
1,37	1,36	1,35	1,34	1,33	1,33	1,32	1,31	1,31	1,30	1,30	1,29	0,75	20
1,84	1,79	1,77	1,74	1,71	1,69	1,68	1,65	1,64	1,63	1,62	1,61	0,90	
2,20	2,12	2,08	2,04	1,99	1,97	1,95	1,91	1,90	1,88	1,86	1,84	0,95	
3,09	2,94	2,86	2,78	2,69	2,64	2,61	2,54	2,52	2,48	2,44	2,42	0,99	
1,36	1,34	1,33	1,32	1,31	1,31	1,30	1,30	1,30	1,29	1,29	1,28	0,75	22
1,81	1,76	1,73	1,70	1,67	1,65	1,64	1,61	1,60	1,59	1,58	1,57	0,90	
2,15	2,07	2,03	1,98	1,94	1,91	1,89	1,85	1,84	1,82	1,80	1,78	0,95	
2,98	2,83	2,75	2,67	2,58	2,53	2,50	2,42	2,40	2,36	2,33	2,31	0,99	
1,35	1,33	1,32	1,31	1,30	1,29	1,29	1,28	1,28	1,27	1,27	1,26	0,75	24
1,78	1,73	1,70	1,67	1,64	1,62	1,61	1,58	1,57	1,56	1,54	1,53	0,90	
2,11	2,03	1,98	1,94	1,89	1,86	1,84	1,80	1,79	1,77	1,75	1,73	0,95	
2,89	2,74	2,66	2,58	2,49	2,44	2,40	2,33	2,31	2,27	2,24	2,21	0,99	

Nenner-df	Fläche	Zähler-df 1	2	3	4	5	6	7	8	9	10	11	12
28	0,75	1,38	1,46	1,45	1,43	1,41	1,40	1,39	1,38	1,37	1,36	1,35	1,34
	0,90	2,89	2,50	2,29	2,16	2,06	2,00	1,94	1,90	1,87	1,84	1,81	1,79
	0,95	4,20	3,34	2,95	2,71	2,56	2,45	2,36	2,29	2,24	2,19	2,15	2,12
	0,99	7,64	5,45	4,57	4,07	3,75	3,53	3,36	3,23	3,12	3,03	2,96	2,90
30	0,75	1,38	1,45	1,44	1,42	1,41	1,39	1,38	1,37	1,36	1,35	1,35	1,34
	0,90	2,88	2,49	2,28	2,14	2,05	1,98	1,93	1,88	1,85	1,82	1,79	1,77
	0,95	4,17	3,32	2,92	2,69	2,53	2,42	2,33	2,27	2,21	2,16	2,13	2,09
	0,99	7,56	5,39	4,51	4,02	3,70	3,47	3,30	3,17	3,07	2,98	2,91	2,84
40	0,75	1,36	1,44	1,42	1,40	1,39	1,37	1,36	1,35	1,34	1,33	1,32	1,31
	0,90	2,84	2,44	2,23	2,09	2,00	1,93	1,87	1,83	1,79	1,76	1,73	1,71
	0,95	4,08	3,23	2,84	2,61	2,45	2,34	2,25	2,18	2,12	2,08	2,04	2,00
	0,99	7,31	5,18	4,31	3,83	3,51	3,29	3,12	2,99	2,89	2,80	2,73	2,66
60	0,75	1,35	1,42	1,41	1,38	1,37	1,35	1,33	1,32	1,31	1,30	1,29	1,29
	0,90	2,79	2,39	2,18	2,04	1,95	1,87	1,82	1,77	1,74	1,71	1,68	1,66
	0,95	4,00	3,15	2,76	2,53	2,37	2,25	2,17	2,10	2,04	1,99	1,95	1,92
	0,99	7,08	4,98	4,13	3,65	3,34	3,12	2,95	2,82	2,72	2,63	2,56	2,50
120	0,75	1,34	1,40	1,39	1,37	1,35	1,33	1,31	1,30	1,29	1,28	1,27	1,26
	0,90	2,75	2,35	2,13	1,99	1,90	1,82	1,77	1,72	1,68	1,65	1,62	1,60
	0,95	3,92	3,07	2,68	2,45	2,29	2,17	2,09	2,02	1,96	1,91	1,87	1,83
	0,99	6,85	4,79	3,95	3,48	3,17	2,96	2,79	2,66	2,56	2,47	2,40	2,34
200	0,75	1,33	1,39	1,38	1,36	1,34	1,32	1,31	1,29	1,28	1,27	1,26	1,25
	0,90	2,73	2,33	2,11	1,97	1,88	1,80	1,75	1,70	1,66	1,63	1,60	1,57
	0,95	3,89	3,04	2,65	2,42	2,26	2,14	2,06	1,98	1,93	1,88	1,84	1,80
	0,99	6,76	4,71	3,88	3,41	3,11	2,89	2,73	2,60	2,50	2,41	2,34	2,27
∞	0,75	1,32	1,39	1,37	1,35	1,33	1,31	1,29	1,28	1,27	1,25	1,24	1,24
	0,90	2,71	2,30	2,08	1,94	1,85	1,77	1,72	1,67	1,63	1,60	1,57	1,55
	0,95	3,84	3,00	2,60	2,37	2,21	2,10	2,01	1,94	1,88	1,83	1,79	1,75
	0,99	6,63	4,61	3,78	3,32	3,02	2,80	2,64	2,51	2,41	2,32	2,25	2,18

Zähler-df

15	20	24	30	40	50	60	100	120	200	500	∞	Fläche	Nenner-df
1,33	1,31	1,30	1,29	1,28	1,27	1,27	1,26	1,25	1,25	1,24	1,24	0,75	28
1,74	1,69	1,66	1,63	1,59	1,57	1,56	1,53	1,52	1,50	1,49	1,48	0,90	
2,04	1,96	1,91	1,87	1,82	1,79	1,77	1,73	1,71	1,69	1,67	1,65	0,95	
2,75	2,60	2,52	2,44	2,35	2,30	2,26	2,19	2,17	2,13	2,09	2,06	0,99	
1,32	1,30	1,29	1,28	1,27	1,26	1,26	1,25	1,24	1,24	1,23	1,23	0,75	30
1,72	1,67	1,64	1,61	1,57	1,55	1,54	1,51	1,50	1,48	1,47	1,46	0,90	
2,01	1,93	1,89	1,84	1,79	1,76	1,74	1,70	1,68	1,66	1,64	1,62	0,95	
2,70	2,55	2,47	2,39	2,30	2,25	2,21	2,13	2,11	2,07	2,03	2,01	0,99	
1,30	1,28	1,26	1,25	1,24	1,23	1,22	1,21	1,21	1,20	1,19	1,19	0,75	40
1,66	1,61	1,57	1,54	1,51	1,48	1,47	1,43	1,42	1,41	1,39	1,38	0,90	
1,92	1,84	1,79	1,74	1,69	1,66	1,64	1,59	1,58	1,55	1,53	1,51	0,95	
2,52	2,37	2,29	2,20	2,11	2,06	2,02	1,94	1,92	1,87	1,83	1,80	0,99	
1,27	1,25	1,24	1,22	1.21	1,20	1,19	1,17	1,17	1,16	1,15	1,15	0,75	60
1,60	1,54	1,51	1,48	1,44	1.41	1,40	1,36	1,35	1,33	1,31	1,29	0,90	
1,84	1,75	1,70	1,65	1,59	1.56	1,53	1,48	1,47	1,44	1,41	1,39	0,95	
2,35	2,20	2,12	2,03	1,94	1.88	1,84	1,75	1,73	1,68	1,63	1,60	0,99	
1,24	1,22	1,21	1,19	1,18	1.17	1.16	1,14	1,13	1,12	1,11	1,10	0,75	120
1,55	1,48	1,45	1,41	1,37	1.34	1,32	1,27	1,26	1,24	1,21	1,19	0,90	
1,75	1,66	1,61	1,55	1,50	1.46	1,43	1,37	1,35	1,32	1,28	1,25	0,95	
2,19	2,03	1,95	1,86	1,76	1.70	1,66	1,56	1,53	1,48	1,42	1,38	0,99	
1,23	1,21	1,20	1,18	1,16	1,14	1,12	1,11	1,10	1,09	1,08	1,06	0,75	200
1,52	1,46	1,42	1,38	1,34	1,31	1,28	1,24	1,22	1,20	1,17	1,14	0,90	
1,72	1,62	1,57	1,52	1,46	1,41	1,39	1,32	1,29	1,26	1,22	1,19	0,95	
2,13	1,97	1,89	1,79	1,69	1,63	1,58	1,48	1,44	1,39	1,33	1,28	0,99	
1,22	1,19	1,18	1,16	1,14	1,13	1,12	1,09	1,08	1,07	1,04	1,00	0,75	∞
1,49	1,42	1,38	1,34	1,30	1,26	1,24	1,18	1,17	1,13	1,08	1,00	0,90	
1,67	1,57	1,52	1,46	1,39	1,35	1,32	1,24	1,22	1,17	1,11	1,00	0,95	
2,04	1,88	1,79	1,70	1,59	1,52	1,47	1,36	1,32	1,25	1,15	1,00	0,99	

Tabelle F: Q-Tabelle für den Tukey HSD-Test

(Quelle: Glass G.V., Stanley, J. C (1970). Statistical methods in education and psychology, p. 530-532. New Jersey: Prentice-Hall. Englewood Cliffs)

- r in einer einfaktoriellen Varianzanalyse = Anzahl Stufen; $r = p$
- r in einer zweifaktoriellen Varianzanalyse:

Haupteffekt A:	r = Anzahl Stufen des Faktors A;	$r = p$
Haupteffekt B:	r = Anzahl Stufen des Faktors B;	$r = q$
Wechselwirkung AxB:	r = Anzahl Stufen auf A x Anzahl Stufen auf B;	$r = p \times q$

Error df	α	Anzahl Mittelwerte r									
		2	3	4	5	6	7	8	9	10	11
2	.05	6,08	8,33	9,80	10,9	11,7	12,4	13,0	13,5	14,0	14,4
	.01	14,0	19,0	22,3	24,7	26,6	28,2	29,5	30,7	31,7	32,6
3	.05	4,50	5,91	6,82	7,50	8,04	8,48	8,85	9,18	9,46	9,72
	.01	8,26	10,6	12,2	13,3	14,2	15,0	15,6	16,2	16,7	17,8
4	.05	3,93	5,04	5,76	6,29	6,71	7,05	7,35	7,60	7,83	8,03
	.01	6,51	8,12	9,17	9,96	10,6	11,1	11,5	11,9	12,3	12,6
5	.05	3,64	4,60	5,22	5,67	6,03	6,33	6,58	6,80	6,99	7,17
	.01	5,70	6,98	7,80	8,42	8,91	9,32	9,67	9,97	10,24	10,48
6	.05	3,46	4,34	4,90	5,30	*5,63*	5,90	6,12	6,32	6,49	6,65
	.01	5,24	6,33	7,03	7,56	*7,97*	8,32	8,61	8,87	9,10	9,30
7	.05	3,34	4,16	4,68	5,06	5,36	5,61	5,82	6,00	6,16	6,30
	.01	4,95	5,92	6,54	7,01	7,37	7,68	7,94	8,17	8,37	8,55
8	.05	3,26	4,04	4,53	4,89	5,17	5,40	5,60	5,77	5,92	6,05
	.01	4,75	5,64	6,20	6,62	6,96	7,24	7,47	7,68	7,86	8,03
9	.05	3,20	3,95	4,41	4,76	5,02	5,24	5,43	5,59	5,74	5,87
	.01	4,60	5,43	5,96	6,35	6,66	6,91	7,13	7,33	7,49	7,65
10	.05	3,15	3,88	4,33	4,65	4,91	5,12	5,30	5,46	5,60	5,72
	.01	4,48	5,27	5,77	6,14	6,43	6,67	6,87	7,05	7,21	7,36
11	.05	3,11	3,82	4,26	4,57	4,82	5,03	5,20	5,35	5,49	5,61
	.01	4,39	5,15	5,62	5,97	6,25	6,48	6,67	6,84	6,99	7,13

Error df	α	Anzahl Mittelwerte r									
		2	3	4	5	6	7	8	9	10	11
12	.05	3,08	3,77	4,20	4,51	4,75	4,95	5,12	5,27	5,39	5,51
	.01	4,32	5,05	5,50	5,84	6,10	6,32	6,51	6,67	6,81	6,94
13	.05	3,06	3,73	4,15	4,45	4,69	4,88	5,05	5,19	5,32	5,43
	.01	4,26	4,96	5,40,	5,73	5,98	6,19	6,37	6,53	6,67	6,79
14	.05	3,03	3,70	4,11	4,41	4,64	4,83	4,99	5,13	5,25	5,36
	.01	4,21	4,89	5,32	5,63	5,88	6,08	6,26	6,41	6,54	6,66
15	.05	3,01	3,67	4,08	4,37	4,59	4,78	4,94	5,08	5,20	5,31
	.01	4,17	4,84	5,25	5,56	5,80	5,99	6,16	6,31	6,44	6,55
16	.05	3,00	3,65	4,05	4,33	4,56	4,74	4,90	5,03	5,15	5,26
	.01	4,13	4,79	5,19	5,49	5,72	5,92	6,08	6,22	6,35	6,46
17	.05	2,98	3,63	4,02	4,30	4,52	4,70	4,86	4,99	5,11	5,21
	.01	4,10	4,74	5,14	5,43	5,66	5,85	6,01	6,15	6,27	6,38
18	.05	2,97	3,61	4,00	4,28	4,49	4,67	4,82	4,96	5,07	5,17
	.01	4,07	4,70	5,09	5,38	5,60	5,79	5,94	6,08	6,20	6,31
19	.05	2,96	3,59	3,98	4,25	4,47	4,65	4,79	4,92	5,04	5,14
	.01	4,05	4,67	5,05	5,33	5,55	5,73	5,89	6,02	6,14	6,25
20	.05	2,95	3,58	3,96	4,23	4,45	4,62	4,77	4,90	5,01	5,11
	.01	4,02	4,64	5,02	5,29	5,51	5,69	5,84	5,97	6,09	6,19
24	.05	2,92	3,53	3,90	4,17	4,37	4,54	4,68	4,81	4,92	5,01
	.01	3,96	4,55	4,91	5,17	5,37	5,54	5,69	5,81	5,92	6,02
30	.05	2,89	3,49	3,85	4,10	4,30	4,46	4,60	4,72	4,82	4,92
	.01	3,89	4,45	4,80	5,05	5,24	5,40	5,54	5,65	5,76	5,85
40	.05	2,86	3,44	3,79	4,04	4,23	4,39	4,52	4,63	4,73	4,82
	.01	3,82	4,37	4,70	4,93	5,11	5,26	5,39	5,50	5,60	5,69
60	.05	2,83	3,40	3,74	3,98	4,16	4,31	4,44	4,55	4,65	4,73
	.01	3,76	4,28	4,59	4,82	4,99	5,13	5,25	5,36	5,45	5,53
120	.05	2,80	3,36	3,68	3,92	4,10	4,24	4,36	4,47	4,56	4,64
	.01	3,70	4,20	4,50	4,71	4,87	5,01	5,12	5,21	5,30	5,37
∞	.05	2,77	3,31	3,63	3,86	4,03	4,17	4,29	4,39	4,47	4,55
	.01	3,64	4,12	4,40	4,60	4,76	4,88	4,99	5,08	5,16	5,23

Tabelle G: U-Test Tabellen

(Quelle: Clauss, G., Ebner, H. (1971). Grundlagen der Statistik, S. 345-349. Frankfurt a.M.: Harri Deutsch)

Wahrscheinlichkeitsfunktionen für den U-Test von Mann und Whitney

	$n_2 = 3$			$n_2 = 4$			
U n_1:	1	2	3	1	2	3	4
0	0,250	0,100	0,050	0,200	0,067	0,028	0,014
1	0,500	0,200	0,200	0,400	0,133	0,057	0,029
2	0,750	0,400	0,350	0,600	0,267	0,114	0,057
3		0,600	0,500		0,400	0,200	0,100
4			0,650		0,600	0,314	0,171
5						0,429	0,243
6						0,571	0,343
7							0,443
8							0,557

	$n_2 = 5$					$n_2 = 6$					
U n_1:	1	2	3	4	5	1	2	3	4	5	6
0	0,167	0,047	0,018	0,008	0,004	0,143	0,036	0,012	0,005	0,002	0,001
1	0,333	0,095	0,036	0,016	0,008	0,286	0,071	0,024	0,010	0,004	0,002
2	0,400	0,190	0,071	0,032	0,016	0,428	0,143	0,048	0,019	0,009	0,004
3	0,667	0,286	0,125	0,056	0,028	0,571	0,214	0,083	0,033	0,015	0,008
4		0,429	0,196	0,095	0,048		0,321	0,131	0,057	0,026	0,013
5		0,571	0,286	0,143	0,075		0,429	0,190	0,086	0,041	0,021
6			0,393	0,206	0,111		0,571	0,274	0,129	0,062	0,032
7			0,500	0,278	0,155			0,357	0,176	0,089	0,047
8			0,607	0,365	0,210			0,452	0,238	0,123	0,066
9				0,452	0,274			0,548	0,305	0,165	0,090
10				0,548	0,345				0,381	0,214	0,120
11					0,421				0,457	0,268	0,155
12					0,500				0,545	0,331	0,197
13					0,579					0,396	0,242
14										0,465	0,294
15										0,535	0,350
16											0,409
17											0,469
18											0,531

U	$n_2 = 7$							$n_2 = 8$							
n_1:	1	2	3	4	5	6	7	1	2	3	4	5	6	7	8
0	0,125	0,028	0,008	0,003	0,001	0,001	0,000	0,111	0,022	0,006	0,002	0,001	0,000	0,000	0,000
1	0,250	0,056	0,017	0,006	0,003	0,001	0,001	0,222	0,044	0,012	0,004	0,002	0,001	0,000	0,000
2	0,375	0,111	0,033	0,012	0,005	0,002	0,001	0,333	0,089	0,024	0,008	0,003	0,001	0,001	0,000
3	0,500	0,167	0,058	0,021	0,009	0,004	0,002	0,444	0,133	0,042	0,014	0,005	0,002	0,001	0,001
4	0,625	0,250	0,092	0,036	0,015	0,007	0,003	0,556	0,200	0,067	0,024	0,009	0,004	0,002	0,001
5		0,333	0,133	0,055	0,024	0,011	0,006		0,267	0,097	0,036	0,015	0,006	0,003	0,001
6		0,444	0,192	0,082	0,037	0,017	0,009		0,356	0,139	0,055	0,023	0,010	0,005	0,002
7		0,556	0,258	0,115	0,053	0,026	0,013		0,444	0,188	0,077	0,033	0,015	0,007	0,003
8			0,333	0,158	0,074	0,037	0,019		0,556	0,248	0,107	0,047	0,021	0,010	0,005
9			0,417	0,206	0,101	0,051	0,027			0,315	0,141	0,064	0,030	0,014	0,007
10			0,500	0,264	0,134	0,069	0,036			0,388	0,184	0,085	0,041	0,020	0,010
11			0,583	0,324	0,172	0,090	0,049			0,461	0,230	0,111	0,054	0,027	0,014
12				0,394	0,216	0,117	0,064			0,539	0,285	0,142	0,071	0,036	0,019
13				0,464	0,265	0,147	0,082				0,341	0,177	0,091	0,047	0,025
14				0,536	0,319	0,183	0,104				0,404	0,218	0,114	0,060	0,032
15					0,378	0,223	0,130				0,467	0,262	0,141	0,076	0,041
16					0,438	0,267	0,159				0,533	0,311	0,172	0,095	0,052
17					0,500	0,314	0,191					0,362	0,207	0,116	0,065
18					0,562	0,365	0,228					0,416	0,245	0,140	0,080
19						0,418	0,267					0,472	0,286	0,168	0,097
20						0,473	0,310					0,528	0,331	0,198	0,117
21						0,527	0,355						0,377	0,232	0,139
22						0,582	0,402						0,426	0,268	0,164
23							0,451						0,475	0,306	0,191
24							0,500						0,525	0,347	0,221
25							0,549							0,389	0,253
26							0,598							0,433	0,287
27														0,478	0,323
28														0,522	0,360
29														0,567	0,399
30															0,439
31															0,480
32															0,520

kritische Werte für den Test von Mann und Whitney

Für den zweiseitigen Test bei $\alpha = 0{,}02$; für den einseitigen Test bei $\alpha = 0{,}01$:

n_1 \ n_2	9	10	11	12	13	14	15	16	17	18	19	20
1												
2					0	0	0	0	0	0	1	1
3	1	1	1	2	2	2	3	3	4	4	4	5
4	3	3	4	5	5	6	7	7	8	9	9	10
5	5	6	7	8	9	10	11	12	13	14	15	16
6	7	8	9	11	12	13	15	16	18	19	20	22
7	9	11	12	14	16	17	19	21	23	24	26	28
8	11	13	15	17	20	22	24	26	28	30	32	34
9	14	16	18	21	23	26	28	31	33	36	38	40
10	16	19	22	24	27	30	33	36	38	41	44	47
11	18	22	25	28	31	34	37	41	44	47	50	53
12	21	24	28	31	35	38	42	46	49	53	56	60
13	23	27	31	35	39	43	47	51	55	59	63	67
14	26	30	34	38	43	47	51	56	60	65	69	73
15	28	33	37	42	47	51	56	61	66	70	75	80
16	31	36	41	46	51	56	61	66	71	76	82	87
17	33	38	44	49	55	60	66	71	77	82	88	93
18	36	41	47	53	59	65	70	76	82	88	94	100
19	38	44	50	56	63	69	75	82	88	94	101	107
20	40	47	53	60	67	73	80	87	93	100	107	114

Für den zweiseitigen Test bei $\alpha = 0{,}05$; für den einseitigen Test bei $\alpha = 0{,}025$:

n_1 \ n_2	9	10	11	12	13	14	15	16	17	18	19	20
1												
2	0	0	0	1	1	1	1	1	2	2	2	2
3	2	3	3	4	4	5	5	6	6	7	7	8
4	4	5	6	7	8	9	10	11	11	12	13	13
5	7	8	9	11	12	13	14	15	17	18	19	20
6	10	11	13	14	16	17	19	21	22	24	25	27
7	12	14	16	18	20	22	24	26	28	30	32	34
8	15	17	19	22	24	26	29	31	34	36	38	41
9	17	20	23	26	28	31	34	37	39	42	45	48
10	20	23	26	29	33	36	39	42	45	48	52	55
11	23	26	30	33	37	40	44	47	51	55	58	62
12	26	29	33	37	41	45	49	53	57	61	65	69
13	28	33	37	41	45	50	54	59	63	67	72	76
14	31	36	40	45	50	55	59	64	67	74	78	83
15	34	39	44	49	54	59	64	70	75	80	85	90
16	37	42	47	53	59	64	70	75	81	86	92	98
17	39	45	51	57	63	67	75	81	87	93	99	105
18	42	48	55	61	67	74	80	86	93	99	106	112
19	45	52	58	65	72	78	85	92	99	106	113	119
20	48	55	62	69	76	83	90	98	105	112	119	127

Für den zweiseitigen Test bei α = 0,10; für den einseitigen Test bei α = 0,05:

	n_2											
n_1	9	10	11	12	13	14	15	16	17	18	19	20
1											0	0
2	1	1	1	2	2	2	3	3	3	4	4	4
3	3	4	5	5	6	7	7	8	9	9	10	11
4	6	7	8	9	10	11	12	14	15	16	17	18
5	9	11	12	13	15	16	18	19	20	22	23	25
6	12	14	16	17	19	21	23	25	26	28	30	32
7	15	17	19	21	24	26	28	30	33	35	37	39
8	18	20	23	26	28	31	33	36	39	41	44	47
9	21	24	27	30	33	36	39	42	45	48	51	54
10	24	27	31	34	37	41	44	48	51	55	58	62
11	27	31	34	38	42	46	50	54	57	61	65	69
12	30	34	38	42	47	51	55	60	64	68	72	77
13	33	37	42	47	51	56	61	65	70	75	80	84
14	36	41	46	51	56	61	66	71	77	82	87	92
15	39	44	50	55	61	66	72	77	83	88	94	100
16	42	48	54	60	65	71	77	83	89	95	101	107
17	45	51	57	64	70	77	83	89	96	102	109	115
18	48	55	61	68	75	82	88	95	102	109	116	123
19	51	58	65	72	80	87	94	101	109	116	123	130
20	54	62	69	77	84	92	100	107	115	123	130	138

kritische Werte für den Wilcoxon-Test

	Fehlerwahrscheinlichkeit α für den einseitigen Test						
	0,025	0,01	0,005		0,025	0,01	0,005
	Fehlerwahrscheinlichkeit α für den zweiseitigen Test						
n	0,05	0,02	0,01	n	0,05	0,02	0,01
6	0			16	30	24	20
7	2	0		17	35	28	23
8	4	2	0	18	40	33	28
9	6	3	2	19	46	38	32
10	8	5	3	20	52	43	38
11	11	7	5	21	59	49	43
12	14	10	7	22	66	56	49
13	17	13	10	23	73	62	55
14	21	16	13	24	81	69	61
15	25	20	16	25	89	77	68

Tabelle H: Chi²-Verteilung

(Quelle: Hays, W.L., Winkler, R.L. (1970). Statistivs, vol. I. pp. 604 – 605. New York: Holt, Rinehart and Winston.)

Fläche df	0,005	0,01	0,025	0,05	0,1	0,250	0,500
1			0,001	0,004	0,016	0,101	0,046
2	0,010	0,020	0,051	0,103	0,211	0,575	1,386
3	0,072	0,115	0,216	0,352	0,584	1,212	2,366
4	0,207	0,297	0,484	0,711	1,064	1,923	3,357
5	0,412	0,554	0,831	1,145	1,610	2,675	4,351
6	0,676	0,872	1,237	1,635	2,204	3,455	5,348
7	0,989	1,239	1,690	2,167	2,833	4,250	6,346
8	1,344	1,646	2,180	2,733	3,490	5,071	7,344
9	1,735	2,088	2,700	3,325	4,168	5,899	8,343
10	2,156	2,558	3,247	3,940	4,865	6,737	9,342
11	2,603	3,053	3,816	4,575	5,578	7,584	10,341
12	3,074	3,571	4,404	5,226	6,304	8,438	11,340
13	3,565	4,107	5,009	5,892	7,042	9,299	12,340
14	4,075	4,660	5,629	6,571	7,790	10,165	13,339
15	4,601	5,229	6,262	7,261	8,547	11,037	14,339
16	5,142	5,812	6,908	7,962	9,312	11,912	15,339
17	5,697	6,408	7,564	8,672	10,085	12,792	16,338
18	6,265	7,015	8,231	9,390	10,865	13,675	17,338
19	6,844	7,633	8,907	10,117	11,651	14,562	18,338
20	7,434	8,260	9,591	10,851	12,443	15,452	19,337
21	8,034	8,897	10,283	11,591	13,240	16,344	20,337
22	8,643	9,542	10,982	12,338	14,041	17,240	21,337
23	9,260	10,196	11,689	13,091	14,848	18,137	22,337
24	9,886	10,856	12,401	13,848	15,659	19,037	23,337
25	10,520	11,524	13,120	14,611	16,473	19,939	24,337
26	11,160	12,198	13,844	15,379	17,292	20,843	25,336
27	11,808	12,879	14,573	16,151	18,114	21,749	26,336
28	12,461	13,565	15,308	16,928	18,939	22,657	27,336
29	13,121	14,256	16,047	17,708	19,768	23,567	28,336
30	13,787	14,953	16,791	18,493	20,599	24,478	29,336
40	20,707	22,164	24,433	26,509	29,051	33,660	39,335
50	27,991	29,707	32,357	34,764	37,689	42,942	49,335
60	35,534	37,485	40,482	43,188	46,459	52,293	59,335
70	43,275	45,442	48,758	51,739	55,329	61,698	69,334
80	51,172	53,540	57,153	60,391	64,278	71,145	79,334
90	59,196	61,754	65,647	69,126	73,291	80,624	89,334
100	67,328	70,065	74,222	77,929	82,358	90,133	99,334
z	-2,576	-2,326	-1,960	-1,645	-1,282	-0,675	0,000

Fläche df	0,750	0,900	0,950	0,975	0,990	0,995	0,999
1	1,323	2.706	3.841	5.024	6.635	7.879	10,828
2	2,773	4.605	5.991	7.378	9.210	10.597	13,816
3	4,108	6.251	7.815	9.348	11.345	12.838	16,266
4	5,385	7.779	9.488	11.143	13.277	14.860	18,467
5	6,626	9.236	11.070	12.833	15.086	16.750	20,515
6	7,841	10.645	12.592	14.449	16.812	18.548	22,458
7	9,037	12.017	14.067	16.013	18.475	20.278	24,322
8	10,219	13.362	15.507	17.535	20.090	21.955	26,125
9	11,389	14.684	16.919	19.023	21.666	23.589	27,877
10	12,549	15.987	18.307	20.483	23.209	25.188	29,588
11	13,701	17.275	19.675	21.920	24.725	26.757	31,264
12	14,845	18.549	21.026	23.337	26.217	28.300	32,909
13	15,984	19.812	22.362	24.736	27.688	29.819	24,528
14	17,117	21.064	23.685	26.119	29.141	31.319	36,123
15	18,245	22.307	24.996	27.488	30.578	32.801	37,694
16	19,369	23.542	26.296	28.845	32.000	34.267	39,252
17	20,489	24.769	27.587	30.191	33.409	35.718	40,790
18	21,605	25.989	28.869	31.526	34.805	37.156	42,312
19	22,718	27.204	30.144	32.852	36.191	38.582	43,820
20	23,828	28.412	31.410	34.170	37.566	39.997	45,315
21	24,935	29.615	32.671	35.479	38.932	41.401	46,797
22	26,039	30.813	33.924	36.781	40.289	42.796	48,268
23	27,141	32.007	35.172	38.076	41.638	44.181	49,728
24	28,241	33.196	36.415	39.364	42.980	45.559	51,179
25	29,339	34.382	37.652	40.646	44.314	46.928	52,620
26	30,435	35.563	38.885	41.923	45.642	48.290	54,052
27	31,528	36.741	40.113	43.195	46.963	49.645	55,476
28	32,620	37.916	41.337	44.461	48.278	50.993	56,892
29	33,711	39.087	42.557	45.722	49.588	52.336	58,302
30	34,800	40.256	43.773	46.979	50.892	53.672	59,703
40	45,616	51.805	55.758	59.342	63.691	66.766	73,402
50	56,333	63.167	67.505	71.420	76.154	79.490	86,661
60	66,981	74.397	79.082	83.298	88.379	91.952	99,607
70	77,577	85.527	90.531	95.023	100.425	104.215	112,317
80	88,130	96.578	101.879	106.629	112.329	116.321	124,839
90	98,650	107.565	113.145	118.136	124.116	128.299	137,208
100	109,141	118.498	124.342	129.561	135.807	140.169	149,449
z	+0,675	+1,282	+1,645	+1,960	+2,326	+2,576	+3,090

Formelsammlung

Grundbegriffe der Wahrscheinlichkeitsrechnung

Theoretische Wahrscheinlichkeit	$p(A) = \frac{\text{Anzahl günstiger Ereignisse}}{\text{Anzahl möglicher Ereignisse}}$	
Empirische Wahrscheinlichkeit (Relative Häufigkeit)	$p(A) = \frac{f(A)}{n}$	f(A) = Häufigkeit des Ereignisses A n = Anzahl aller Ereignisse

Deskriptive Statistik

Skalenniveaus		<u>Zulässige Transformationen:</u>
Nominalskala	$= ; \neq$	jede, die Gleichheit und Unterschiedlichkeit erhält
Rangskala (Ordinal-)	$= ; \neq ; > ; <$	positive streng monotone Transformationen
Intervallskala	$= ; \neq ; > ; < ; + ; -$	positive lineare Transformationen der Form $y = a \cdot x + b$ mit $m > 0$
Verhältnisskala	$= ; \neq ; > ; < ; + ; - ; \cdot ; /$	positive Ähnlichkeitstransformationen der Form $y = m \cdot x$ mit $m > 0$
Prozentrang und Prozentwert		
Prozentwert	$\%_k = \frac{f_k}{n} \cdot 100\%$	f_k = Häufigkeit in der Kategorie k $\%_k$ = Prozentwert in der Kategorie k n = Anzahl Beobachtungen
Prozentrang	$PR = \frac{f_{kum}(k)}{n} \cdot 100\%$	$f_{kum}(k)$ = Kumulierte Häufigkeit $\%_{kum}(k)$ = Kumulierter Prozentwert
Maße der zentralen Tendenz		
Modalwert (Modus)	Wert, der am häufigsten besetzt ist	
Median	Wert, der eine Verteilung halbiert	

Arithmetisches Mittel	$\bar{x} = \frac{\sum_{i=1}^{n} x_i}{n}$	n = Anzahl der Vpn x_i = Messwert i = Index der Versuchspersonen
...aus kategorisierten Daten	$\bar{x} = \frac{\sum_{k=1}^{m} f_k \cdot x_k}{n}$	m = Anzahl Messwertklassen f_k = Häufigkeit in Messwertklasse k k = Index der Messwerklassen
...gewogenes AM	$\bar{\bar{x}} = \frac{\sum_{k=1}^{p} n_k \cdot \bar{x}_k}{\sum_{k=1}^{p} n_k}$	$\bar{\bar{x}}$ = Mittelwert der Mittelwerte p = Anzahl der Mittelwerte n_k = Anzahl der Vpn in Gruppe k
Mittelwert nach einer linearen Transformation $y = a \cdot x + b$	$\bar{y} = a \cdot \bar{x} + b$	$\bar{y}$ = transformierter Mittelwert
Dispersionsmaße		
Varianz (als Populationsschätzer)	$\hat{\sigma}_x^2 = \frac{\sum_{i=1}^{n} (x_i - \bar{x})^2}{n-1}$	n = Anzahl der Vpn x_i = Messwert i = Messwertindex
Standardabweichung (als Populationsschätzer)	$\hat{\sigma}_x = +\sqrt{\hat{\sigma}_x^2}$	
Varianz nach einer linearen Transformation $y = a \cdot x + b$	$\hat{\sigma}_y^2 = a^2 \cdot \hat{\sigma}_x^2$	$\hat{\sigma}_x$ = tranzformierte Varianz
z-Standardisierung (z-Wert)	$z_x = \frac{x_i - \mu}{\sigma}$	μ = Populationsmittelwert σ = Streuung

Regression und Korrelation

Kovarianz empirische Kovarianz maximale Kovarianz	$\text{cov}(x,y) = \dfrac{\sum_{i=1}^{n}(x_i - \bar{x}) \cdot (y_i - \bar{y})}{n-1}$ $\text{cov}_{max} = \hat{\sigma}_x \cdot \hat{\sigma}_y$	x_i = Wert der Person i auf Variable x z_i = Wert der Person i auf Variable y $\bar{x}$ = Mittelwert der Variable x $\bar{y}$ = Mittelwert der Variable y n = Stichprobenumfang
Produkt-Moment-Korrelation	$r_{xy} = \dfrac{\text{cov}(x,y)}{\hat{\sigma}_x \cdot \hat{\sigma}_y}$	
Fisher Z -Transformation	$Z = \dfrac{1}{2} \ln\left(\dfrac{1+r}{1-r}\right)$ $r = \dfrac{e^{2Z} - 1}{e^{2Z} + 1}$	Z = Z-transformierte Korrelation ln = natürlicher Logarithmus r = Korrelationskoeffizient e ≈ 2,7183 (Eulersche Zahl)
Punktbiseriale Korrelation	$r_{pb} = \dfrac{\bar{y}_1 - \bar{y}_0}{\hat{\sigma}_y} \cdot \sqrt{\dfrac{n_0 \cdot n_1}{n_{ges}^2}}$	y = intervallskalierte Variable x = dichotome Variable (x = 0; x = 1) $\bar{y}_0$ = Mittelwert von y bei x = 0 $\bar{y}_1$ = Mittelwert von y bei x = 1 $\hat{\sigma}_y$ = Streuung der y-Variable n_0 = Anzahl Beobachtungen bei x = 0 n_1 = Anzahl Beobachtungen bei x = 1 $n_{ges} = n_0 + n_1$
Rangkorrelation	$r_s = 1 - \dfrac{6 \cdot \sum_{i=1}^{n} d_i^2}{n \cdot (n^2 - 1)}$	d_i = Differenz der laufenden Nr. der Untersuchungseinheit i auf einem Rangplatz n = Anzahl der Rangplätze

Lineare Regression Vorhersage von y durch x	$\hat{y}_i = b_{yx} x_i + a_{yx}$	$\hat{y}_i$ = vorhergesagte Werte b = Regressionsgewicht a = additive Konstante
Vorhersage von x durch y	$\hat{x}_i = b_{xy} y_i + a_{xy}$	
Regressionsgewicht (Steigung der Gerade)	$b_{yx} = \frac{cov(x, y)}{\hat{\sigma}_x^2}$ bzw. $b_{xy} = \frac{cov(x, y)}{\hat{\sigma}_y^2}$	cov(x,y) = Kovarianz von x und y $\hat{\sigma}_x$ = Streuung der Variable x $\hat{\sigma}_y$ = Streuung der Variable y
Höhenlage: (Schnittpunkt mit y bei x = 0)	$a_{yx} = \bar{y} - b_{yx} \cdot \bar{x}$ bzw. $a_{xy} = \bar{x} - b_{xy} \cdot \bar{y}$	

t-Test für Korrelationen, unabhängige und abhängige Stichproben

t-Test für Korrelationen	$t_{df} = \frac{r \cdot \sqrt{n-2}}{\sqrt{1-r^2}}$	r = Korrelationskoeffizient n = Anzahl der Vpn df = n - 2
t-Test für unabhängige Stichproben Empirischer t-Wert unter H_0	$t_{df} = \frac{\bar{x}_1 - \bar{x}_2}{\hat{\sigma}_{\bar{x}_1 - \bar{x}_2}}$	$\bar{x}_1$ = Mittelwert der 1. Gruppe $\bar{x}_2$ = Mittelwert der 2. Gruppe df $= n_1 + n_2 - 2$
Standardfehler der Mittelwertsdifferenz	$\hat{\sigma}_{\bar{x}_1 - \bar{x}_2} = \sqrt{\frac{\hat{\sigma}_1^2}{n_1} + \frac{\hat{\sigma}_2^2}{n_2}}$	$\hat{\sigma}_1^2$ = geschätzte Populationsvarianz der 1. Gruppe $\hat{\sigma}_2^2$ = geschätzte Populationsvarianz der 2. Gruppe
t-Test für abhängige Stichproben Empirischer t-Wert unter H_0	$t_{df} = \frac{\bar{x}_d}{\hat{\sigma}_{\bar{x}_d}}$	$\bar{x}_d = \frac{\sum_{i=1}^{n} d_i}{n}$ $\hat{\sigma}_d^2 = \frac{\sum_{i=1}^{n}(d_i - \bar{x}_d)^2}{n-1}$
Standardfehler der Differenz von Mittelwerten	$\hat{\sigma}_{\bar{x}_d} = \sqrt{\frac{\hat{\sigma}_d^2}{n}}$	df $= n - 1$ n = Anzahl Versuchspersonen (!) x_{i1} = Wert der Person i in Bed. 1 x_{i2} = Wert der Person i in Bed. 2 $d_i = x_{i1} - x_{i2}$ (Differenzwert)

Teststärkenanalyse des t-Tests

Theoretische Effektstärkenmaße	$\Phi^2 = \frac{\Omega^2}{1-\Omega^2}$ $\Omega^2 = \frac{\Phi^2}{1+\Phi^2}$ $\delta = 2 \cdot \Phi = 2 \cdot \sqrt{\frac{\Omega^2}{1-\Omega^2}}$	Konventionen nach Cohen (1988): kleiner Effekt: $\Omega^2 = 0{,}01$ mittlerer Effekt: $\Omega^2 = 0{,}06$ großer Effekt: $\Omega^2 = 0{,}14$
Empirische Effektstärkenmaße	$f^2 = \frac{t^2-1}{n_{obs}}$ $\omega^2 = \frac{f^2}{1+f^2}$ $f^2 = \frac{\omega^2}{1-\omega^2}$ $d = 2 \cdot f = 2 \cdot \sqrt{\frac{\omega^2}{1-\omega^2}}$	t = empirischer t-Wert $n_{obs} = n_1 + n_2$ (bei unabhängigen Stichproben) $n_{obs} = 2 \cdot n$ (bei abhängigen Stichproben)
Testärkebestimmung (a posteriori)	$\lambda = \Phi^2 \cdot n_{obs} = \frac{\Omega^2}{1-\Omega^2} \cdot n_{obs}$	λ = Nonzentralitätsparameter Ω^2 = theoretischer Effekt
Stichprobenumfangsplanung (a priori)	$n_{obs} = \frac{\lambda}{\Phi^2}$	λ = Nonzentralitätsparameter (ermittelt bei gegebenem α und β aus den TPF-Tabellen) bei unabhängigen Stichproben: $n_{obs} = n_{Vpn}$ bei abhängigen Stichproben: $n_{obs} = 2 \cdot n_{Vpn}$

Varianzanalyse

Einfaktorielle Varianzanalyse (ohne Messwiederholung) Quadratsummen	$QS_{zwischen} = n \cdot \sum_{i=1}^{p} (\overline{A}_i - \overline{G})^2$ $QS_{innerhalb} = \sum_{i=1}^{p} \sum_{m=1}^{n} (x_{mi} - \overline{A}_i)^2$	p = Anzahl Faktorstufen n = Anzahl Vpn pro Faktorstufe $\overline{A}_i$ = Mittelwert aus Faktorstufe i $\overline{G}$ = Gesamtmittelwert
Freiheitsgrade	$df_{zwischen} = p - 1$ $df_{innerhalb} = p \cdot (n - 1)$	
Stichprobenkennwerte	$\hat{\sigma}^2_{zwischen} = \frac{QS_{zwischen}}{df_{zwischen}}$ $\hat{\sigma}^2_{innerhalb} = \frac{QS_{innerhalb}}{df_{innerhalb}}$	
Empirischer F-Wert	$F_{(df_{Zähler}; df_{Nenner})} = \frac{\hat{\sigma}^2_{zwischen}}{\hat{\sigma}^2_{innerhalb}}$	$df_{Zähler} = df_{zwischen}$ $df_{Nenner} = df_{innerhalb}$
Zweifaktorielle Varianzanalyse (ohne Messwiederholung) Quadratsummen	$QS_A = \sum_{i=1}^{p} n \cdot q \cdot (\overline{A}_i - \overline{G})^2$ $QS_B = \sum_{j=1}^{q} n \cdot p \cdot (\overline{B}_j - \overline{G})^2$ $QS_{AxB} = \sum_{i=1}^{p} \sum_{j=1}^{q} n \cdot (\overline{AB}_{ij} - \overline{A}_i - \overline{B}_j + \overline{G})^2$ $QS_{Res} = \sum_{i=1}^{p} \sum_{j=1}^{q} \sum_{m=1}^{n} (x_{mij} - \overline{AB}_{ij})^2$	p = Anzahl Faktorstufen Faktor A q = Anzahl Faktorstufen Faktor B n = Anzahl Vpn in der Zelle AB_{ij} $\overline{A}_i$ = Mittelwert der Faktorstufe A_i $\overline{B}_j$ = Mittelwert der Faktorstufe B_j $\overline{AB}_{ij}$ = Zellmittelwert $\overline{G}$ = Gesamtmittelwert
Freiheitsgrade	$df_A = p - 1$ $df_B = q - 1$ $df_{A \times B} = (p - 1) \cdot (q - 1)$ $df_{Res} = p \cdot q \cdot (n - 1)$	

Stichprobenkennwerte	$\hat{\sigma}^2_A = \frac{QS_A}{df_A}$ $\hat{\sigma}^2_B = \frac{QS_B}{df_B}$ $\hat{\sigma}^2_{AxB} = \frac{QS_{AxB}}{df_{AxB}}$ $\hat{\sigma}^2_{Res} = \frac{QS_{Res}}{df_{Res}}$	
Empirische F-Werte Haupteffekt A Haupteffekt B Wechselwirkung A×B	$F_{df_A;df_{Res}} = \frac{\hat{\sigma}^2_A}{\hat{\sigma}^2_{Res}}$ $F_{df_B;df_{Res}} = \frac{\hat{\sigma}^2_B}{\hat{\sigma}^2_{Res}}$ $F_{df_{AxB};df_{Res}} = \frac{\hat{\sigma}^2_{AxB}}{\hat{\sigma}^2_{Res}}$	

Teststärkenanalyse bei der Varianzanalyse

Empirische Effektstärkenmaße		
	$f^2 = \frac{df_{Zähler} \cdot (F_{emp} - 1)}{n_{obs}}$	$df_{Zähler}$ = Freiheitsgrade des Zählers des F-Bruchs df_{Nenner} = Freiheitsgrade des Nenners des F-Bruchs n_{obs} = $p \cdot q \cdot n$
Umrechnung $f^2 \Rightarrow \omega^2$	$\omega^2 = \frac{f^2}{1 + f^2}$	
Umrechnung $\omega^2 \Rightarrow f^2$	$f^2 = \frac{\omega^2}{1 - \omega^2}$	

Teststärkenbestimmung (a posteriori)	$\lambda = \Phi^2 \cdot n_{obs}$	λ = Nonzentralitätsparameter
Umrechnung $\Phi^2 \Rightarrow \Omega^2$	$\Omega^2 = \frac{\Phi^2}{1+\Phi^2}$	Konventionen nach Cohen (1988): kleiner Effekt: $\Omega^2 = 0{,}01$ mittlerer Effekt $\Omega^2 = 0{,}06$ großer Effekt $\Omega^2 = 0{,}14$
Umrechnung $\Omega^2 \Rightarrow \Phi^2$	$\Phi^2 = \frac{\Omega^2}{1-\Omega^2}$	

Folgetests (multiple Paarvergleiche)

Tukey HSD-Test	$HSD = q_{krit(\alpha,r,df_{Res})} \cdot \sqrt{\frac{\hat{\sigma}^2_{Res}}{n_{HSD}}}$	HSD = kritische Differenz eines Paarvergleichs q_{Krit} = krit. Wert aus der q-Tabelle α = kumuliertes Signifikanzniveau für alle Paarvergleiche r = Anzahl der Mittelwerte
einfaktorielle ANOVA	$n_{HSD} = n$	
zweifaktorielle ANOVA		n_{HSD} = Anzahl der Vpn, aus denen die verglichenen Mittelwerte gebildet werden
Haupteffekt A	$n_{HSD} = q \cdot n$	
Haupteffekt B	$n_{HSD} = p \cdot n$	n = Anzahl der Vpn pro Zelle
Wechselwirkung	$n_{HSD} = n$	p = Stufenanzahl Faktor A q = Stufenanzahl Faktor B

Nichtparametrische Verfahren: U-Test

U-Test		
Prüfung der Korrektheit der Rangzuweisung	$T_1 + T_2 = \frac{n \cdot (n+1)}{2}$	$n = n_1 + n_2$ T_1 = Rangplatzsumme Gruppe 1 T_2 = Rangplatzsumme Gruppe 2
Rangplatzüberschreitungen von Gruppe 1 gegenüber Gruppe 2	$U = n_1 \cdot n_2 + \frac{n_1 \cdot (n_1+1)}{2} - T_1$	
Rangplatzunterschreitungen von Gruppe 1 gegenüber Gr. 2	$U' = n_1 \cdot n_2 + \frac{n_2 \cdot (n_2+1)}{2} - T_2$	
Kontrolle	$U = n_1 \cdot n_2 - U'$	
Bei n_1 oder $n_2 > 20$	$z = \frac{U - \mu_U}{\sigma_U}$ $\mu_U = \frac{n_1 \cdot n_2}{2}$	μ_U = erwarteter mittlerer U-Wert σ_U = Steuung der U-Werte n_1 = Anzahl Vpn in Gruppe 1 n_2 = Anzahl Vpn in Gruppe 2
Streuung bei unverbundenen Rängen	$\sigma_U = \sqrt{\frac{n_1 \cdot n_2 \cdot (n_1 + n_2 + 1)}{12}}$	
korrigierte Streuung bei verbundenen Rängen	$\sigma_{U_{corr}} = \sqrt{\frac{n_1 \cdot n_2}{n \cdot (n-1)}} \cdot \sqrt{\left(\frac{n^3 - n}{12} - \sum_{i=1}^{k} \frac{t_i^3 - t_i}{12}\right)}$	$n = n_1 + n_2$ ti = Anzahl der Personen, die sich Rangplatz i teilen k = Anzahl der verbundenen Ränge
Stichprobenumfangsplanung		
Berechnung über t-Test	$n_{obs(T-Test)} = \frac{\lambda}{\Phi^2}$	

Nichtparametrische Verfahren: Chi²-Test

Eindimensionaler chi²-Test allgemein	$\chi^2 = \sum_{i=1}^{k} \frac{(f_{bi} - f_{ei})^2}{f_{ei}}$	k = Anzahl Kategorien f_{bi} = beobachtete Häufigkeit in Kat. i f_{ei} = erwartete Häufigkeit in Kat. i df = k – 1
Spezialfall bei k = 2:	$\chi^2 = \sum_{j=1}^{k} \frac{(\lvert f_{bj} - f_{ej} \rvert - 0{,}5)^2}{f_{ej}}$	Kontinuitätskorrektur
Zweidimensionaler chi²-Test allgemein	$\chi^2 = \sum_{i=1}^{k} \sum_{j=1}^{l} \frac{(f_{bij} - f_{eij})^2}{f_{eij}}$	k = Anzahl Kategorien i l = Anzahl Kategorien j f_{bij} = beobachtete Zellhäufigkeit f_{eij} = erwartete Zellhäufigkeit df = (k – 1) · (l – 1)
erwartete Häufigkeit	$f_{eij} = \frac{\text{Zeilensumme}_i \times \text{Spaltensumme}_j}{n_{ges}}$	
Vierfelder-chi²-Test (zwei dichotome Merkmale)	$\chi^2 = \frac{n_{ges} \cdot (a \cdot d - b \cdot c)^2}{(a + c) \cdot (b + d) \cdot (a + b) \cdot (c + d)}$	$\begin{array}{\|c\|c\|}\hline a & b \\ \hline c & d \\ \hline\end{array}$

Empirische Effektstärkenmaße	$\hat{w}^2 = \frac{\chi^2}{n_{ges}}$	n_{ges} = Anzahl Beobachtungen
- Vierfelder Test auch	$\hat{w}^2 = \Phi^2 = \frac{\chi^2}{n_{ges}}$	Φ = Phi - Koefizient (gleichbedeutend mit Korrelation zweier dichotomer Variablen)
Annahme einer Effektstärke a priori - eindimensional	$w^2 = \sum_{i=1}^{k} \frac{(p_{bi} - p_{ei})^2}{p_{ei}}$	k = Anzahl der Kategorien p_{bi} = rel. Häufigkeit unter der H_1 p_{ei} = rel. Häufigkeit unter der H_0
- zweidimensional	$w^2 = \sum_{i=1}^{k} \sum_{j=1}^{i} \frac{(p_{bij} - p_{eij})^2}{p_{eij}}$	k = Anzahl der Kategorien i l = Anzahl der Kategorien j p_{bij} = rel. Häufigkeit unter der H_1 p_{eij} = rel. Häufigkeit unter der H_0 Konventionen w^2 bis 0,01 kleiner Effekt w^2 bis 0,09 mittlerer Effekt w^2 bis 0,25 großer Effekt w^2 > 0,25 extrem großer Effekt
Teststärkenbestimmung	$\lambda = w^2 \cdot n_{obs}$	λ = Nonzentralitätsparameter
Stichprobenumfang	$n_{obs} = \frac{\lambda}{w^2}$	

Glossar

α-Fehler: Der α-Fehler, auch Fehler 1. Art, bezeichnet die Fehlentscheidung, die H_1 anzunehmen, obwohl in Wirklichkeit die H_0 gilt (Kap. 3.1.6).

α-Fehler Kumulierung: Erhöhung des Gesamt-α-Fehlers durch die statistische Überprüfung einer Hypothese mittels mehrerer einzelner Tests (Kap. 5.1.1).

Abhängige Variable: Die gemessene Variable, deren Abhängigkeit von UV untersucht werden soll (Kap. 5).

Alternativhypothese (H_1): Die Alternativhypothese nimmt einen systematischen Effekt an. Sie umfasst all das, was die Nullhypothese nicht enthält (Kap. 3.2).

Alternativhypothese, gerichtet: Vorhersage eines systematischen Unterschieds zwischen Gruppen in eine bestimmte Richtung. Die Nullhypothese umfasst in diesem Fall auch die Unterschiede in die nicht vorhergesagte Richtung (Kap. 3.2.2).

Alternativhypothese, ungerichtet: Vorhersage eines systematischen Unterschieds zwischen Gruppen, unabhängig von der Richtung des Unterschieds (Kap. 3.2.2).

A posteriori: Berechnung von Kennwerten nach der Durchführung einer Untersuchung (z.B. Teststärke, Effekt, Kap. 3.4).

A priori: Berechnung von Kennwerten vor der Durchführung einer Untersuchung (z.B. Stichprobenumfangsplanung, Kap. 3.4).

Arithmetisches Mittel: Das AM gibt den Durchschnitt der Messwerte einer Verteilung an. Es ist das bekannteste Maß der zentralen Tendenz (Kap. 1.3.1).

β-Fehler: Der β-Fehler, auch Fehler 2. Art, bezeichnet die Fehlentscheidung, die H_0 anzunehmen, obwohl in Wirklichkeit die H_1 gilt (Kap. 3.4).

b-Gewicht: Parameter der linearen Regressionsgleichung, der die Steigung der Geraden angibt. Er ist definiert als der Quotient aus der Kovarianz der untersuchten Merkmale und der Streuung der Prädiktorvariablen (Kap. 4.2).

Chi²-Test: nichtparametrischer Test zur Analyse von Häufigkeiten. Testet die Abweichung der beobachteten von den erwarteten Häufigkeiten auf Signifikanz (Kap. 8).

Deskriptive Statistik: Statistische Methoden zur Beschreibung von Daten in Form von Graphiken, Tabellen oder einzelnen Kennwerten. Weitere Bezeichnung: beschreibende Statistik (Kap. 1).

Determinanten des t-Tests: α-Fehler, β-Fehler, Effekt und Stichprobenumfang bedingen sich gegenseitig in einem t-Test. Sind drei von in ihnen festgelegt, ergibt sich der vierte Wert automatisch (Kap. 3.4.2).

Determinationskoeffizient: Der Determinationskoeffizient ist ein anschauliches Maß für die Stärke des Zusammenhangs zweier Variablen. Er gibt an, welcher Anteil der Variabilität der y-Werte (Kriteriumsvariable) durch die Verteilung der x-Werte (Prädiktor) aufgeklärt werden kann. Aus regressionsanalytischer Sicht ist der Determinationskoeffizient der Quotient aus Regressionsvarianz und Gesamtvarianz der y-Werte. Er kann aber ebenso durch Quadrierung der Korrelation gewonnen werden (Kap. 4.1.6).

Erwartungswert: Der Erwartungswert ist (in den hier besprochenen Fällen) der Mittelwert einer Stichprobenkennwerteverteilung. Bei erwartungstreuen Schätzungen ist er identisch mit dem Populationsparameter (Kap. 2.3).

Empirischer Effekt: Aus Daten berechneter Effekt, dient als Schätzer für Populationseffekte (Kap 3.3).

Faktor: Bezeichnet in der Terminologie der Varianzanalyse eine unabhängige Variable. Die in einem Experiment realisierten Bedingungen einer UV heißen Stufen eines Faktors (Kap. 5.2.11).

Fehlervarianz: siehe Residualvarianz, unsystematische Varianz oder Varianz „innerhalb".

Fischers Z-Transformation: Transformationsformel, die Korrelationen auf Intervallskalenniveauüberführt. Dadurch wird eine Mittelung mehrerer Korrelationen möglich (Kap. 4.1.4).

Freiheitsgrade: Bestimmen die Genauigkeit von Populationsschätzern und damit die Form von Verteilungen, die auf Schätzern basieren wie z.B. der t-Verteilung. Die Zahl der Freiheitsgrade gibt an, wie viele Werte theoretisch frei variieren können, wenn das Ergebnis bereits feststeht (Kap. 3.1.5).

F-Wert: Kennwert des Varianzenvergleichs und speziell der Varianzanalyse; berechnet sich aus der Division der größeren Varianz durch die kleinere (ANOVA: Varianz „zwischen" durch Varianz „innerhalb") An der F-Verteilung wird geprüft, ob die Zählervarianz signifikant größer ist als die Nennervarianz (Kap. 5.2.7).

F-Verteilung: Linksschiefe Verteilung mit dem Mittelwert von 1, ausschließlich im positiven Bereich, dient zur Bestimmung der Wahrscheinlichkeit eines F-Werts, abhängig von Zähler und Nennerfreiheitsgraden des F-Bruchs (Kap. 5.2.9).

GPower: Computerprogramm zur Berechnung von Teststärken, optimalen Stichprobenumfängen und empirischen Effektgrößen. Link zu Download: http://eeglab.uni-trier.de/teaching/statistikbuch.php.

Gesamtvarianz: Gesamte Varianz der Daten eines gemessenen Merkmals, Summe aus systematischer und unsystematischer Varianz (Kap. 5.2.3).

Gleichverteilungsanahme: Eine Form der Nullhypothese beim chi^2-Test: Die erwartete Häufigkeit ist in jeder Zelle gleich (Kap. 8).

Haupteffekt: Systematischer Einfluss eines Faktors auf die abhängige Variable unabhängig von allen anderen Faktoren (Kap. 5.2.11; 6.2).

Haupteffekt, einfacher: Systematischer Einfluss eines Faktors auf die abhängige Variable in einer Stufe eines anderen Faktors, unabhängig von allen anderen Faktoren (Kap. 6.4.1).

Inferenzstatistik: Teilbereich der Statistik, der sich mit der Überprüfung von Hypothesen durch Schlüsse von Stichproben auf Populationen beschäftigt. Weitere Bezeichnung: „schließende Statistik" (Kap. 2).

Inhaltliche Hypothese: Vorhersage auf der Basis von Theorien, dass ein (oder kein) Unterschied zwischen Gruppen/Bedingungen oder ein (oder kein) Zusammenhang zwischen verschiedenen Merkmalen besteht.

Konfidenzintervall: Ein Konfidenzintervall gibt die Präzision eines Stichprobenergebnisses an. Es wird anhand des Standardfehlers und eines festgelegten Fehlerniveaus konstruiert (Kap. 2.3; 3.4.4; 4.1.7).

Korrelation: Standardisiertes Maß für den Zusammenhang zweier Variablen. Siehe Produkt-Moment-Korrelation (Kap. 4.1.3), punktbiseriale Korrelation (Kap. 4.1.9), Rangkorrelation (Kap. 4.1.10).

Kovarianz: unstandardisiertes Maß, welches das gemeinsame Abweichungsprodukt zweier intervallskalierter Variablen erfasst. Die theoretisch maximale Kovarianz ist durch das Produkt der beiden Merkmalsstreuungen bestimmbar (Kap. 4.1.2).

Kriteriumsvariable: Die abhängige Variable bei der Regression, d.h. das Merkmal, dessen Ausprägung vorhergesagt werden soll (Kap. 4.2).

Levene-Test der Varianzgleichheit: F-Test, testet die Varianzen der betrachteten Gruppen auf Varianzhomogenität, wird signifikant, wenn keine Varianzhomogenität vorliegt (Kap. 3.1.9).

Nichtparametrische Tests: Verteilungsfreie Tests; Auswertungsverfahren für Daten mit Ordinal- oder Nominalskalenqualität, auch angewendet bei grober Verletzung der für parametrische Tests wichtigen Verteilungsvoraussetzungen (Kap. 7 und 8).

Nonzentrale Verteilung: Verteilung eines Stichprobenkennwerts unter der Annahme der Alternativhypothese, meist nicht symmetrisch (Kap. 3.2.5).

Nonzentralitätsparameter λ: bestimmt die Form der nonzentralen Verteilung. Wird bei der Berechnung der Teststärke und bei der Stichprobenumfangsplanung benötigt (Kap. 3.2.5).

Normalverteilung: Eine unimodale Verteilung mit glockenförmigem Verlauf. Sie ist symmetrisch und nähert sich der x-Achse asymptotisch an. Dadurch sind die Werte für Median, Modus und arithmetisches Mittel identisch (Kap. 2.1).

Nullhypothese (H_0): Die Nullhypothese stellt die Basis bei der statistischen Bewertung eines Ergebnisses dar. Der Test der Nullhypothese liefert eine Entscheidung darüber, ob die Nullhypothese verworfen und damit die Alternativhypothese (Kap. 3.2) angenommen werden kann oder nicht. Beim t-Test (Kap. 3.1.2) und der ANOVA (Kap. 5.2.8) besagt die Nullhypothese im Regelfall, dass kein Unterschied zwischen den untersuchten Gruppen existiert.

Parameter: Ein statistischer Kennwert wie das arithmetische Mittel oder die Varianz, für deren Berechnung die Intervallskaliertheit der Daten Voraussetzung ist. Parameter beziehen sich immer auf die Population (Kap. 2.3).

Parametrische Verfahren: Arbeiten mit Merkmalsverteilungen und können nur bei mindestens intervallskalierten Daten mit bestimmten Verteilungseigenschaften angewendet werden.

Phi-Koeffizient: Korrelationskoeffizient zweier dichotomer Variablen (Kap. 2.3) und Effektstärkenmaß für den Vierfelder chi^2-Test (Kap. 8.2.3).

Population: Die klar definierte Menge aller Personen, die für einen Forscher von Interesse sind. Sie kann sehr weitläufig (alle lebenden Menschen) oder sehr eng definiert sein (alle Studierenden in der ersten Reihe des Hörsaals) (Kap. 1.3.4).

Post-Hoc-Verfahren: Statistische Folgetests der Varianzanalyse zur Ermittelung der konkret vorliegenden Struktur einer Alternativhypothese bei einem signifikanten Ergebnis. Post-Hoc-Tests zeigen, welche einzelnen Mittelwerte sich signifikant voneinander unterscheiden. Die Anwendung ist nur sinnvoll bei der Betrachtung von mehr als 2 Gruppen (Kap. 5.4 und Kap. 6.5).

Prädiktorvariable: Die unabhängige Variable bei der Regression, die zur Vorhersage der abhängigen Variable (Kriterium) eingesetzt werden soll (Kap. 4.2).

Produkt-Moment-Korrelation: Standardisiertes Maß der bivariaten Deskriptivstatistik, das den Zusammenhang zweier intervallskalierter Variablen beschreibt. Gibt den Anteil der empirischen Kovarianz an der theoretisch maximalen Kovarianz an. Der Wertebereich der Korrelation reicht von –1 bis +1 (Kap. 4.1.3).

Prüfvarianz: Varianz, „gegen" die bei varianzanalytischen Verfahren geprüft wird. In der Regel besteht die Prüfvarianz aus der unsystematischen Varianz (auch Residualvarianz) (Kap. 5.2.7).

Punktbiseriale Korrelation: Gibt den Zusammenhang zwischen einer nominalskalierten, zweistufigen Variable und einer intervallskalierten Variable an (Kap. 4.1.8).

Punkteschwarm, -wolke: siehe Scattergramm.

Quadratsumme: Summe der quadrierten Abweichungen eines einzelnen Werts von einem Mittelwert. Bildet den Zähler einer Varianz. Durch Division mit den Freiheitsgraden ergibt sich ein Schätzer für die Populationsvarianz (Kap. 5.2.6).

Rangkorrelation: Korrelation für ordinalskalierte Variablen. Die Rangkorrelation nach Spearman liefert einen Wert zwischen –1 und +1, der angibt, inwiefern sich zwei Rangreihen entsprechen (Kap. 4.1.10).

Rangvarianzanalyse (Kruskal-Wallis-Test): Pendant zur Varianzanalyse für rangskalierte Daten (Kap. 7.3).

Regression(sanalyse): Mathematisches Verfahren, welches die empirischen Verteilungen eines Prädiktormerkmals x und eines Kriteriumsmerkmals y dergestalt miteinander in Beziehung setzt, dass eine Regressionsgleichung resultiert, welche die Vorhersage von y aus x ermöglicht. Die Güte einer Regression ist abhängig vom tatsächlichen Zusammenhang zweier Merkmale (Kap. 4.2).

Regressionsgerade: Die Regressionsgleichung $y = b \cdot x + a$ einer linearen Regression kann graphisch in Form einer Geraden veranschaulicht werden. Anhand dieser lässt sich für jeden x-Wert der von der Regression vorhergesagte y-Wert ablesen (Kap. 4.2.1).

Regressionsvarianz: Varianz der vorhergesagten Kriteriumswerte einer Regression. Regressionsvarianz und Fehlervarianz summieren sich zur Gesamtvarianz der empirischen y-Werte auf (Kap. 4.2).

Residualvarianz: siehe auch unsystematische Varianz oder Varianz „innerhalb". In der Regression: Gemittelte Abweichung der empirischen Werte von den von der Regression vorhergesagten Werte. Die Residualvarianz ist derjenige Varianzanteil, welcher nicht durch die Regressionsgleichung abgedeckt werden kann (Kap. 4.2.4).

Robustheit: Ein statistischer Test ist umso robuster, je weniger Einfluss die Verletzung der mathematischen Voraussetzungen auf die Richtigkeit des Ergebnisses hat (Kap. 3.1.9).

Scattergramm: Graphische Darstellung aller Messwertepaare (x_i/y_i) zweier Merkmalsverteilungen in einem Koordinatensystem. Die sich ergebende Punktwolke gibt grobe Auskunft über einen eventuellen Zusammenhang zwischen den beiden Variablen (Kap. 4.1).

Scheffé-Test: Post-Hoc-Verfahren der Varianzanalyse, ermöglicht neben dem paarweisen Vergleich einzelner Gruppen auch die Überprüfung speziellerer Alternativhypothesen (Kap. 5.4.2).

Scheinkorrelation: Zusammenhang zweier Variablen, der darauf beruht, dass beide Variablen von einer dritten Variable kausal beeinflusst werden. Zwischen den interessierenden Variablen herrscht aber keine Kausalität (Kap. 4.1.3).

Signifikanz: Ein Ergebnis ist signifikant, wenn seine Auftretenswahrscheinlichkeit unter der Nullhypothese kleiner ist als ein gewähltes Signifikanzniveau. Bei einem signifikanten Ergebnis erfolgt eine Entscheidung für die Alternativhypothese und gegen die Nullhypothese (Kap. 3.1.7).

Signifikanzniveau: Entscheidungsgrenze in einem statistischen Auswertungsverfahren; gibt an, wie groß die α-Fehlerwahrscheinlichkeit eines Ergebnisses höchstens sein darf, um sich für die Alternativhypothese zu entscheiden. Liegt meistens bei $\alpha = 0{,}05$ (Kap. 3.1.7).

Skala: Ein Set von Regeln, das die Zuordnung von Zahlen zur Qualität oder Quantität einer Variablen regelt. Es gibt vier verschiedene Skalentypen: Nominalskala, Ordinalskala, Intervallskala und Verhältnisskala (Kap. 1.2).

Standardabweichung oder Streuung: Die Standardabweichung oder Streuung ist die positive Wurzel aus der Varianz und somit die korrigierte durchschnittliche quadrierte Abweichung jedes einzelnen Werts vom Mittelwert (Kap. 1.3.2).

Standardfehler: Maß für die Güte eines Populationsparameters durch einen Stichprobenkennwert. Die Schätzung wird umso präziser, je größer die Stichprobe ist (Kap. 2.3.; Kap. 3.1.3).

Standardnormalverteilung: Normalverteilung mit dem Mittelwert $\mu = 0$ und der Streuung $\sigma = 1$ (Kap. 2.2).

Standardschätzfehler: Die Wurzel aus der Fehlervarianz einer Regression. Er ist ein (unstandardisiertes) Maß für die Güte und Genauigkeit einer Regression (Kap. 4.2.4).

statistische Hypothese: Übersetzung der inhaltlichen Hypothese in eine mathematische Schreibweise.

Stichprobe: Teilmenge einer Population. Der größte Teil psychologischer Forschung findet an Stichproben statt (Kap. 1.3.4).

Stichproben, abhängige: Die Elemente zweier Stichproben sind paarweise aneinander zugeordnet und beeinflussen sich gegenseitig. Ein typischer Fall für abhängige Stichproben ist die Messwiederholung (Kap. 3.5.1).

Stichprobenkennwerteverteilung: Wahrscheinlichkeitsverteilung aller möglichen Ausprägungen eines Stichprobenkennwerts (Kap. 2.3).

Stichprobenumfangsplanung: Bestimmt die optimalen Stichprobenumfänge eines t-Tests nach Festlegung eines Effekts und einer Teststärke mit Hilfe des Nonzentralitätsparameters λ. Nach einer solchen Planung ist jedes Ergebnis des t-Tests eindeutig interpretierbar (Kap. 3.4.3).

Stochastischer Zusammenhang: Unvollständiger Zusammenhang, der nur annäherungsweise durch eine Funktion ersetzt werden kann. Bei der Vorhersage anhand der Regression treten Vorhersagefehler auf, d.h. empirische Werte und theoretische Werte weichen voneinander ab (Kap. 4.2).

Streuung: siehe Standardabweichung.

Strukturmodell: Theoretisches Modell, dass Aussagen über die Zusammensetzung eines Messwerts macht. Bildet die Grundlage zur jeweiligen Zerlegung der Varianzen in der Varianzanalyse (Kap. 5.6.1).

Systematischer Effekt: Größe des Unterschieds zwischen untersuchten Gruppen oder Ausmaß des Einflusses der experimentellen Variation, meistens mit Ω^2 angegeben (prozentualer Anteil der systematischen Varianz an der Gesamtvarianz) (Kap. 3.2.4; 3.3).

Systematische Varianz: Anteil der Gesamtvarianz, dem ein systematischen Einfluss zu Grunde liegt. Maß für die Variation von Stichprobenmittelwerten (Kap. 3.3, 5.2.5; 6.2.3 bis 6.2.5).

Transformation: Mathematische Umformung nach einer bestimmten Formel (Kap. 1.2).

Teststärke: Wahrscheinlichkeit, einen Effekt einer bestimmten Größe zu finden, wenn dieser tatsächlich existiert. Sie ist die Gegenwahrscheinlichkeit zur β-Fehlerwahrscheinlichkeit (Kap. 3.4.1; 5.3.3; 6.3.2).

Tukey HSD-Test: Post-Hoc-Verfahren der Varianzanalyse, berechnet eine kritische Differenz, ab der sich zwei Gruppenmittelwerte signifikant voneinander unterscheiden (Kap. 5.4.1; 6.5).

T-Test: Statistisches Auswertungsverfahren für den Vergleich zweier Gruppenmittelwerte. Der t-Test prüft mit Hilfe des t-Werts, ob eine empirische Mittelwertsdifferenz signifikant von Null verschieden ist oder auf ob sie Zufall beruht. Er ist ein parametrischer Test (siehe parametrische Verfahren). Es gibt einen t-Test für unabhängige (Kap. 3.1 bis 3.4) und abhängige Stichproben (Kap. 3.5.1) sowie für eine einzige Stichprobe (Kap. 3.5.2).

T-Verteilung: Verteilung des t-Werts, dient zur Bestimmung der Wahrscheinlichkeit des t-Werts unter der Nullhypothese. Ihre Form ist von der Anzahl ihrer Freiheitsgrade abhängig, bei hohen Freiheitsgraden geht sie in eine Standardnormalverteilung über (Kap. 3.1.3).

T-Wert: Standardisierte Differenz zweier Stichprobenmittelwerte (Kap. 3.1).

T-Wert, empirisch: Der t-Wert wird für eine empirische Mittelwertsdifferenz berechnet und ordnet dieser Differenz eine Auftretenswahrscheinlichkeit zu. Die Größe des t-Werts ist abhängig von der Größe der Differenz, der Streuung des Merkmals in der Population und der Stichprobengröße (Kap. 3.1).

T-Wert, kritisch: Der kritische t-Wert schneidet die Fläche unter der Kurve der t-Verteilung ab, die dem gewählten Signifikanzniveau entspricht. Er erlaubt eine direkte Einordnung des empirischen t-Werts (Kap. 3.1.6).

Unabhängige Stichproben: Die Werte der einen Stichprobe haben in keiner Weise Einfluss auf die Werte der zweiten Stichprobe (Kap. 3.1.9).

Unabhängige Variable: die vom Forscher manipulierte Variable bzw. die Gruppiervariable .

U-Test (Mann-Whitney): statistischer Test für den Vergleich zweier unabhängiger Gruppen bei rangskalierten Daten. Bietet einen Ersatz zum t-Test bei groben Verletzungen der Voraussetzungen (Kap. 7.1).

U-Test (Wilcoxon): U-Test für abhängige Stichproben (Kap. 7.2).

Unsystematische Varianz: Variation der Werte innerhalb einer Bedingung, die nicht auf die experimentelle Manipulation zurückzuführen ist. Auch als Residualvarianz oder Varianz „innerhalb" bezeichnet (Kap. 3.3; 5.2.4; 6.2.2).

Varianz: Wichtigstes Dispersionsmaß in der Statistik. Sie berechnet sich aus der Summe der quadrierten Abweichungen aller Messwerte vom arithmetischen Mittel, dividiert durch die Anzahl aller Messwerte minus Eins (Kap. 1.3.2).

Varianzanalyse (ANOVA): Auswertungsverfahren für intervallskalierte Daten; ermöglicht den simultanen Mittelwertsvergleich über die Betrachtung verschiedener Varianzanteile. Neben Haupteffekten lassen sich bei höherfaktoriellen Varianzanalyse auch Wechselwirkungen zwischen den Faktoren analysieren (Kap. 5 und 6).

Varianz „innerhalb": Varianz innerhalb einer Bedingung; gibt die Variation der einzelnen Messwerte um ihren Gruppenmittelwert an. Sie bildet den Nenner des F-Bruchs einer Varianzanalyse und eines t-Tests und heißt auch Residualvarianz (Kap. 5.2.4; 6.2.2).

Varianzhomogenität: Die Varianzen eines Merkmals oder Fehlers in einer Bedingung bzw. Gruppe werden in der Population als gleich angenommen. Sie ist Voraussetzung für viele statistische Verfahren wie z.B. dem t-Test und der Varianzanalyse (Kap. 3.1.9; 5.5; 6.7).

Varianz „zwischen": Varianz zwischen den Bedingungen; sie gibt die Variation der Gruppenmittelwerte an und bildet den Zähler des F-Bruchs in einer Varianzanalyse (Kap. 5.2.5).

Wechselwirkung: Die Wechselwirkung erfasst den gemeinsamen Einfluss bestimmter Stufen der betrachteten Faktoren auf die abhängige Variable, der nicht durch die Haupteffekte der Faktoren zu erklären ist (Kap. 6.2; 6.4).

χ^2-Test: siehe chi^2-Test.

Zentrale Verteilung: Verteilung eines Stichprobenkennwerts unter der Annahme der Nullhypothese (Kap. 3.1).

Literatur

Die folgenden Literaturquellen haben wir entweder direkt zitiert oder sie konnten uns auf andere Weise wichtige Impulse beim Verfassen dieses Skriptes geben.

Bortz, J. (1999). *Statistik für Sozialwissenschaftler* (5. Aufl.). Berlin: Springer.

Bortz, J., Lienert, G. A., Boehnke, K. (1990). *Verteilungsfreie Verfahren in der Biostatistik.* Heidelberg: Springer.

Buchner, A., Erdfelder, E., Faul, F. (1996). *Teststärkeanalysen.* In E. Erdfelder, R. Mausfeld, T. Meiser, G. Rudinger (Hrsg.), Handbuch Quantitative Methoden (S.123-136). Weinheim: Psychologie Verlags Union.

Cohen, J. (1962). The statistical power of abnormal-social psychological research: A review. *Journal of Abnormal and Social Psychology, 65 (3),* 145-153.

Cohen, J. (1988). *Statistical power analysis for the behavioral sciences.* Hillsdale, New York: Erlbaum.

Craik, F.I., and Lockhard, R.S. (1972) Levels of processing: A framework for memory research. *Journal of Verbal Learning and Verbal Behavior, 11,* 671-684.

Fallik, F. & Brown, B. (1983). *Statistics for the Behavioral Sciences.* Homewood, Ill.: The Dorsey Press.

Fisher, R. A. (1925): *Statistical Methods of research workers,* 1. Aufl. (1925); 17. Aufl. (1972), London: Oliver and Boyd, 1925 –1972.

Gilbert, D. T., Pinel, E. C., Wilson, T. D., Blumberg, S. J. & Wheatley, T. P. (1998). Immune neglect: A source of durability bias in affective forecasting. *Journal of Personality and Social Psychology, 75,* 617-638.

Hays, W. L. (1973). *Statistics for the social sciences.* Holt, Rinehart and Winston: London.

Hays, W.L. & Winkler, R.L. (1970). *Statistics: vol I. u. II.* New York: Holt, Rinehart and Winston.

Lehmann, E. L. (1975): *Nonparametrics: Statistical methods based on ranks.* San Francisco: Holden-Day.

Naumann, E. & Gollwitzer, M. (1997). *Quantitative Methoden in der Psychologie (1)* (2. Aufl.). Trier: Universität Trier.

Naumann, E. & Gollwitzer, M. (1998). *Quantitative Methoden in der Psychologie (2)* (2. Aufl.). Trier: Universität Trier.

Rosenthal, R. (1994). Parametric measures of effect size. In: H. Cooper and L. Hedges (Eds.), *The handbook of research synthesis.* New York: Russel Sage Foundation.

Sedlmeier, P. & Gigerenzer, G. (1989). Do studies of statistical power have an effect on the power of studies? *Psychological Bulletin, 105 (2),* 309-316.

Steyer, R. & Eid, M. (1993). *Messen und Testen.* Berlin: Springer.

Vaughan, E. D. (1998). *Statistics: Tools for Understanding Data in the Behavioral Sciences.* Upper Saddle River, N.J.: Prentice Hall.

Vaughan, R. J. (1998). *Communicating social science research to policymakers.* Thousand Oaks, California. Sage.